"十四五"职业教育国家规划教材

"十三五"江苏省高等学校重点教材

人工智能应用基础

（第2版）

史荧中　钱晓忠　邓赵红　主编

電子工業出版社
Publishing House of Electronics Industry
北京•BEIJING

内 容 简 介

本书内容包括人工智能概述、人工智能通用技术（计算机视觉、智能语音、自然语言处理等）、人工智能典型应用场景与职业发展、机器学习与深度学习、人工智能法律与伦理，并围绕迎宾机器人的典型应用开发了相关项目。在内容的选取上，本书突出人工智能主流技术和典型案例，覆盖了目前市场上最常见的人工智能技术及应用。

编者仔细研究了国内 15 家国家级新一代人工智能开放创新平台的接口，归纳相关平台的共性内容，选取图像、语音、自然语言处理、智能问答等方面的人工智能通用技能，并针对这些人工智能通用技能安排了相应的实训。编者通过调研了解学生对人工智能的关切点，并精心设计适用于非专业学生的人工智能体验式实验，借助人工智能开放创新平台上的 API（应用程序接口），让学生对人工智能应用有直观的体验。本书中的程序均在 Python 3 环境中进行了验证，学生可以通过扫描二维码观看相应的操作视频。另外，本书精选人工智能行业典型应用，为学生的专业规划打开视野。

本书是面向高职及继续教育理工类专业的专业基础课教材，同时也可以作为中职、高职及继续教育各专业人工智能通识课程的教材，或者作为人工智能爱好者的启蒙资料。

图书在版编目（CIP）数据

人工智能应用基础 / 史荧中，钱晓忠，邓赵红主编. —2 版. —北京：电子工业出版社，2023.12

ISBN 978-7-121-46270-2

Ⅰ. ①人… Ⅱ. ①史… ②钱… ③邓… Ⅲ. ①人工智能－高等学校－教材 Ⅳ. ①TP18

中国国家版本馆 CIP 数据核字（2023）第 167667 号

责任编辑：王　花　　　　特约编辑：田学清
印　　刷：三河市良远印务有限公司
装　　订：三河市良远印务有限公司
出版发行：电子工业出版社
　　　　　北京市海淀区万寿路 173 信箱　　　邮编：100036
开　　本：787×1092　1/16　印张：14.5　　字数：335 千字
版　　次：2020 年 6 月第 1 版
　　　　　2023 年 12 月第 2 版
印　　次：2025 年 1 月第 5 次印刷
定　　价：46.00 元

凡所购买电子工业出版社图书有缺损问题，请向购买书店调换。若书店售缺，请与本社发行部联系，联系及邮购电话：（010）88254888，88258888。

质量投诉请发邮件至 zlts@phei.com.cn，盗版侵权举报请发邮件至 dbqq@phei.com.cn。

本书咨询联系方式：（010）88254609，hzh@phei.com.cn。

前　言

作为一名入学不久的大学生，小明从来不敢想象自己也能接触神秘的人工智能。在他的心目中，能研究人工智能的，要么是厉害的科学家，要么是厉害的程序员。

人工智能自 1956 年诞生以来，其发展已经历经两次浪潮。近年来，随着“人机大战”中 AlphaGo 进入大众视野，并随着深度学习对图像的识别精度超过人类，人工智能产业迎来了又一次的发展浪潮。时至今日，人们已经丝毫不怀疑人工智能将给人们的生活带来巨大的变革，人们更关心的是人工智能到底能带来哪些变革？

编者对人工智能常见技术进行了研究，对包括阿里、百度、腾讯、科大讯飞等企业主持的国内首批国家级新一代人工智能开放创新平台进行了梳理，归纳出人工智能通用技能。本书突出实践性，适用于专科院校学生，以及对人工智能感兴趣的人。本书内容通过精心设计，突出的特点如下。

（1）由浅入深的专业入门教材，也适用于非专业学生作为人工智能通识课教材。

（2）实验、实训精心设计，上手容易、覆盖全面、有梯度。

- 上手容易：实验、实训代码简洁，难度适当，用体验式实验来消除学生对人工智能的陌生感和畏惧感。
- 覆盖全面：实验、实训照顾面广，涉及图像、语音、自然语言处理等多个人工智能技术领域。
- 有梯度：从图像、语音等单项技能到应答系统，从调用平台上的开放接口到训练自己的分类模型，实验内容难度呈现出螺旋上升的趋势，实训之间有一定的梯度。

（3）精选人工智能行业典型应用，为学生结合本专业进行职业规划打开视野。

（4）以“生活中的人工智能应用”为切入点讲解知识点，以 “工厂中的人工智能应用”为实训项目案例，将人工智能各典型技术的讲解有机地融合到案例实践中，实现理论与实践的无缝对接，达到基础知识学习、实践能力提高、创新素质培养同步完成的目标。

（5）对于前 8 个单元，每个单元都设置有基础任务和进阶任务。基础任务的难度较低，通常需要 1 课时；进阶任务接近真实应用，有一定的难度，通常需要 2 课时。在采用本书授课时，每单元可以用 4 课时左右进行教学与实践，也可以根据不同的教学目的进行适当的调整。典型的教学安排可以分为以下两种。

- 16 课时，主要目的是进行人工智能通识教育，适用于文科类专业学生或中职学生。
  - ✓ 讲授第 1～8 单元全部理论内容，其中理论授课 8 课时。

✓ 安排8次基础任务，以☆标记，每次1课时，共8课时。

- 32课时，除进行人工智能通识教育外，还要加强项目实践训练，目的是消除学生对人工智能的畏惧感，唤起学生的创新意识，适用于理科类专业学生。
  ✓ 讲授第1～9单元全部理论内容，其中理论授课8～10课时。
  ✓ 安排8次基础任务，以☆标记，每次1课时，共8课时。
  ✓ 安排8次进阶任务，以★标记，每次2课时，共16课时。针对有编程基础的学生，可以提升项目实训的难度，围绕单元10中的迎宾机器人开展项目实战。

（6）在单元10中，围绕迎宾机器人，安排了人脸识别、语音对话、知识问答、系统集成4个模块，共16课时。结合软件安装及环境配置等任务，本部分内容可适用于学生的专用周安排。

（7）在附录A中，根据学生的基础，提供了16课时、32课时及48课时3类4种教学计划推荐方案。

（8）本书还提供了教案、教学计划、PPT电子教案，基础任务、进阶任务、项目实战的操作视频及源代码、全书例子源代码、习题参考答案。

本次修订由无锡职业技术学院史荧中教授、钱晓忠教授及江南大学博士生导师邓赵红教授任主编，无锡职业技术学院黄翀鹏、江苏金智教育信息股份有限公司高级工程师宋晨静任副主编，并得到了百度大国智匠项目的支持。史荧中负责编写单元1、4、10及全书统稿；钱晓忠负责编写单元5、6；邓赵红负责各单元中典型案例的编写，并梳理全书的人工智能概念及术语，对科学性进行把关；黄翀鹏负责编写单元7-9；宋晨静负责单元2、3的编写及各单元中实践任务的梳理。张炜博士和颉博软件总经理、前华为编译器与编程语言实验室专家杨海龙博士对典型案例部分提出了很好的修改建议，在此表示衷心的感谢。

由于编者水平有限，书中难免存在疏漏和不妥之处，敬请读者批评指正。

编者

2023年7月

目 录

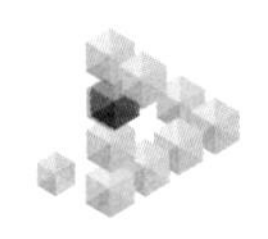

绪　论

这是一个快速变迁的时代，身处这个时代的每个人，从课堂中孜孜以求的学子到在家中颐养天年的老人，从装备制造类企业员工到农林业工作者，从财经商贸企业从业者到艺术传播公司员工，都在享受着日新月异的便利生活。而带来这一切便利与舒适的背后支撑，是一场正在深刻地改变着人们的生活与社会的科技浪潮——人工智能。

科幻小说中的场景正逐渐变为现实：回家不用钥匙开锁，通过人脸识别或指纹、虹膜识别就能开锁；打扫卫生有扫地机器人和擦地机器人，还有更高级的擦玻璃机器人；坐在沙发上，一句口令就能打开电视、空调；网络预约、微信挂号，看病拿药更方便……

苹果的人工智能个人助理 Siri 能够帮助人们发送短信、拨打电话，甚至可以陪用户聊天。Siri 作为一款智能数字个人助理，通过机器学习技术来更好地理解人们的自然语言问题和请求。人工智能个人助理还包括小度机器人（百度的智能交互机器人）、Google Now（谷歌的语音助手服务）、微软 Cortana（微软的人工智能助理）等。

百度小度在家、腾讯听听智能音箱、天猫精灵 X1、小米小爱同学、京东叮咚 PLAY 智能音箱、小问音箱 Tichome Mini、小豹 AI 音箱等风靡各地。国外流行的有亚马逊的 Echo（搭载语音助手 Alexa）、谷歌的 Google Home、苹果的 HomePod，可以帮助人们在网上搜寻信息、商店，设置警报等。

Netflix（网飞）根据客户对电影的反应提供高度精确的预测技术。它在分析了数以十亿计的记录后，根据人们之前的反应和对电影的选择，推荐人们可能喜欢的电影。并且随着数据集的增长，这种技术正变得越来越“聪明”。人们在打开电商网站时，恰好看到自己喜欢的商品，这绝对不是巧合，这是基于大数据的推荐系统的工作成果。

然而，当人们偶尔与同伴交流旅游信息时，手机里会推送出旅游线路广告，这是隐私语音窃取与大数据分析的结果。

刷脸过安检、刷脸购物、刷脸存取物品在以前只会出现在科幻小说里，如今已经成为人们日常生活中的一部分。而这一切仅仅只是一个开始。10 年后、20 年后，又会出现怎样的生活场景呢？没有人能够进行准确的预测。

当然，神秘的人工智能背后其实是有机器学习算法及应用作为支撑的。机器学习的原理及理论确实有较高的学习门槛，但这些都可以由专家进行研究，我们只需了解即可。借助我国自主研发的国家新一代人工智能开放创新平台，我们也能快速上手，DIY 出具有视觉、语音功能的迎宾机器人，以及具有知识问答功能的智能对话系统等。

本书希望通过易上手的人工智能项目任务，让学生了解人工智能的主流技术与应用，对人工智能不再感到陌生和畏惧；希望学生能结合自己的专业背景，思考与推测人工智能技术在相关专业中的潜在新应用和发展趋势，做好职业规划。

单元1

初识人工智能

图 1-1　人工智能概念图

人工智能涉及理论、方法、技术、应用等各个层面，并且有视觉、语音、自然语言处理等众多技术。人工智能概念图如图 1-1 所示。

我国在人工智能的技术应用方面已经走在了国际前列，人们对刷脸支付、语音导航、智能客服等应用已经不再感觉到新奇了。

但到底怎样理解人工智能呢？机器怎么会有智能呢？我们仍然感觉它很神秘，并充满好奇。刚刚踏入大学校门的我们，也能编写程序实现人工智能应用吗？

◆ 单元知识目标：了解人工智能的概念及其发展的 3 次浪潮、人工智能技术的行业应用。

◆ 单元能力目标：完成开发环境的基本配置，能实现人工智能开放平台上的接口调用。

本单元结构导图如图 1-2 所示。

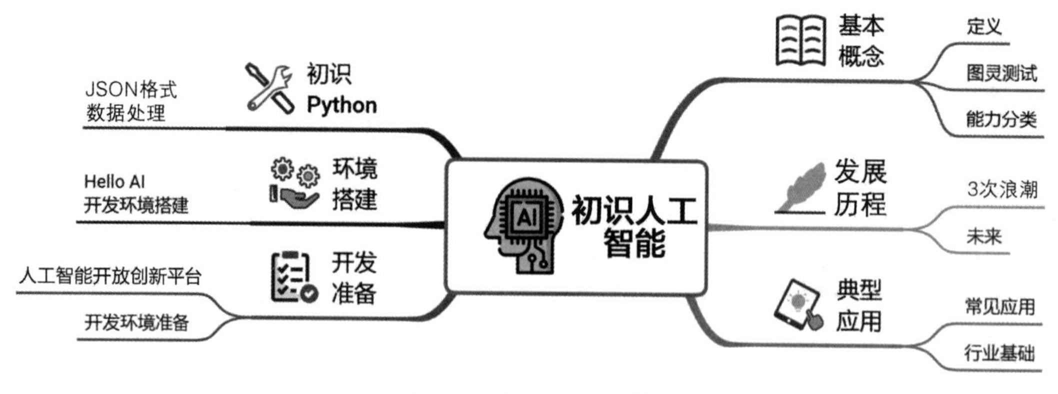

图 1-2　本单元结构导图

1.1 人工智能的概念

1.1 人工智能的概念

1.1.1 人工智能的定义

人工智能（Artificial Intelligence，AI）是研究、开发用于模拟、延伸和扩展人的智能的理论、方法、技术及应用系统的一门新的技术科学。

人工智能的研究方向不仅包括能看图/识字的计算机视觉、能翻译/问答的自然语言处理、能念书/赏乐的智能语音、能迎宾/送餐的智能机器人等贴近生活的应用技术，还包括知识表示与知识图谱、搜索技术、群智能算法、机器学习、人工神经网络与深度学习、专家系统、多智能体系统等相对抽象的基础研究。从严格意义上来讲，智能机器人并不是人工智能的某个研究方向，但它集成了计算机视觉、智能语音、自然语言处理等多项人工智能技术，是人工智能的最佳形象代言人，因此通常也将其作为人工智能技术来介绍。

人工智能涉及的领域十分广泛，包括计算机科学、数学、神经科学、哲学、生物学、社会学、心理学等学科，如图 1-3 所示，几乎包括了自然科学和社会科学的所有学科。虽然其本身属于计算机科学领域，但其研究范围又远远超出了计算机科学的研究范畴。可以说，人工智能是一项充满挑战的综合性交叉学科。

人工智能的基础和核心是机器学习。机器学习主要研究计算机如何获取知识和技能，实现自我完善。具体而言，它利用算法学习现有数据，并对真实世界中的事件做出决策和预测。机器学习常用算法包括神经网络、支持向量机、决策树、K 最近邻算法、K 均值聚类等。

由于深度学习在近期取得了较好的进展，因此人们容易将深度学习与人工智能画上等号。事实上，深度学习也就是深度神经网络，是机器学习中应用前景良好的一个子集，并不等同于人工智能。人工智能、机器学习、深度学习的关系如图 1-4 所示。当然，在现阶段的人工智能研究中，深度学习是最热门且最富有成效的一个分支。

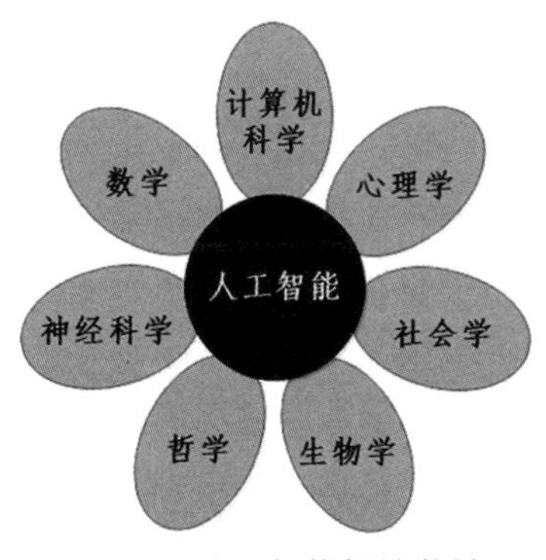

图 1-3 人工智能相关学科

图 1-4 人工智能、机器学习、深度学习的关系

1.1.2 图灵测试

虽然目前人工智能研究热火朝天，也取得了丰硕的成果，但由于智能涉及意识、自我、思维等诸多问题，因此，对于什么是智能，目前尚没有统一的标准。

关于如何界定机器是否具有智能，早在人工智能学科还未正式诞生之时的1950年，作为计算机科学创始人之一的英国数学家图灵（见图1-5）就给出了现在被称为“图灵测试”（Turing Test）的定义：如果一台机器能够与人类展开对话（通过电传设备）而不能被辨别出其机器身份，那么称这台机器具有智能。在这个测试中，测试员会使用电传设备，通过文字与密室里的一台机器和一个人自由对话，如图1-6所示。如果测试员无法分辨与之对话的两个对象谁是机器、谁是人，则参与对话的机器就被认为具有智能（会思考）。1952年，图灵还提出了更具体的测试标准：如果一台机器能“骗”过30%以上的测试员，让测试员误以为与自己对话的是人而不是机器，就可以判定它通过了图灵测试。

图1-5 图灵

图1-6 图灵测试场景示意图

图1-7 图灵测试内容

图1-7模拟的是某一次图灵测试中的对话内容，人工智能正在模仿心理治疗师，应对患者的咨询与倾诉。从对话内容中可以发现，人工智能的应答可谓天衣无缝，它在逻辑推理方面丝毫不弱于人类。但是在情感方面，人工智能有着天然的缺陷，当听到对方表达“家人和朋友都不关心我”时，它只会从寻找原因的角度继续理性地发问“跟我讲讲你的家庭”，而不会表达自己的同情来安慰对方，即缺乏所谓的同理心。情感与创新是人工智能最难模拟的两个方面。

近年来，随着智能语音、自然语言处理等技术的飞速发展，人工智能已经能用语音对话的方式与人类交流，偶尔也能“骗”过人类，不被发现其机器人的身份。在2018年的谷歌I/O开发者大会上，谷歌向外界展示了通过Google Duplex来帮助用户在真实世界预约美发和餐饮。它能像人类一样表达感慨，能察觉并纠正对方的误听，这样的表现得到了与会者的赞叹。2023年4月，福建某公司负责人G先生在与好友进行微信视频联系后，转账了巨额资金，根本没有意识到对方是经过“AI换脸”“AI换声”的境外诈骗团伙。

1.1.3　人工智能能力分类

人工智能按照其能力强弱可以分为 3 类，分别是弱人工智能、强人工智能和超人工智能。

1. 弱人工智能

弱人工智能（Artificial Narrow Intelligence，ANI）（见图 1-8）也称为专用人工智能或限定领域人工智能，指的是专注于且只能解决特定领域问题的人工智能，当前人工智能的研究和应用都属于弱人工智能的范畴。深蓝在国际象棋领域、AlphaGo 在围棋领域的水平是人类望尘莫及的，但在其他领域，如识别猫和狗等方面，它们的能力还不如两三岁的儿童。基于弱人工智能在功能上的局限性，人们更愿意将其视作工具而非威胁。

图 1-8　弱人工智能

2. 强人工智能

强人工智能（Artificial General Intelligence，AGI）也称为通用人工智能，指的是在各方面都能和人类相当的智能机器，它能胜任人类所有智力性的工作。当前科幻片中对人工智能的描绘，以及人们脑海中有关人工智能的想象，都指的是强人工智能。现在对强人工智能的定义比较宽泛，缺乏定性、定量的标准，在诸如“强人工智能是否有必要具备人类的意识”等问题上尚存在争议。对于定义中另一个没有明确指出的强人工智能的智力水平与衡量标准，人们目前也只能通过图灵测试来解释。

牛津大学首席人工智能科学家 Nick Bostrom 等人对人工智能研究人员进行了 4 次调查，结果显示，研究人员相信强人工智能在 2040—2050 年被成功开发出来的概率估计的中位数为 50%。当然，随着 ChatGPT 的出现，科学家普遍认为强人工智能也许会被提前开发出来。

3. 超人工智能

超人工智能（Artificial Super Intelligence，ASI）在几乎所有领域都比最聪明的人类大脑还要聪明很多，包括科学创新、通识和社交技能。在超人工智能阶段，人工智能已经跨过“奇点”，其计算和思维能力已经远超人脑。那时的人工智能已经不是人类可以理解和想象的了，人工智能将打破人脑受到的维度限制，其所观察和思考的内容，人脑已经无法理解，人工智能将形成一个新的社会，或许是新的非人类文明。科学家霍金曾警告：人工智能可能毁灭人类。他认为人工智能或许不但是人类历史上最大的事件，而且有可能是最后的事件。

注意：“奇点”是指拥有人类智能的机器人不断改进自己，并且会制造出越来越聪明、越来越强大的机器人，最终到达人类不可预测、无法控制的地步。

1.2 人工智能的发展历程

1.2 人工智能的发展历史

1.2.1 人工智能发展的3次浪潮

1. 人工智能的诞生

1936年，图灵提出了“理论计算机”的数学模型，被称为图灵机，为后来电子数字计算机的问世奠定了理论基础。

1943年，美国神经生理学家麦克洛奇（W. McCulloch）和数理逻辑学家匹兹（W. Pitts）提出了神经元的形式化数学描述与网络结构方法，从而开创了人工神经网络研究的时代。

图1-9 参加达特茅斯会议的年轻科学家

1950年，图灵在他的论文《计算机器与智能》中提出了著名的图灵测试。同时，图灵还预言未来会创造出具有真正智能的机器。

1956年，以麦卡锡、明斯基、罗切斯特和香农等为首的一批有远见卓识的年轻科学家聚集在美国达特茅斯学院（见图1-9），共同研究和探讨用机器模拟智能的一系列有关问题，并首次提出了“人工智能”这一术语，标志着人工智能这门新兴学科的正式诞生。

2. 第一次浪潮

人工智能的诞生震惊了全世界，人们第一次看到了由机器来产生、模拟智能的可能性。当时部分专家乐观地预测，20年内，机器将能做人所能做的一切。

1966年，MIT的约慧夫·维森鲍姆建立了世界上第一个自然语言对话程序Eliza，它通过简单的模式匹配和对话规则与人聊天，可视作人工智能发展的第一次浪潮的标志性事件。

1967 年，日本早稻田大学启动 WABOT 项目。1972 年，世界上第一个全尺寸人形智能机器人——WABOT-1 诞生，它能在视觉系统的引导下在室内走动和抓取物体，如图 1-10 所示。

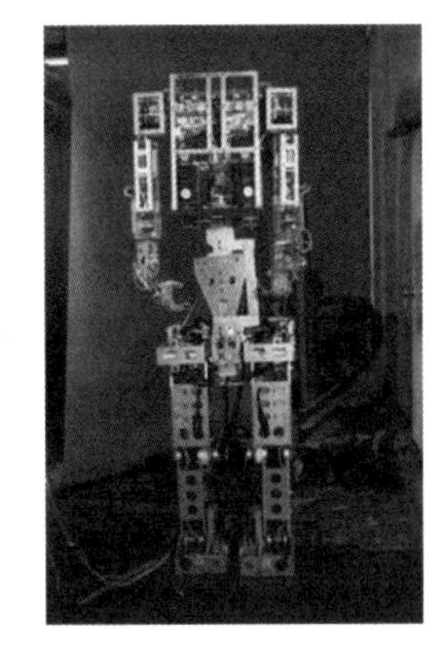
图 1-10　WABOT-1

但当时的计算机性能很弱，内存有限且处理速度慢。当时的信息与存储并不能支撑建立巨大的数据库，也没有算法能学习到丰富的信息。

数据、算力、算法的不足，以及应用上的乏力，导致资本和政府对无明确方向的人工智能研究逐渐停止了资助。自此，人工智能的发展进入了第一次寒冬期。

3. 第二次浪潮

1980 年，卡内基梅隆大学为迪吉多公司开发了一套名为 XCON 的专家系统，每年可以为公司节省 4000 万美元。XCON 的巨大商业价值极大地激发了工业界对专家系统的热情。1981 年，斯坦福研究院杜达等人研制的地质勘探专家系统 PROSPECTOR 可用于地质勘测数据分析，探查矿床的类型、蕴藏量、分布。专家系统的成功引领着人工智能发展的第二次浪潮。

1982 年，约翰·霍普菲尔德（John Hopfield）等人提出了霍普菲尔德神经网络（Hopfield Neural Network）。

1986 年，大卫·鲁梅尔哈特（David Rumelhart）等人提出了反向传播（Back Propagation，BP）算法，又称为 BP 神经网络，用于多层神经网络的参数计算，以解决非线性分类和学习问题。BP 神经网络被广泛用于人工神经网络的训练，其反向传播理念沿用至今。

然而，在应用场景上，专家系统暴露出应用领域狭窄、知识获取困难等问题。另外，1987 年美国发生了股灾，全球范围内迎来了史无前例的金融危机，金融危机中的资本界很快对人工智能失去了耐心，政府拨款受到了限制，相关公司近乎全线破产，人工智能又一次成为欺骗与失望的代名词，其发展进入了第二次寒冬期。

4. 第三次浪潮

1997 年 5 月，IBM 的计算机深蓝战胜国际象棋世界冠军卡斯帕罗夫，成为首个在标准比赛时限内击败国际象棋世界冠军的计算机系统。

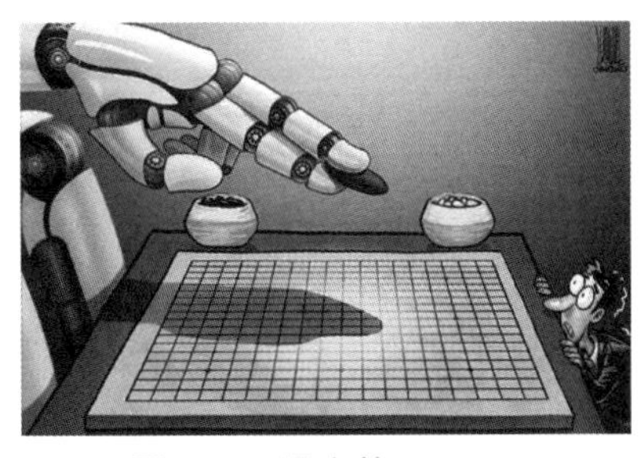
图 1-11　强大的 AlphaGo
（资料来源：中国日报）

2011 年，Watson（沃森）作为 IBM 开发的使用自然语言回答问题的人工智能程序参加美国智力问答节目，打败两位人类冠军，赢得了 100 万美元的奖金。

2016 年，人工智能 AlphaGo（见图 1-11）与世界围棋冠军李世石进行了人机大战，最终李世石与

AlphaGo 的总比分定格为 1∶4。这一次人机对弈，可视作人工智能发展的第三次浪潮的标志性事件，让人工智能正式被世人熟知。

2006 年，Hinton 等人提出了深层神经网络。2012 年，Hinton 团队在 ImageNet 比赛中首次使用深度学习完胜其他团队，在计算机视觉领域引起轰动，掀起了深度学习的研究热潮。

2015 年，何恺明等人利用拥有 152 层的深度残差网络对 ImageNet 中超过 1400 万张图片进行训练，其识别错误率低至 3.57%，远优于经过训练的普通人——错误率为 5.1%。

理论研究与技术应用上的成功推动着以深度学习为代表的人工智能迎来第三次浪潮。

2018 年，新华社联合搜狗发布全球首个“AI 合成主播”，让新闻界为之震惊。

2021 年，中国首辆火星车数字人“祝融号”亮相。

2022 年，我国的无人驾驶汽车参与了北京冬奥会的火炬接力活动。

国外也推出了不少应用。例如，DeepMind 在 AlphaGo 之后开发出了自动编程软件 AlphaCode，它在参加的几次编程比赛中都达到了中等水平；OpenAI 在 2022 年 11 月发布的聊天机器人 ChatGPT 不仅知晓天文地理，还能进行逻辑推理，并支持多种不同的输入和输出模态，包括文本、语音、图像和视频等；人工智能绘图软件 Stable Diffusion 能根据人们输入的文本画出图像模型；微软正式上线的人工智能编程工具 Copilot 已经开始收费了。

1.2.2 人工智能的未来

在人工智能的发展历程中，4 个关键因素是数据、算力、算法和应用场景。离开了数据、算力和算法的支撑，人工智能技术就得不到更大的提升；离开了能落地的应用场景，人工智能就难以吸引资本的投入与政府的推动，会变成空中楼阁。人工智能产业链如图 1-12 所示。

对于当前的人工智能，云计算的兴起与硬件的发展为其提供了存储空间和算力保障，互联网上的大量数据给人工智能提供了“温床”，移动应用的海量数据（大数据）给电商客户画像和精准营销提供了“燃料”，物联网的兴起给人工智能应用提供了数据支撑，如图 1-13 所示。算力的保障提升了深度学习算法实施的可行性，数据的支撑提升了深度学习算法应用的有效性。人工智能在安防、金融、零售、交通等行业的广泛应用坚定了资本的信心，也点燃了资本在其他行业不断挖掘新的应用场景的热情。

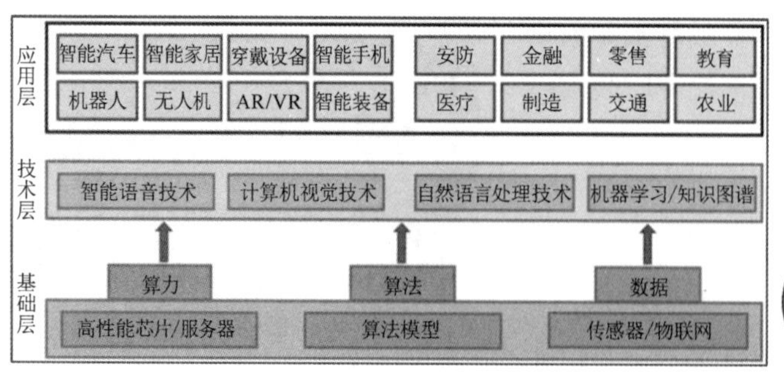

图 1-12 人工智能产业链

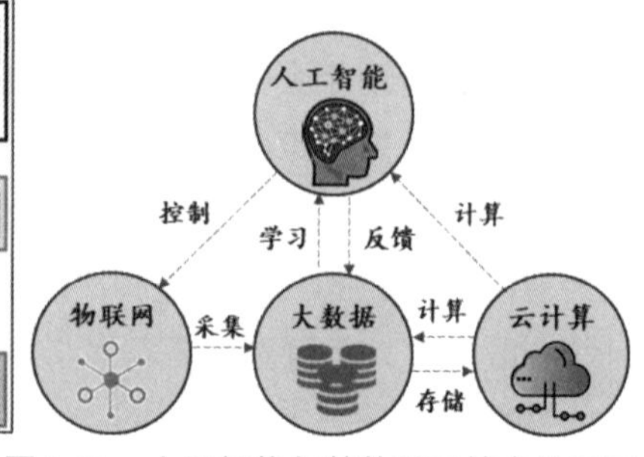

图 1-13 人工智能与其他新兴技术的关系

只要各类数据仍在源源不断地产生，资本对数据挖掘和应用的热情就不会减退。美颜相机、语音导航等人工智能应用已经是人们生活中难以割舍的一部分。随着我国 15 个国家新一代人工智能开放创新平台的推出（平台上提供了丰富多样的接口供人们使用），不熟悉人工智能专业的人也可以开发一些人工智能应用。

展望未来，从技术上来讲，无人驾驶汽车可能更安全；人工智能进入医疗保健领域，提高医疗质量，造福人类；大多数设备都将嵌入人工智能；脑机接口将会引发一场科技风暴，或许将实现记忆移植。

当然，人工智能的发展也会带来诸多负面效应，如现在应用广泛的人脸识别技术引发了安全与隐私问题；基于生成对抗网络（GAN）的造假很可能成为社会问题；人工智能技术的进步将引出新的法律与伦理问题。人工智能编程工具 Copilot、ChatGPT 软件通过学习程序员的大量代码来实现自动化编程，在一定程度上提高了程序员的效率并改善了其编程体验，但也带来了一些知识产权问题。

每一次产业革命都会给社会带来巨大的进步，同时会对既有的就业形势造成极大的冲击，人工智能的发展也不例外。根据麦肯锡报告中的预测，到 2030 年，全球可能有 15%～30%的劳动人口，即 4 亿～8 亿人的工作会因人工智能而发生变化。其中，对中国的影响预计将超过 1 亿人。高等教育为社会提供了大量技术人才，促进了社会经济的发展。在人工智能的不断发展下，各类院校师生都应将其视作机遇而非威胁，尽早拥抱、适应新技术，结合本专业规划好自己的职业生涯。

1.3 人工智能的典型应用

1.3 人工智能的常见技术与典型应用

1.3.1 人工智能在各行业中的典型应用

人工智能在各行业都取得了良好的应用，如图 1-14 所示。

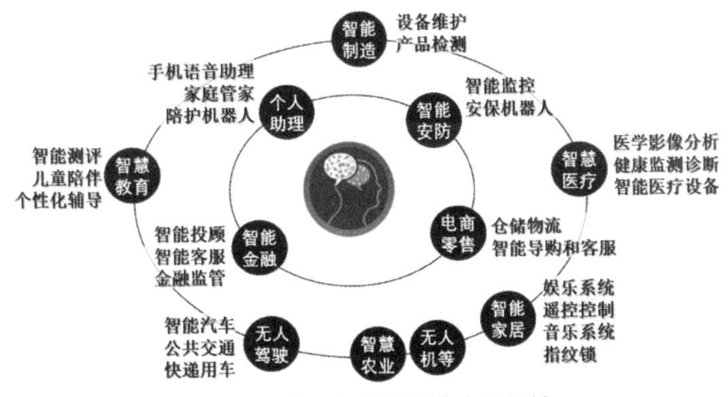

图 1-14　人工智能的部分应用领域

1. 智能家居与个人助理

智能家居主要是指基于物联网技术，通过智能硬件、软件系统、云计算平台构成一套完整的家居生态圈。用户可以远程控制设备，设备间可以互联互通，并通过自我学习来整体优化家居环境的安全性、节能性、便捷性。近几年，随着智能语音技术的发展，智能音箱成为一个爆发点。小米、天猫等纷纷推出自身的智能音箱，不仅成功打开了家居市场，还为未来更多的智能家居用品培养了用户习惯。

2. 智能安防

近年来，中国安防监控行业发展迅速，视频监控数量不断增长，在公共场所和个人场所，监控摄像头安装总数已经超过了 1.75 亿。在部分一线城市，视频监控已经实现了全覆盖。利用智能视频分析技术，针对安全监控录像，可以随时从视频中检测出行人和车辆；能自动找到视频中醉酒的行人和逆向运行的车辆等异常行为，及时发出带有具体地点信息的警报；能自动判断人群的密度和人流的方向，提前发现过密人群带来的潜在危险，帮助工作人员引导和管理人流。

3. 电商零售

人工智能在电商零售行业的应用已经十分广泛，无人便利店、智慧供应链、客流统计、无人仓等都是当前的应用热点。京东自主研发的无人仓采用大量智能物流机器人进行协同与配合，通过人工智能、深度学习、图像智能识别、大数据应用等技术，让智能物流机器人可以进行自主的判断和行为，完成各种复杂的任务，在商品分拣、运输、出库等环节实现自动化。图普科技将人工智能技术应用于客流统计，通过人脸识别客流统计功能，门店可以从性别、年龄、表情、新/老顾客、滞留时长等维度建立到店客流的用户画像，为门店调整运营策略提供数据基础，帮助门店运营提升下单转换率，即提高到店客流发生购买行为的比例。

4. 智慧医疗

人工智能在医疗中的应用为解决“看病难”问题提供了新思路。目前，世界各国的诸多研究机构都投入了很大的力量来开发对医学影像进行自动分析的技术。这些技术可以自动找到医学影像中的重点部位，并进行分析对比。人工智能分析的结果可以为医生诊断提供参考信息，从而有效减少误诊或漏诊。在医疗行业，人工智能的典型应用包括药物研发、医学影像、辅助治疗、健康管理、基因检测、智慧医院等。除此之外，有些新技术还能够通过多份医疗影像重建出人体内器官的三维模型，帮助医生设计手术，确保手术更加精准。

5. 智能金融

人工智能在金融行业的主要应用场景如下。

身份识别：以人工智能为内核，通过活体识别、图像识别、声纹识别、OCR 识别等技术手段，对用户身份进行验证，大幅降低核验成本。

大数据风控：通过大数据、算力、算法的结合，搭建反欺诈、信用风险等模型，多维度控制金融机构的信用风险和操作风险，同时避免资产损失。

智能投顾：人工智能+投资顾问的结合体，指基于客户自身的理财需求、资产状况、风险承受能力、风险偏好等因素，运用投资组合理论，通过算法搭建数据模型，利用人工智能技术和网络平台提供理财顾问服务。

6. 智慧教育

科大讯飞、乂学教育等企业早已开始探索人工智能在教育行业的应用：通过图像识别可以利用机器批改试卷、识题/答题等，通过语音识别可以纠正、改进发音，人机交互可以进行在线答疑解惑等。人工智能和教育的结合在一定程度上可以改善教育行业师资分布不均衡、费用高昂等问题。智慧教育应用包括智能测评、儿童陪伴、个性化辅导等。

7. 智能客服

智能客服能够降低人工成本，全天候、高效率地应对客户的咨询。智能客服已完全实现在金融行业的应用，人工客服日渐减少。目前，支付宝智能客服的自助率已经达到97%，智能客服的解决率达到78%，优于人工客服。目前，智能客服已经在电子商务、金融、通信、物流和旅游等多个行业中得到应用。智能客服技术的快速发展将使得简单话务被智能机器取代，人工服务向高端化、专业化转变，以顾问的身份帮助客户解决业务问题，维系客户关系。

8. 智能制造

我国是工业大国，随着各种产品的快速迭代，以及用户对于定制化产品的强烈需求，工业制造系统正变得越来越“聪明”，而人工智能则为工业“智”造系统提供了有力的支撑。

质量监控是生产过程中的重要环节，传统生产线上都安排大量的检测工人（用肉眼进行质量检测），这种人工检测方式不仅容易漏检和误判，还会给检测工人造成疲劳伤害。很多工业产品企业开发使用人工智能的视觉工具，以自动检测出形态各异的缺陷。

9. 自动驾驶

自动驾驶（无人驾驶，以下针对不同的场景灵活使用两者）通过多种传感器，包括视频摄像头、激光雷达、卫星定位系统（北斗卫星导航系统 BDS、全球定位系统 GPS 等），对行驶环境进行实时感知。智能驾驶系统可以对多种感知信号进行综合分析，通过结合地图、交通信号灯和路牌等指示标志，实时规划驾驶路线，发出指令控制车辆运行。物流行业利用智能搜索、推理规划、计算机视觉及智能机器人等技术，在运输、仓储、配送、装卸等流程上进行自动化改造，基本上能够实现无人操作。

1.3.2 人工智能在各行业中的基础

人工智能已经在多个行业中取得了巨大的成功，但在人工智能技术向各行各业渗透的过程中，由于使用场景复杂度不同、技术发展水平不同，导致不同产品的成熟度也不同。例如，在安防、金融、教育等行业的核心环节已有人工智能成熟产品，技术成熟度和用户心理接受度都较高；个人助理和医疗行业在核心环节已出现试验性的初步成熟产品，但由于其场景复杂，涉及个人隐私和生命健康问题，因此当前用户心理接受度较低；自动驾驶和咨询行业在核心环节尚未出现成熟产品，无论在技术成熟度方面还是在用户心理接受度方面，都还没有达到足够成熟的程度。参照中国科学院发布的《2019 年人工智能发展白皮书》，表 1-1 列出了不同行业在人工智能数据基础①、技术基础②、应用基础③、组织基础④方面的对比。

表 1-1 各行业中人工智能基础及产品成熟度

各行业的人工智能基础	安防	金融	零售	交通	教育	医疗	制造	健康	通信	旅游	文娱	能源	地产	
可获取的数据量	★	★	★★	★★	★★	★★	★	★☆	★☆	★	★	★	☆	①
数据历史积累程度	★	★	★☆	★☆	★☆	☆	★	★☆	★	★☆	☆	★☆	★☆	
数据存储流程成熟度	★	★	★	☆	★☆	☆	★☆	★	★	★	☆	☆	☆	
数据整洁度	★	★	☆	★☆	☆	★☆	★★	★☆	★☆	★☆	☆	★☆	★	
数据记录与说明文档	★	★	★	☆	★★	★	★☆	★☆	★	★☆	★	★☆	★	
工作流自动化程度	★	★	☆	☆	★	☆	★★	★	★	★	☆	★☆	☆	②
IT 系统对人工智能的友好度	★	☆	☆	☆	★	★☆	☆	★	☆	☆	☆	★	☆	
人工智能应用场景清晰程度	★	★	★★	★★	★★	★★	★☆	★★	★☆	★	★	★	☆	③
人工智能运用准备的成熟度	★	★	★	☆	★☆	★	★	★☆	☆	★	★☆	☆	☆	
人工智能应用部署的历史经验	★	★	★	★☆	☆	☆	★☆	★	★	☆	☆	☆	☆	
人工智能解决方案供应商情况	★	★	★☆	★★	★☆	★☆	★☆	★★	★★	★☆	☆	☆	★☆	
组织机构战略与文化	★	★	★★	★★	★☆	★☆	★	★☆	★	★	★	★	★	④
总分	★	★	★★	★★	★★	★☆	★☆	★	★	★	★	★	★	

★★：较成熟　　★☆：接近成熟　　★：有一定的基础　　☆：相对较弱

由表 1-1 可知，在人工智能技术向各行各业渗透的过程中，安防和金融行业的人工智能使用率最高，零售、交通、教育、医疗、制造、健康行业次之。

安防行业围绕着视频监控不断升级改造，在政府的大力支持下，我国已建成集数据传输和控制于一体的自动化监控平台，随着计算机视觉技术出现突破，安防行业迅速向智能化方向前进。

金融行业拥有良好的数据积累，在自动化的工作流与相关技术的运用上取得了较好的成效，组织机构战略与文化也较先进，因此人工智能技术在此行业中得到了良好的应用。

零售行业在数据基础、应用基础、组织基础方面均有一定的基础。交通行业在组织基础与应用基础方面的优势明显，并已经开始布局自动驾驶技术。教育行业的数据基础虽然薄弱，但行业整体对人工智能非常关注，同时开始在实际业务中结合人工智能技术，因此未来发展可期。

医疗与健康行业拥有多年的医疗数据积累与流程化的数据使用过程，因此在数据基础与技术基础方面有很强的优势。

制造行业虽然在组织基础方面相对薄弱，但拥有大量高质量的数据积累及自动化的工作流，为人工智能技术的介入提供了良好的技术铺垫。

1.4 人工智能开发准备

1.4 人工智能开发准备

1.4.1 国家新一代人工智能开放创新平台

为了加快推进人工智能技术与应用的发展，中华人民共和国科学技术部（以下简称“科技部”）分批分类依托 15 家国内知名企业建设国家新一代人工智能开放创新平台。2017 年 11 月，科技部公布首批国家新一代人工智能开放创新平台，分别依托百度、阿里云、腾讯、科大讯飞建设自动驾驶、城市大脑、医疗影像、智能语音 4 家国家新一代人工智能开放创新平台。2018 年 9 月，科技部宣布依托商汤集团建设智能视觉国家新一代人工智能开放创新平台。2019 年 8 月，科技部公布了 10 家建设国家新一代人工智能开放创新平台的企业名单。国内部分人工智能领军企业的开放平台如表 1-2 所示。

表 1-2　国内部分人工智能领军企业的开放平台

序号	公司	平台特性
1	百度	自动驾驶
2	阿里	城市大脑
3	腾讯	医疗影像
4	科大讯飞	智能语音
5	商汤集团	智能视觉
6	华为	基础软件
7	上海依图	视觉计算
8	上海明略	智能营销
9	中国平安	普惠金融
10	海康威视	视频感知
11	京东	智能供应链
12	旷视	图像感知
13	360 奇虎	安全大脑
14	好未来	智慧教育
15	小米	智能家居

对个人或中小企业来讲，很难独立进行人工智能应用的开发，因为开发者需要对算法及应用场景都有较深入的理解。随着国家新一代人工智能开放创新平台的不断推进建设，人工智能技术正变得像家庭中的水一样触手可及、即开即用。非计算机专业人士只需了解自己的应用需求并准备相关数据，就可以借助平台训练出自己的人工智能模型，或者直接使用平台上预置的通用模型接口。

以图像识别为例，用户首先在平台上进行注册认证，然后创建图像分类应用，并调用平台上的图像分类API来识别动物、植物等图片，整个过程用时不超过一个小时。

本书基于国家新一代人工智能开放创新平台，围绕迎宾机器人常见功能完成视觉、语音和知识问答等方面的系列实验，力求揭开人工智能的神秘面纱，为人工智能技术赋能本专业并进行专业创新实践打开一扇窗户。

1.4.2　开发环境准备工作

本书除了介绍人工智能的技术与应用，还将指导学生编写简单的代码，实现人工智能技术的基本应用，为学生利用人工智能技术开展专业创新（AI+专业创新）提供思路，因此需要做一些实验准备。本书作为人工智能的基础教材，编程的目的是让学生体验人工智能的应用，不会深入算法调优方面的实践，因此只需安装、配置基础开发环境即可。如果学生有兴趣进行深入研究，则可以进一步安装TensorFlow、PyTorch等当前较流行的深度学习框架。这里首先要安装、配置好相关的开发环境，以方便代码的编写及编译运行；然后在选定的人工智能开放创新平台上注册成为开发者，以便调用其上的API。

1. 开发环境与开放平台准备

在基于人工智能开放创新平台进行应用开发时，首先需要做好以下准备工作。

（1）**安装开发环境**。本书选择安装Anaconda套件，因为其中包含了一些科学计算库，可以在体验机器学习时直接调用。另外，本书将Spyder作为代码编写与调试的工具。

（2）**在本地安装相关平台的软件开发工具包**（Software Development Kit，SDK）。如果学生有一定的编程基础，则采用HTTP API访问模式替代本地调用模式，本步骤可以省略。

（3）**在选定的人工智能开放创新平台上注册成为开发者**。本书的实验主要基于百度人工智能开放创新平台来进行，同时提供利用科大讯飞人工智能开放创新平台开展语音实践的案例，供学有余力的学生探索。

（4）**根据项目需求，在人工智能开放创新平台上创建应用，获取该应用对应的鉴权字符串，用于获取访问权限**。例如，在开展语音合成实验时，先访问相关平台网站，在相关平台上创建语音合成应用，并获取语音合成相关的鉴权字符串。

其中步骤（4）是具体开发中的必要步骤。由于不同的项目对应不同的鉴权字符串，因此当前可以暂不准备。若已经提前准备好鉴权字符串，则在开发时只需在本地简单编程即可。

2. Python 简介

当前流行的 C#、Java、Python 等很多编程语言都可以用于开发人工智能应用。

本书选用 Python 作为项目实践的编程语言，因为 Python 语言简洁可读、适用于初学者，并且 Python 在大数据、人工智能领域的应用是最广泛的。它是一种高级的、解释性的、交互式的、面向对象的脚本语言。Python 的语法结构比其他语言少，且没有其他语言中常用的标点符号，采用缩进对齐方式来表示代码块，以此来代替其他语言中常用的一对花括号。本书配套实训项目主要是为了让学生方便地体验人工智能通用技术，因此将围绕本书中实训项目所用到的知识点，对 Python 做简单介绍。学生如果对 Python 有较浓厚的兴趣，并希望进一步学习其语法结构，则可以到 W3Cschool 和 Python123 网站了解更多信息。

本书采用 Anaconda 管理工具来安装 Windows 操作系统下的开发环境。Anaconda 中包含一个开源的 Python 发行版本和一个包管理器 conda，还包含了一些常用的库，如 NumPy、SciPy、Matplotlib 等。常见的科学计算类的库都已经包含在里面，可以满足 Python 编程过程中的需求。Python 的大部分库在 UNIX、Windows 和 Macintosh 上使用都非常便携且跨平台兼容。当然，学生也可以选用 PyCharm 作为开发环境，或者在 Jupyter Notebook 中进行实验。

3. 实验中代码编写的标准流程

通过对人工智能开放创新平台进行梳理，编者整理出利用人工智能开放创新平台进行实验的基本步骤。在后续实验中，编者将严格按照标准流程进行编码，这样不仅可以降低学生理解的难度，还给编程带来很大的方便。标准流程遵循导入模块、权限鉴定、准备资源、调用接口处理资源、输出或保存结果 5 个基本步骤。

调用人工智能开放创新平台中的接口一般有使用本地 SDK，以及使用 HTTP API 两种方式，其中后者不需要在本地安装相关 SDK，直接采用 HTTP 方式进行鉴权来获得访问令牌，并将资源传至云服务器处理后返回结果。

（1）采用本地 SDK 方式进行处理的流程。

本书中的实验一般采用本地 SDK 方式进行，并遵循以下标准流程进行填空式编程。实验设置以学生能体验到人工智能技术的应用为目的，以填空的方式进行，以便于初学者也能编程实现，并不期望学生成为理解和掌握人工智能编程的程序员。其中，括号中的内容是学生需要补全的信息，随着项目的不同，需要补全的信息将略有差异。

```
# 1 从SDK模块中导入与本次应用（相关的类）
# 2 基于（自己的鉴权字符串），由（相关的类）初始化本地 client 对象
# 3 打开并读取本地或网络上的图片、语音、文字等（拟处理资源）
# 4 调用本地client对象的（相应方法）对（拟处理资源）进行处理，得到（相应结果）
# 5 输出或保存（相应结果）
# 6 若有必要，则对结果进行优化处理
```

（2）采用 HTTP API 方式进行处理的流程。

本书中的部分实验采用 HTTP API 方式，这时不需要在本地安装 SDK，只要有 Python 编译环境即可。这种方式更方便，但需要学生有一定的编程基础。与采用本地 SDK 方式进行处理的流程相比，它有 3 处不同（用下画线标识出），主要差异是需要用鉴权字符串获取访问令牌：

```
# 1 从本地导入相关的帮助类（本步骤不是必要的，帮助类仅提供给编程基础较弱的学生）
# 2 基于自己的鉴权字符串获取访问令牌
# 3 打开并读取本地或网络上的图片、语音、文字等拟处理资源
# 4 凭借令牌和拟处理资源调用相应的HTTP API，获得返回结果
# 5 输出或保存返回结果
# 6 若有必要，则对结果进行优化处理
```

本书将获取访问令牌的方法封装成帮助类，学生可以导入帮助类并使用其中的方法获取访问令牌。当然，有编程基础的学生可以跳过第一步，基于自己的鉴权字符串直接从平台上获取访问令牌。

☆任务 1.1　搭建 Hello AI 开发环境

小张对人工智能很感兴趣，他除了想要深入学习，还想要进行项目开发实践。为了有利于人工智能知识学习、项目开发，首先需要搭建开发环境。本任务将完成人工智能开发环境的搭建工作。

对于从事人工智能应用开发的专业人士，可以选择在 Linux 操作系统下安装相关软件。作为对人工智能了解甚少的初学者，建议直接在 Windows 操作系统下进行 Python 开发环境的安装。对于开发环境的搭建过程，学生可以扫描右侧二维码来观看具体操作过程的讲解视频。

☆任务 1.1 搭建 Hello AI 开发环境

1．安装、配置 Anaconda

（1）下载 Anaconda。

在官方网站或清华大学开源软件镜像站下载 Anaconda。本书采用 Python 3 版本，因此需要下载 Anaconda3-5 以上版本，如图 1-15 所示。

（2）安装 Anaconda。

下载完成后，双击“Anaconda3-5.0.1-Windows-x86_64.exe”（或更新版本的）安装包，基本采用默认设置进行安装。但要注意：在进行到如图 1-16 所示的步骤时，请把两个复选框都选中，一是将 Anaconda 添加进环境变量，二是将 Anaconda 作为 Python 3 的默认环境。

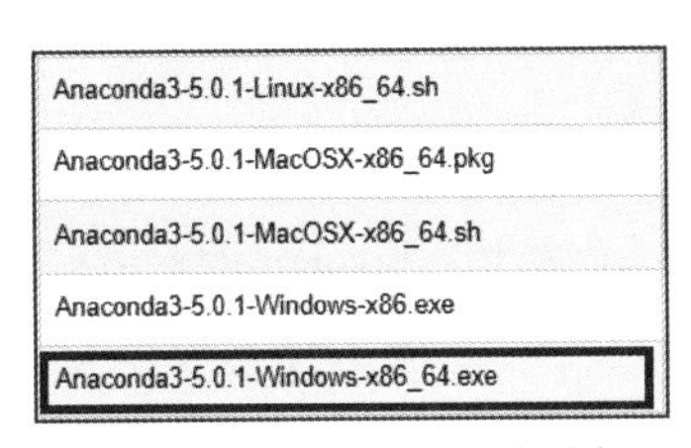
Anaconda3-5.0.1-Linux-x86_64.sh
Anaconda3-5.0.1-MacOSX-x86_64.pkg
Anaconda3-5.0.1-MacOSX-x86_64.sh
Anaconda3-5.0.1-Windows-x86.exe
Anaconda3-5.0.1-Windows-x86_64.exe

图 1-15　Anaconda 版本选择

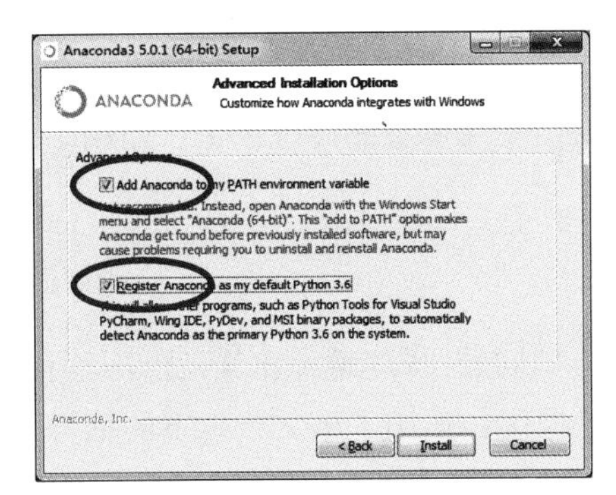

图 1-16　Anaconda 安装选项

（3）安装 Spyder。

Anaconda 安装完成后，选择【开始】→【Anaconda3】选项，可以看到有【Spyder】子菜单。

如果没有找到【Spyder】子菜单，则选择【开始】→【Anaconda3】→【Anaconda Navigator】选项，打开 Anaconda。在如图 1-17 所示的界面中单击【Install】按钮进行安装即可。安装完毕，可以单击【Launch】按钮，如图 1-18 所示，以启动 Spyder。

图 1-17　安装 Spyder

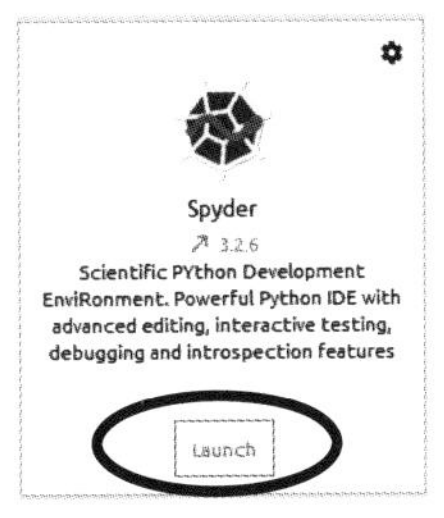

图 1-18　启动 Spyder

（4）代码编写与编译调试。

- 在 Spyder 开发环境中选择【File】→【New File】选项，新建项目文件，默认文件名为 untitled0.py，如图 1-19 所示。选择【File】→【Save as】选项，将文件另存为 E1_HelloAI.py，可采用默认路径存放，本书将其放置在 Excecise 目录下。
- 在代码编辑窗口中输入一行代码，如图 1-20 所示。

```
print("Hello AI!")                    # 本行用于输出固定的字符串
```

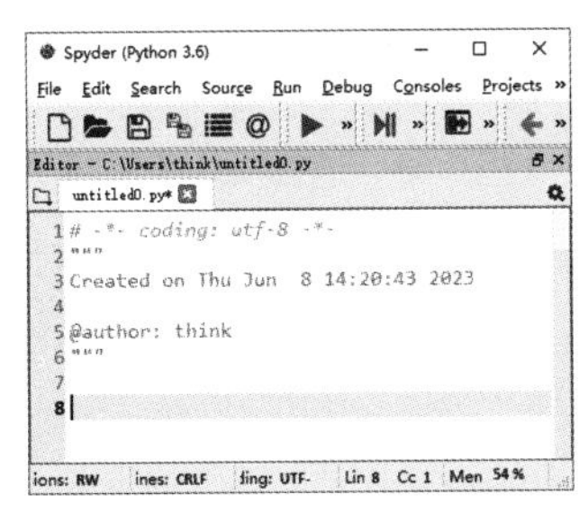

图 1-19　新建 Python 文件

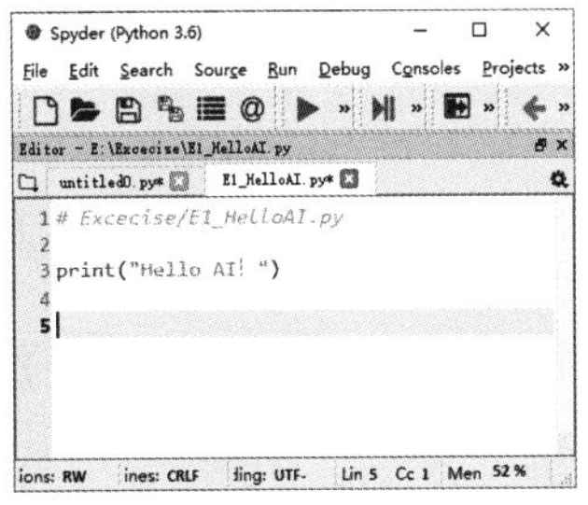

图 1-20　为文件命名并输入代码

- 在工具栏中单击▶按钮，编译执行程序，将输出“Hello AI！”。在【IPython console】窗口中可以看到运行结果，如图1-21所示。

```
In [1]: runfile('E:/Excecise/E1_HelloAI.py', wdir='E:/Excecise')
Hello AI!
```

图1-21　运行结果

❓典型问题：程序编译出错，无法运行。提示“SyntaxError: invalid character in identifier”。

常见原因：使用了中文状态下的括号及引号，即（“　”），正确的输入应该是英文格式(" ")。

更多常见问题可以扫描本任务开始处的二维码，参见更详细的描述。

2．安装百度SDK

目前，国内共有15家企业建设国家级新一代人工智能开放创新平台，学生可以根据实际需要选择合适的平台及相应的应用。本书借助百度人工智能开放创新平台实现部分项目。有关科大讯飞人工智能开放创新平台的语音实验，将在相关实验中直接描述。

如果已安装pip，则只需直接执行pip install baidu-aip命令即可。

（1）选择【开始】→【Anaconda Prompt】选项，打开Anaconda Prompt。

（2）在打开的命令窗口中输入“pip install baidu-aip”，如图1-22所示。

图1-22　安装百度SDK

执行完成即可，结果如图1-22所示。

3．注册成为百度人工智能开放创新平台的开发者

（1）进入百度人工智能开放创新平台。

（2）建议使用谷歌浏览器，在网页右上角单击【控制台】按钮。

（3）注册百度账号，并单击【登录】按钮，如图 1-23 所示。

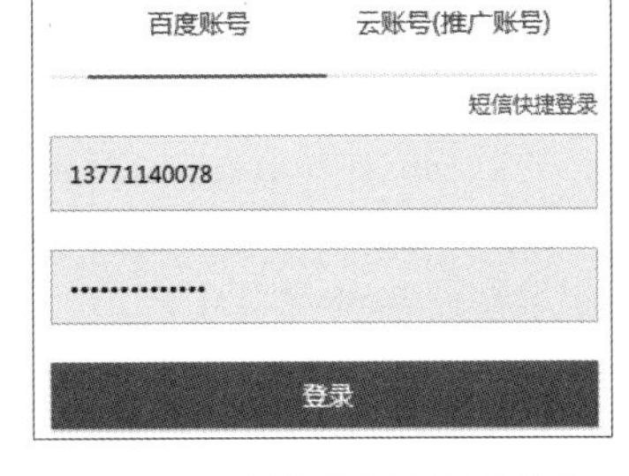

图 1-23　注册百度账号并登录

4. 获取相关应用特有的 Access Key 和 Secret Key

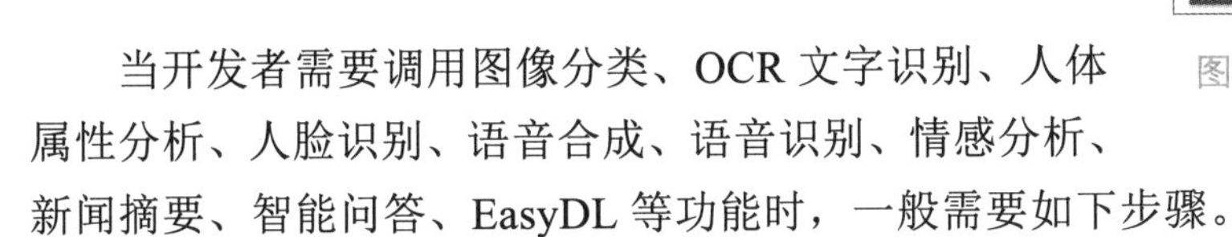

当开发者需要调用图像分类、OCR 文字识别、人体属性分析、人脸识别、语音合成、语音识别、情感分析、新闻摘要、智能问答、EasyDL 等功能时，一般需要如下步骤。

- 创建相关应用。
- 领取免费资源以方便调用接口。
- 获取该应用的编号 App ID，以及与权限鉴定有关的 Access Key 和 Secret Key。这 3 个字符串的获取将在每个项目实施时进行讲解。
- 编写代码并编译调试。
- 查看结果。

✯任务 1.2　Python 处理 JSON 格式数据

1. 任务描述

小张已经搭建好人工智能开发环境，但是他并没有 Python 基础，却又希望能快速地了解在后续编程中常用的流程与句法。通过本任务的实践，学生应该能了解类与对象的使用语句，以及后续人工智能项目实践中的常见流程；了解怎样调用相关方法；了解怎样利用循环语句对以 JSON 格式返回的结果进行优化处理。

✯任务 1.2 Python 处理 Json 格式数据

2. 相关知识

- 类与对象的使用。
- JSON 格式数据的处理（详见 W3Cschool 网站上的 JSON 教程）。
- 循环语句的使用。

3. 任务设计

（1）编写 AIService 模块中的学生类 Student。

AIService 模块中包含学生类 Student，其中包括 4 个方法，分别是构造方法__init__()，用于初始化对象；getResult()方法，用于处理及返回结果；speak()方法，用于进行参数传递；get_baidu_access_token()方法，用于返回访问令牌（权限鉴定）。AIService 模块代码如下：

```
# Excecise/ AIService.py
# 在文件 AIService.py中定义Student类
class Student():
    def __init__(self,id,name ):    # __init__()方法相当于构造函数，在这里用于定义形参
        self.id = id;               # 初始化学生对象的学号为传入的id
        self.name = name;           # 初始化学生对象的名称为传入的name

    def get_baidu_access_token(self,id,name):
        return id + name

    def speak(self,text):
        return self.name  + text

def getResult(self,text):
        self.result['words_result'][0]['words'] = text
        return self.result

    result= {
            'words_result':  [{'words': '我很喜欢'},{'words': '人工智能'}],
            'words_result_num': 2
          }
```

其中，result 为模拟后续实验中得到的返回结果，一般返回 JSON 格式字符串。本任务将利用循环语句提取返回字符串中的文字部分。

（2）使用 AIService 模块中的学生类 Student。

按照实验中的标准流程编写 P1_UseAIService.py 文件，对学生类 Student 进行初始化，生成 client 对象，进而调用 client 对象的 getResult()方法，获得 result 结果。具体代码如下：

```
# Excecise/P1_UseAIService.py
# 1 从 AIService 模块中导入学生类Student
from AIService import Student
# 2 以参数 '01'和'zhangsan' 来初始化学生类Student的对象client
client = Student('01','zhangsan')
# 3 准备待处理资源，如"您好"，也可以打开并读取 data.txt记事本中的文字，本任务并未使用资源
# text = open( 'data.txt' , 'rb').read()
text = "您好"
# 4 调用对象的相应方法对资源text进行处理
result = client.getResult(text)
# 5 输出结果
print(result)
```

编译执行程序，将输出：

```
{'words_result': [{'words': '您好'},
{'words': '人工智能'}],
'words_result_num': 2}
```

如果对输出结果不满意，那么可以使用循环语句来遍历识别出来的每行文字，代码如下：

```
# 6 优化结果
WordsArray = result['words_result']        # 获取输出结果中的文字部分 'words_result'
N = len(WordsArray)                         # 获取待识别文字的行数 N = 2
Output = ''                                 # 定义输出字符串Output，当前为空字符串
for i in range(N):                          # i从 0 逐步增加到 N-1
    Output += WordsArray[i]['words']        # 在输出字符串Output后附加一行文字
print(Output)                               # 打印输出字符串Output
```

输出结果为：

```
您好人工智能
```

本任务采用循环语句解析 JSON 格式字符串，并优化输出结果。首先提取 result 结果中的文字关键词 words_result 的值，并赋给数组 WordsArray；然后获取数组 WordsArray 中的元素个数并定义空字符串 Output，用于输出结果；最后采用循环方式遍历数组，在 Output 字符串后逐个附加数组 WordsArray 中每个元素的关键字 words 部分的值。

4. 任务小结

本次任务为后续任务实践做准备，一方面，给出了后续任务中代码编写的 5 行/个要点；另一方面，对输出结果进行了优化处理。后续任务将基本遵循这个流程。另外，还请学生注意代码编写时的字符问题，要在英文状态下输入单引号、双引号等符号。

对于没有 Python 基础的学生，建议另找参考图书，熟悉类与对象、方法、循环等的概念及使用方法。

单元小结

本单元介绍了人工智能的概念、发展历程及典型应用，并对人工智能、机器学习、深度学习进行了对比。本单元完成了人工智能开发环境安装、JSON 格式数据处理两个任务。通过本单元的学习与实践，学生应能理解人工智能的内涵和发展历程，为人工智能项目开发准备好开发环境及基本技能。

习题 1

一、选择题

1．1997 年 5 月，IBM 的计算机以 3.5∶2.5 的成绩击败了当时的国际象棋世界冠军卡斯帕罗夫，这台计算机被称为（　　）。

（A）IBM　　（B）深蓝　　（C）AlphaGo　　（D）AlphaZero

2．最早在达特茅斯会议上提出人工智能这一概念的科学家是哪一位？（　　）

（A）麦卡锡　　（B）图灵　　（C）明斯基　　（D）冯·诺依曼

3．人工智能是研究、开发用于（　　）的理论、方法、技术及应用系统的一门新的技术科学。

（A）完全代替人的智能　　（B）具有完全智能

（C）和人脑一样思考问题　　（D）模拟、延伸和扩展人的智能

4．人工智能的英文缩写 AI 的全拼是（　　）。

（A）Automatic Intelligence　　（B）Artificial Intelligence

（C）Automatic Information　　（D）Artificial Information

5．要想让机器具有智能，必须让机器具有知识。因此，在人工智能中有一个研究领域，主要研究计算机如何获取知识和技能，实现自我完善，这门研究分支学科叫作（　　）。

（A）专家系统　　（B）神经网络

（C）机器学习　　（D）自然语言处理

二、填空题

1．人工智能的主要研究领域有__________、__________、______________三大类。

2．人工智能从概念到产业的爆发需要具备的要素分别是_______、_______、_______和场景。

三、简答题

1．简述人工智能的发展历程。

2．简述图灵测试的思想。

3．举例描述自己所接触到的生活中的人工智能应用。

4．讲述一下人工智能、机器学习、深度学习、神经网络的关系。

单元 2

计算机视觉技术与应用

刷脸支付、拍照识花、美图美颜、人证合一过安检、高速公路出入口的电子不停车收费系统……生活中的计算机视觉应用无处不在。计算机视觉概念图如图 2-1 所示。

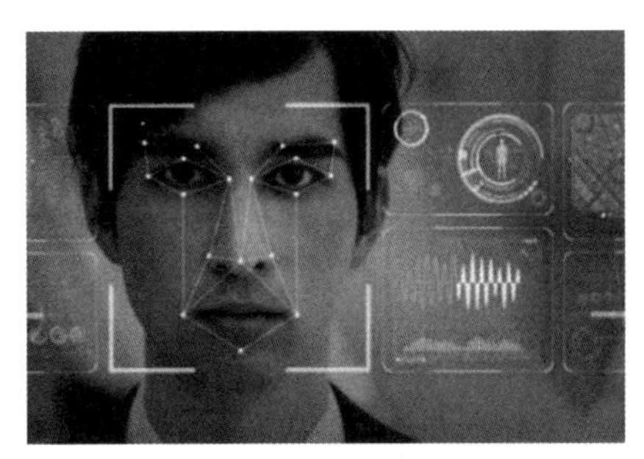

图 2-1 计算机视觉概念图

我国已经在安防、交通影像分析等方面积累了大量数据，因而在计算机视觉的应用层方面有较大的国际竞争优势。

当然，人们也很好奇，摄像头是怎样自动识别人脸、车牌或花卉的呢？

- ◆ 单元知识目标：了解计算机视觉的概念、技术体系，以及基本任务、常见应用、机器视觉技术与应用。
- ◆ 单元能力目标：掌握基于接口的图片文字识别技能，能利用接口进行人体属性分析。

本单元结构导图如图 2-2 所示。

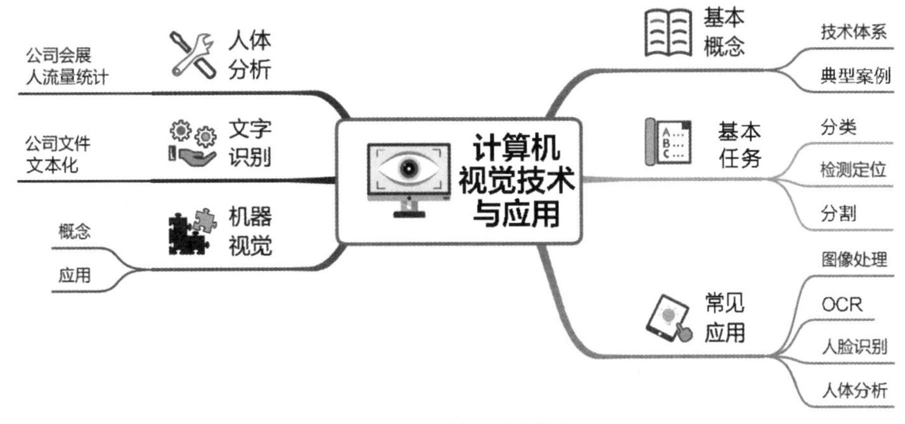

图 2-2 本单元结构导图

2.1 计算机视觉的概念

2.1 计算机视觉的概念

2.1.1 计算机视觉技术体系

计算机视觉（Computer Vision，CV）是一门研究如何使机器能“看”的学科，属于人工智能中的感知智能范畴。参照人类的视觉系统，摄像机等成像设备是机器的眼睛，计算机视觉的目标就是要模拟人类大脑（主要是视觉皮层区）的视觉能力。从工程应用的角度来看，计算机视觉就是要对从成像设备中获得的图像或视频进行处理、分析和理解。由于人类获取的信息的 80%以上来自视觉，因此计算机视觉也成为人工智能最热门的研究及应用方向。

计算机视觉的三大基本任务为分类、检测定位、分割（语义和实例），部分学者将定位与检测作为两个任务。计算机视觉技术应用于人脸识别、OCR（Optical Character Recognition，光学字符识别）、医疗影像诊断、美图修图、姿态检测等场景，在交通、安防、医疗、金融等多个领域取得了成功应用。计算机视觉技术与应用框架如图 2-3 所示。

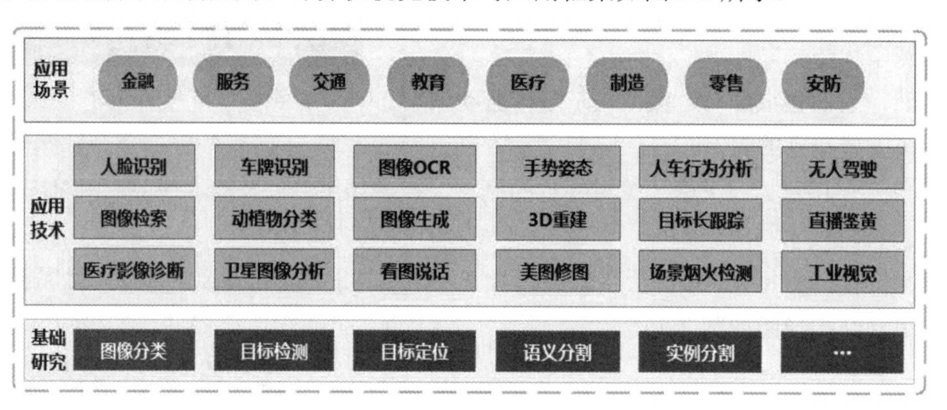

图 2-3 计算机视觉技术与应用框架

计算机视觉的应用广泛，在医疗领域，可以进行医疗成像分析，用来提高对疾病的预测、诊断效率和治疗效果；在安防及监控领域，可用来指认嫌疑人；在购物方面，消费者现在可以用智能手机拍摄下产品以获得更多信息。未来，计算机视觉有望进入自主理解、分析决策的高级阶段，真正赋予机器“看”的能力，在无人驾驶汽车、智能家居等场景发挥更大的作用。

计算机视觉处理流程一般包括图像获取（从摄像头、图像文件中）、图像预处理（降噪、去除干扰、增强对比度、锐化等初级处理）、图像分割（将图像分割成不同的区域或对象，以便进一步处理）、特征提取（从图像中提取出特征，如边缘、纹理、颜色等）、特征选择（选择最重要的特征）、分类/识别（将图像分类或识别出所属的类别或对象）等。

本书以车牌识别为例来阐述计算机视觉的一般处理流程。

2.1.2 典型案例：车牌识别

摄像头是怎么自动识别车牌的呢？在实际使用中，车牌识别的一般流程通常包括图像采集、图像预处理、车牌定位、字符分割、字符识别、结果输出，如图 2-4 所示。如果当前还没有建立车牌识别模型，则首先需要训练模型。在模型的训练过程中，还需要对识别结果进行精度评估，以便用于调整算法参数，提高识别精度。

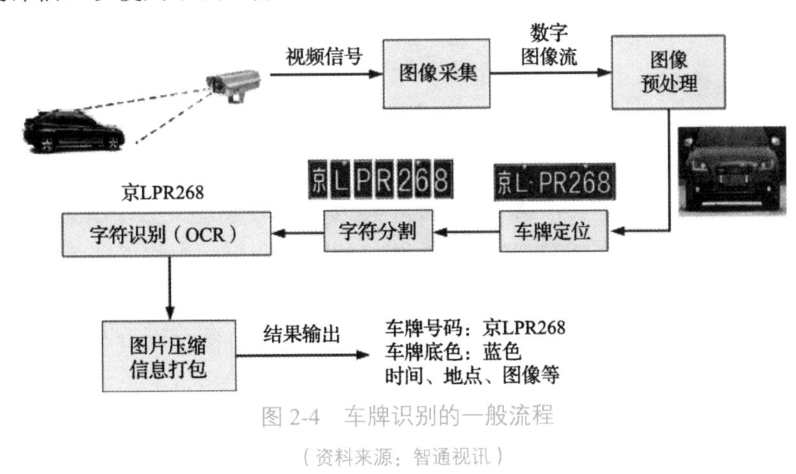

图 2-4 车牌识别的一般流程

（资料来源：智通视讯）

车牌识别的一般流程如下。

- 图像采集：使用相机或摄像头采集车辆的图像或视频。
- 图像预处理：由于图像质量容易受光照、天气、相机位置等因素的影响，因此在识别车牌之前，需要对图像做一些预处理，以保证得到最清晰的车牌图像，更好地进行后续的车牌定位和识别。图像预处理包括图像增强、去噪、灰度化、二值化等操作。
- 车牌定位：通过图像处理技术提取车牌的轮廓，按轮廓从原始图像中获取车牌的切图，使用算法判断该切图是否为车牌。由于受拍摄角度、镜头等因素的影响，图像中的车牌存在水平倾斜、垂直倾斜或梯形畸变等变形，将会给后续的识别处理带来困难。因此，在定位到车牌后，先进行车牌校正处理，去除车牌边框等噪声，这样将有利于后续的字符识别。
- 字符分割：对车牌区域中的字符进行分割，得到单个字符的图像。
- 字符识别：对单个字符进行识别（使用模式识别、神经网络等方法进行识别）。普通车牌由 7 个字符组成，其中，第 1 个字符为各省、自治区、直辖市的简称，共 31 个字符；第 2 个字符为大写英文字母 A～Z（I 除外）；末 5 个字符为大写英文字母 A～Z（I、O 除外）和阿拉伯数字 0～9 的混合体。车牌字符识别与一般文字识别的区别在于它的字符数有限，因此建立字符模板库比较方便，识别准确率较高。
- 结果输出：将识别结果输出到显示屏、数据库等设备中，以便后续的处理和使用。

车牌识别技术目前已经广泛应用于智能交通系统的各种场合，如公路收费、停车管理、称重系统、交通诱导、交通执法、公路稽查、车辆调度、车辆检测等。

2.2 计算机视觉的基本任务

2.2 计算机视觉的基本任务

2.2.1 图像分类

图像分类（Image Classification）是指让计算机观察一幅图像，对图像上的对象进行识别分类。它能准确地预测给定图像属于哪个类别，主要解决图像中的对象“是什么”的问题。社交媒体企业利用该技术对用户晒出的照片上的人、物、背景等进行分割识别，分析用户的年龄、性别和爱好等，有针对性地推送新闻广告。图像分类是计算机视觉的核心，是目标检测、图像分割、目标跟踪和行为分析、人脸识别等其他高级计算机视觉任务的基础。图2-5显示了图像分类结果，计算机视觉系统检测到图像中有多个类别的对象，分别为人（person）、羊（sheep）和狗（dog）3类。

图2-5　图像分类结果

2.2.2 目标检测与定位

1. 目标检测

目标检测（Object Detection）也称为对象检测，它利用图像分类技术找出图像中所有感兴趣的对象（物体）。目标检测主要解决图像中“有没有”特定对象的问题。作为图像理解和计算机视觉的基石，目标检测是解决图像分割、目标跟踪和场景理解、图像描述等更复杂、更高层次的计算机视觉任务的基础。智能工厂中的质量控制人员可以借助缺陷检测技术快速、准确地检测流水线上的大量产品是否存在瑕疵。图2-6展示了目标检测结果，检测到人、羊、狗3类对象。

图2-6　目标检测与定位的结果

2. 目标定位

目标定位（Object Localization）用于确定特定对象在图像中的位置，并以包围盒（Bounding Box）的形式将特定对象标识出来，如图2-6所示。它涵盖了目标检测，主要解决图像中特定对象“在哪里”的问题。

目标检测与定位的典型综合应用是目标跟踪（Object Tracking），也称为目标追踪，是指对图像序列中的运动目标进行检测、提取、识别和跟踪，获得运动目标的运动参数并进行处理与分析，实现对运动目标的行为理解，以完成更高一级的检测任务，如图 2-7 所示。目标跟踪是计算机视觉领域的一个重要问题，目前广泛应用在体育赛事转播、安防监控和无人驾驶汽车、机器人等领域。例如，无人驾驶汽车不仅需要对行人、其他车辆和道路基础设施等物体进行分类与检测，还需要在运动中跟踪它们，并预测下一时刻的目标位置，以避免发生碰撞事故。

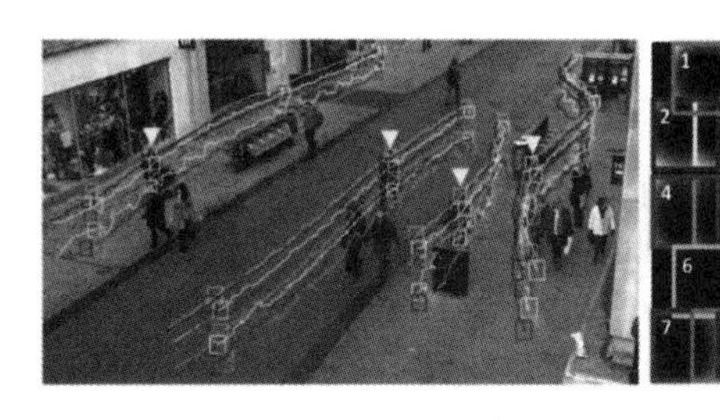

图 2-7 目标跟踪示意

2.2.3 图像分割

1. 语义分割

图像的语义分割（Semantic Segmentation）是计算机视觉中的基本任务，旨在以有意义的方式对像素进行分组。例如，如果需要将图像中属于道路、行人、汽车或树的像素进行单独分组，那么语义分割会逐像素进行分类，检测像素是否属于道路、行人、汽车或树。语义分割为实现高级计算机视觉任务（如形状识别、自动驾驶、机器人技术）奠定了基础。

语义分割实际上相当于像素级分类，即将图像中的每个像素进行分类，它与图像分类完全不同。图像分类可以告诉人们图像中有哪些类，但它不知道目标在哪里，也不知道目标的大小或姿态。对图像进行语义分割可能会发现给定图像中各个类别的大小、位置与姿态等，并且图像的背景部分也被划分为单独的类。图 2-8 所示为语义分割结果示例。

2. 实例分割

实例分割（Instance Segmentation）用于检测并标记图像中出现的每个不同的感兴趣对象。实例分割是目标检测和语义分割的结合，它在图像中将目标检测出来（目标检测），并给每个像素打上标签（语义分割）。

实例分割与目标检测有相似之处，即都需要检测出每个目标，但目标检测一般输出的是框图，如图 2-6 所示；而实例分割输出的则是用像素点标记的对象轮廓，如图 2-9 所示。

实例分割是语义分割的细化。语义分割不区分属于相同类别的不同实例，如图 2-8 中的所有羊都被标记为蓝色。实例分割区分相同类别的不同实例，如图 2-9 中的每只羊都使用不同的颜色来区分标记。

图 2-8　语义分割结果示例

图 2-9　实例分割结果

2.3 计算机视觉常见应用

2.3 计算机视觉的技术应用

计算机视觉在生活中得到了广泛应用，下面从应用的角度对其做简单介绍。

2.3.1　通用图像处理及应用

以百度人工智能开放创新平台接口中图像识别的应用为例，通用图像处理及应用包括图像识别、图像搜索、人脸识别、人体分析、文字识别、图像增强、图像生成、图像审核等。其中，人脸识别、人体分析、文字识别等应用将在后面几节中分别描述。

1. 图像识别

图像识别包括物体识别、场景识别、菜品识别、图像标签、图像风格转换等功能。

植物识别：用手机拍照，上传植物图片，应用软件会显示出花名和对比图，还有花语、诗词、植物趣闻等丰富内容。其中，花花识花、花伴侣、形色、发现识花等是效果较好的应用软件。人们在公园里游玩时发现一种美丽的花朵，想更多地了解它，这时可以利用拍照识花功能立刻得到其名称等信息，如图 2-10 所示。

动物识别：可以对动物的图像进行识别和分类，并可以识别猫、狗、老虎、熊等各种不同种类的动物，如图 2-11 所示。该应用可以广泛应用于动物园、野生动物保护、动物科研等领域，帮助人们更好地认识和研究动物，保护和维护生态环境。

图 2-10　植物识别

图 2-11　动物识别

场景识别：可以识别室内、室外、山水、人物、建筑等不同场景。该应用可以广泛应用于旅游、安防、智能家居等领域，帮助人们更好地了解和掌握不同场景下的信息，提高工作和生活效率。在旅游景点，游客如果发现一座很有灵气的建筑，则可以通过场景识别技术实现对该建筑的自动识别。

2. 图像搜索

图像搜索可以基于图像进行搜索，找到相似的图片，并进行整理。

以百度理理相册为例，它能自动分析家庭、街道、花园等场景，还能进行照片处理，让照片得到最美观、直接的呈现。它还有调色（亮度、色阶渐变）、工具（裁剪、抠图、文字矫正）、滤镜（人像、复古、风景）、人像（瘦身、瘦脸、牙齿美白）、特效（画中画、倒影）、装饰（贴纸、边框、光效）、文字（水印、气泡）等栏目，可以让用户得到更好的相册使用体验。

重复图片过滤：搜索图库中是否有相同或高度相似的图片，实现系统内图片的去重或过滤，避免由重复内容引起的资源浪费、体验感变差等问题。

3. 图像增强

图像增强可以实现图像去噪、图像修复等功能。

图像增强技术可以广泛应用于图像处理、电影制作、广告设计等领域，帮助人们更好地处理和利用图像。例如，在电影制作领域，可以通过图像增强技术提高电影画面的质量；在广告设计领域，可以通过图像增强技术提高广告图片的清晰度和吸引力。图 2-12 所示为图片去水印的效果。

另外，图像增强技术还可以应用于医疗领域。医疗图像通常需要进行清晰度、对比度、亮度等方面的增强，以帮助医生更好地诊断和治疗患者。通过图像增强技术，可以得到更加清晰、准确的医疗图像，有利于提高医疗诊断的效果和准确度。

4. 图像生成

图像生成可以生成艺术风格的图像、手写字体、人脸等图像。

图像生成应用可以根据用户提供的输入信息，自动生成符合要求的图像，通常是风景、人物、动物、建筑等多种类型的图像。图像生成示例如图 2-13 所示。

图 2-12　图片去水印的效果

图 2-13　图像生成示例

图像生成技术可以广泛应用于游戏、动画、广告设计等领域，为用户提供更加丰富、多样化的图像资源。例如，在游戏领域，可以通过图像生成技术实现游戏场景、角色等的自动生成，提高游戏的创意性和趣味性；在广告设计领域，可以通过图像生成技术实现广告图片的自动生成，增强广告的吸引力。

此外，图像生成技术还可以应用于虚拟现实、人工智能等领域。通过图像生成技术，可以生成逼真的虚拟场景、虚拟角色等，为虚拟现实领域的发展提供更加丰富的资源和支持；在人工智能领域，可以通过图像生成技术实现对图像的自动生成和处理，为人工智能的发展提供更加强大的支持和应用。

5. 图像审核

图像审核可以对图像进行涉黄、暴恐、政治敏感等审核。

社交媒体平台需要对用户上传的图片进行审核，以保证平台上的内容符合法律法规的要求。以前的反黄手段都是通过人工来审核的，效率很低。通过图像识别技术，每天能检测百万量级色情视频和千万量级色情图片。

在电子商务领域，电子商务平台需要对商品图片进行审核，以保证商品图片的真实性和合法性。在金融领域，银行、保险等金融机构需要对客户上传的身份证、驾驶证等证件图片进行审核，以确保客户身份的真实性和合法性。在医疗领域，医疗机构需要对患者上传的病历、影像等图片进行审核，以确保患者信息的安全和隐私。

2.3.2 OCR及其应用

OCR是计算机视觉中最常用的技术之一，目的是让计算机与人一样能够看图识字，即针对印刷体字符，采用光学方式将纸质文档中的文字转换为黑白点阵的图像文件，并通过识别软件将图像中的文字转换为文本格式，供文字处理软件进行进一步编辑加工。

OCR文字识别的步骤一般是文字检测→文字识别（定位、预处理、比对）→输出结果，即用电子设备（如扫描仪、数码相机、摄像头等）检查纸上打印的字符，通过检测暗、亮的模式确定其形状，并用字符识别方法将形状翻译成计算机文字。

目前，百度、阿里、科大讯飞、华为等各个人工智能开放创新平台都基于千万级训练数据，通过深度学习算法建立模型，提供OCR文字识别服务，主要应用有通用文字识别和垂直（特定）场景文字识别。在垂直场景文字识别中，用户只需提供身份证（见图2-14）、银行卡、驾驶证、行驶证、车辆、营业执照、彩票、发票等，就能享受相关的文字识别服务。例如，对于OCR身份证识别技术，使用手机扫一扫，就能实现身份信息的快速录入，如图2-15所示。

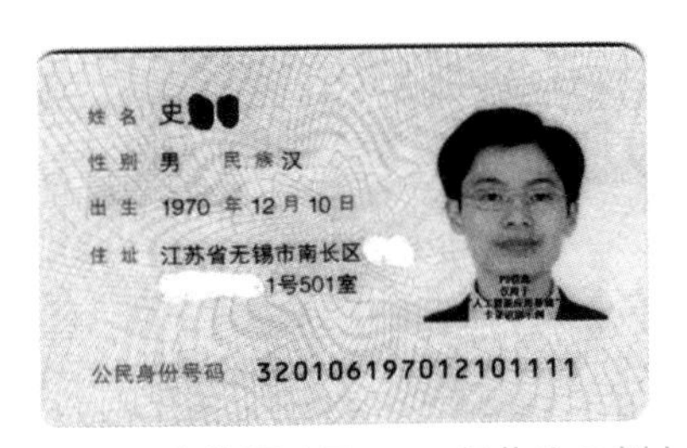

图 2-14　身份证（已 PS，仅作为示例）

	识别结果
姓名	史**
性别	男
民族	汉
出生	19701210
住址	江苏省无锡市南长区......
公民身份号码	320106197012101111

图 2-15　OCR 识别身份证结果

OCR 文字识别的常见应用如下。

（1）金融行业应用：OCR 文字识别可以帮助企业进行身份证、银行卡、驾驶证、行驶证、营业执照等证照识别操作，还可以进行财务年报、财务报表、各种合同等文档的识别操作。

（2）广告行业应用：OCR 文字识别可以帮助管理部门对广告中的图像文字、视频文字反作弊，识别图片、视频上面的违规文字。OCR 反作弊已经在快手、YY 直播、国美等企业进行应用，也在百度图片搜索、广告、贴吧等场景广泛使用。

（3）票据应用：在保险、医疗、电商、财务等需要进行大量票据录入操作等场景下，OCR 文字识别可以帮助用户快速地完成各种票据的录入工作。其中，泰康、太保、中电信达等企业利用 OCR 文字识别进行了票据应用，取得了较好的效果。

（4）教育行业应用：使用 OCR 文字识别进行题目识别、题目输入、题目搜索等操作。一些教育网站提供了拍照解题功能，学生可以拍照上传题目，能够很快得到解答。

（5）交通行业应用：百度、高德等地图基于 OCR 文字识别技术识别道路标识牌，提升地图数据生产效率与质量，助力高精地图基础数据生产。

（6）视频行业应用：OCR 文字识别可以帮助用户识别视频字幕、视频/新闻标题等文字信息，帮助用户进行视频标识、视频建档。

（7）翻译词典应用：首先基于 OCR 文字识别进行中外文识别，然后通过 NLP 等技术实现拍照识别文字/翻译功能，其典型应用包括百度翻译、百度词典等。

2.3.3　人脸识别及其应用

1. 人脸识别的概念

人脸识别技术是指基于人的脸部特征，对输入的人脸图像或视频流进行分析，给出每张人脸的位置、大小和各个主要面部器官的位置信息，并进行灰度矫正、噪声过滤等图像预处理。依据上述信息，进一步提取每张人脸中所蕴含的身份特征，并将其与已知的人脸进行对比，从而识别每张人脸。狭义的人脸识别特指通过人脸进行身份确认或查找的技术或系统；广义的人脸识别包含构建人脸识别系统的一系列相关技术，包括人脸图像采集及检测、人脸图像预处理、人脸图像特征提取、匹配与识别等基本步骤。

人脸识别技术不仅包括人脸对比、人脸搜索、活体检测等人们比较熟悉的应用技术，还包括人脸关键点检测跟踪、人脸语义分割、人脸属性分析等。

（1）人脸对比。

人脸对比将两张人脸进行 1∶1 比对，得到人脸相似度，用于验证图像是否为同一个人，主要用在人证核验、闸机通行等应用场景。

（2）人脸搜索。

人脸搜索是指给定一张照片，对比人脸库中的 N 张人脸，进行 1∶N 检索，找出最相似的一张或多张人脸，并返回相似度分数，可用于身份核验、人脸考勤、刷脸通行等应用场景。

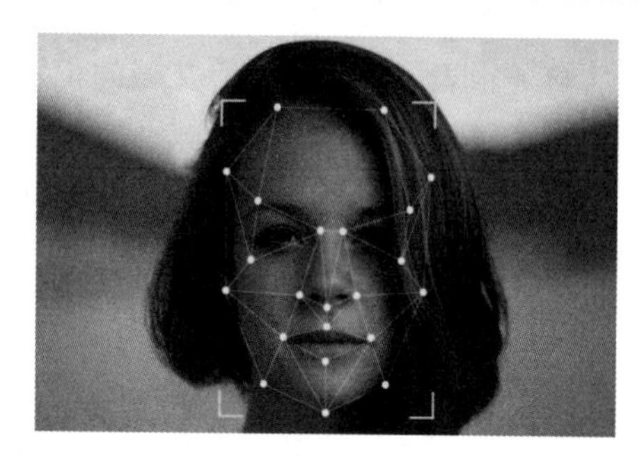

图 2-16　人脸关键点检测

（3）人脸关键点检测跟踪。

人脸关键点检测也称为人脸定位或人脸对齐，是指给定人脸图像，定位出人脸面部的关键区域位置，包括眉毛、眼睛、鼻子、嘴巴、脸部轮廓等，如图 2-16 所示。通过若干（如 24 个、72 个等）关键点描述五官的位置，以此来进行人脸跟踪。

（4）活体检测。

活体检测通过关键点检测算法识别眼睛、鼻子、嘴巴等部位，并通过眨眼、张嘴、头部姿态旋转角变化等行为特征来判断是否为真人，有效提高了人脸识别的安全性。

（5）人脸语义分割。

计算机能识别某个像素点属于哪个语义区域，人脸语义分割比图像分割更精细。例如，在一段视频中，某个人在说话，计算机能实时识别这个人脸部的各个区域，如头发、眉毛、眼睛、嘴唇等，并对脸部进行美白等。

（6）人脸属性分析。

人脸属性分析是指根据给定的人脸判断其性别、年龄和表情等。也就是说，在把人脸各个区域识别出来后，可以做人脸属性分析，如判别人脸的性别、是否微笑、种族、年龄等。

2．人脸识别应用

目前，人脸识别已经在很多领域取得了非常广泛的应用，按应用的方式可以归为以下 4 类。

人证对比：把人脸图像和身份证上的人脸信息进行对比，以此来验证是否为本人。人证对比可用于金融核身、考勤认证、安检核身、考试验证等。

人脸编辑：首先把人脸五官的关键点检测出来，然后进行瘦脸、放大眼睛、美白皮肤等操作，并可加上一些小贴纸。

人脸搜索：采用人脸搜索技术可以刷脸入园、入住、就餐，防止“黄牛倒票”，防止一票多人使用等。人脸搜索的典型应用包括人脸闸机、VIP 识别、安防监控等。

人脸验证：包括人脸登录、密码找回、刷脸支付等，常用在金融、保险等领域。金融领域常需要用到活体检测。

（1）金融、保险应用。

保险公司的难点在于商业保险极为敏感，如果不设立一定的门槛，那么骗保、造假事件很容易发生。而客户的痛点在于买保险很麻烦，需要拿着身份证、户口本及一系列材料到保险公司“证明自己是自己”。尤其在理赔时，更是处处需要交证明，体验感很差，以至于很多时候繁杂的审核已经成为客户不太愿意购买商业保险的重要原因之一。

有了人脸识别技术，首先方便了客户，可以缩短流程。例如，老人行动不便，无法到社保中心、保险公司进行现场身份确认，通过人脸识别的方式可以节约时间成本。

其次，人脸识别的安全性更高，身份验证可以做到准确无误。以此做到既节约客户的时间成本，又节约保险公司的人力、时间成本。金融领域的人脸识别流程如图 2-17 所示。

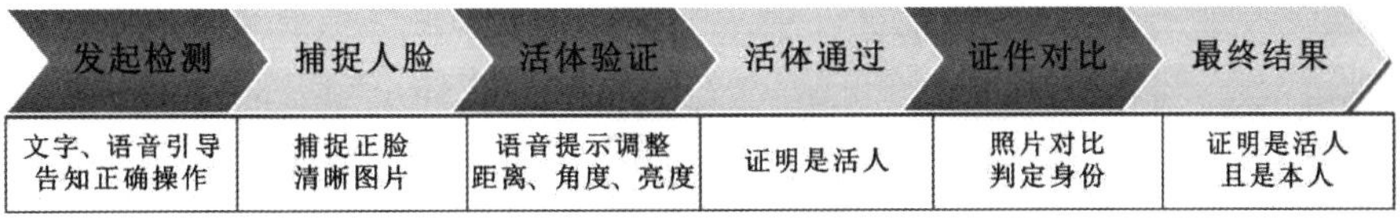

发起检测	捕捉人脸	活体验证	活体通过	证件对比	最终结果
文字、语音引导告知正确操作	捕捉正脸清晰图片	语音提示调整距离、角度、亮度	证明是活人	照片对比判定身份	证明是活人且是本人

图 2-17　金融领域的人脸识别流程

（2）安防、交通应用。

景区人脸闸机：人脸闸机服务实现了景区门禁智能化管理，满足景区各类场景下游客的入园门禁和服务验证需求，大幅提升了景区的工作效率与游客的体验感。

高铁站人脸闸机：刷脸进站采用的是精准的人脸识别技术。在终端上方有一个摄像头，下方有一个车票读码器和身份证读取器，乘客在系统中插入身份证或实名制磁卡车票，摄像头扫描乘客的面部信息，并与身份证芯片中的高清照片进行对比，验证成功后即可进站，即使人们化了妆或戴了美瞳也完全没有影响，同样可以成功识别，全过程最快仅需 5s。

（3）公安交警应用。

抓拍交通违法行为：目前已经有多个城市启动人脸抓拍系统，红灯亮起后，若有行人越过停止线，那么系统会自动抓拍 4 张照片，保留 15s 视频，并截取违法行人的头像。该系统与各省公安人口信息管理平台联网，因此能自动识别违法行人的身份信息。

抓捕在逃人员：预先录入在逃人员的图像信息，当在逃人员出现在布控范围内时，摄像头捕捉到其面部信息，并与后端数据库进行对比，确认其与数据库中的在逃人员是同一个人，系统就会发出警告信息。

2.3.4　人体分析及其应用

人体行为分析是指通过分析图像或视频的内容达到对人体行为进行检测和识别的目的。人体行为分析在多个领域都有重要应用，如智能视频监控、人机交互、基于内容的视

频检索等。根据发生一种行为需要的人的数量，人体行为分析任务可以分为单人行为分析、多人交互行为分析、群体行为分析等。根据应用场合和目的的不同，人体行为分析又包括行为分类和行为检测两大类。行为分类指的是将视频或图像归入某些类别，行为检测是指检索分析是否发生了某种特定动作。

人体分析是指基于深度学习的人体识别架构，准确识别图像或视频中的人体相关信息，提供人体检测与跟踪、关键点定位、人流量统计、属性分析、人像分割、手势识别等功能，并对打架、斗殴、抢劫、聚众等自定义行为设置报警规则进行报警。它在安防监控、智慧零售、驾驶监测、体育娱乐方面有广泛的应用。下面对人体分析相关应用进行介绍。

图 2-18　人体关键点识别示意图

1. 人体关键点识别

人体关键点识别能对输入的一张长宽比适宜的图片检测其中的所有人体，输出每个人体的 14 个主要关键点，包含四肢、脖颈、鼻子等部位，以及人体的坐标信息和数量，如图 2-18 所示。

2. 人体属性识别

人体属性识别能检测输入图片（要求可以正常解码，且长宽比适宜）中的所有人体并返回每个人体的矩形框位置，识别人体的静态属性和行为，共支持 20 多类属性，包括性别、年龄阶段、服饰（含类别和颜色）、是否戴帽子、是否戴眼镜、是否戴口罩、是否背包、是否使用手机、身体朝向等。人体属性识别可用于公共安防、园区监控、零售客群分析等业务场景。

3. 人流量统计

人流量统计用于统计图像中的人体个数和流动趋势，可以分为静态人流量统计和动态人流量统计。

静态人流量统计：适用于 3m 以上的中远距离俯拍，以头部为识别目标统计图像中的瞬时人数，无人数上限，广泛适用于机场、车站、商场、展会、景区等人群密集场所。

动态人流量统计：面向门店、通道等出入口场景，以头、肩为识别目标，进行人体检测和跟踪，根据目标轨迹判断进出区域方向，实现动态人流量统计，返回区域进出人数。

4. 手势识别

手势识别是通过数学算法来识别人类手势的一种技术，目的是让计算机理解人类的行为。手势识别包括识别脸部和手或其他部位的运动，其核心技术为手势分割、手势分析和手势匹配识别。用户可以控制具有手势识别功能的设备并与之交互。在百度人工智能开放创新平台接口中，手势识别功能可以识别图像中手部的位置及 20 多种常见手势类型。

5. 人像分割

人像分割是指将图像中的人像和背景进行分离，分成不同的区域，用不同的标签进行区分，俗称“抠图”。人像分割技术在人脸识别、3D 人体重建及运动捕捉等实际应用中具有重要的作用，其可靠性直接影响后续处理的效果。在百度人工智能开放创新平台中，人像分割功能可以精准识别图像中的人体轮廓边界，适应多个人体、复杂背景。它将人体轮廓与图像背景进行分离，返回分割后的二值图像，实现像素级分割，如图 2-19 所示。

图 2-19　人像分割示意图

6. 安防监控

安防监控功能可以实时定位、跟踪人体，进行多维度人群统计分析；可以监测人流量，预警局部区域人群过于密集等安全隐患；可以识别危险、违规等异常行为（如在公共场所跑/跳、抽烟），以及时管控，规避安全事故。安防监控主要使用了人体分析中的人流量统计和人体属性识别功能。

7. 智慧零售

智慧零售功能统计商场、门店出入口人流量，识别入店及路过客群的属性特征，收集消费者画像，分析消费者行为轨迹，支持客群导流、精准营销、个性化推荐、货品陈列优化、门店选址、进销存管理等应用。智慧零售也使用了人体分析中的人流量统计和人体属性识别功能。

8. 驾驶监测

驾驶监测是指针对出租车、货车等各类营运车辆，实时监控车内情况，识别驾驶员抽烟、使用手机等危险行为，以及时预警，降低事故发生率；快速统计车内乘客数量，分析空座、超载情况，以节省人力，提升安全性。驾驶监测使用了人体分析中的人体属性识别和驾驶行为分析功能。

9. 体育娱乐

在体育娱乐领域，基于人体关键点信息分析人体姿态、运动轨迹、动作角度等可以辅助运动员训练、健身，提升教学效率；在视频直播平台，可以增加身体道具、手势特效、体感游戏、背景替换等互动形式，丰富娱乐体验。体育娱乐使用了人体分析中的人体关键点识别、人像分割、手势识别等功能。

例如，一场足球比赛结束后，我们经常可以听到或看到包括每位球员跑动距离在内的详细数据分析报告，如图 2-20 所示。这里就用到了多项人体分析技术，包括人体检测、人体目标跟踪等。

图 2-20　体育娱乐示意图

2.4 机器视觉技术与应用

2.4 机器视觉技术与应用

机器视觉是指用机器代替人眼来进行测量和判断，可以提高生产的柔性和自动化程度。在一些不适合人工作业的危险工作环境或人工视觉难以满足要求的场合，常用机器视觉来代替人工视觉；同时，在大批量工业生产过程中，用人工视觉检查（目检）产品质量的效率低且精度不高，用机器视觉检测方法可以大大提高生产效率和生产的自动化程度。

随着我国人力成本逐年增加，越来越多的制造企业需要代替目检，我国也成为世界上机器视觉发展最活跃的地区之一。

机器视觉与计算机视觉都用到了图像处理技术，但它们在实现原理及应用场景上有很大的不同，机器视觉更多时候应用在工业生产领域，因此也称为工业视觉。

机器视觉检测系统（见图 2-21）通过机器视觉产品（图像摄取装置）将被检测的目标转换成图像信号，传送给专用的图像处理系统。图像处理系统根据像素分布和亮度、颜色等信息，将图像信号转换成数字化信号。图像处理系统对这些信号进行各种运算来抽取目标的特征，如面积、数量、位置、长度，并根据预设的允许度和其他条件输出结果（包括尺寸、角度、个数、合格/不合格、有/无等），实现自动识别功能。典型的工业视觉任务包括识别、瑕疵检测、定位、测量、分类和分拣、追踪、质量判断等。

识别：通过图像处理和模式识别技术对不同种类的产品进行自动识别，如电子元器件、机械零件、食品包装等。

瑕疵检测：通过对产品表面、形状、颜色等特征进行分析来检测产品的瑕疵、缺陷、划痕、裂纹等问题，实现自动化质量检测。

定位：通过对产品或物体的位置、方向、姿态等进行识别和测量实现自动化定位与对位，如自动对位焊接、装配等。

测量：通过对产品或物体的尺寸、形状、角度等进行测量实现自动化尺寸检测、角度测量等。如图 2-22 所示，通过定位零件的两个中心孔来测量孔距。

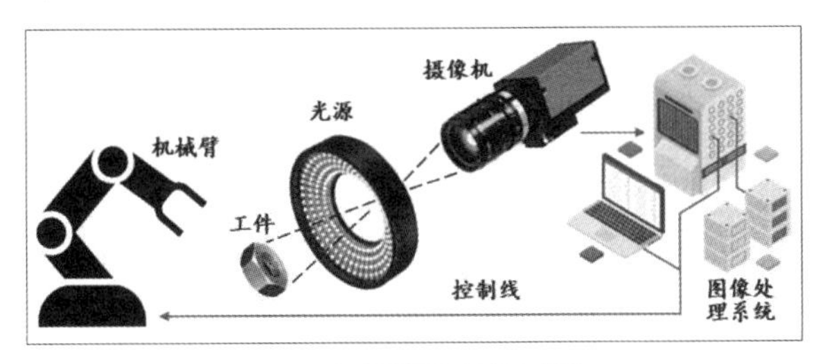

图 2-21　机器视觉检测系统

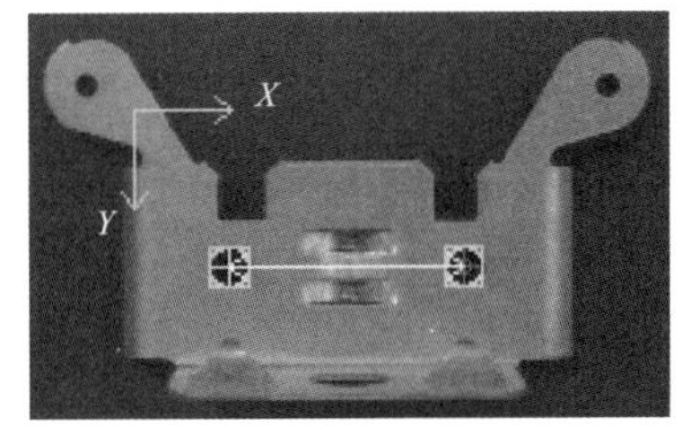

图 2-22　尺寸测量

机器视觉广泛应用于食品和饮料、化妆品、建材和化工、金属加工、电子制造、包装、汽车制造等行业，其中 40%～50%都集中在半导体及电子行业。例如，PCB 印刷电路中的各类生产印刷电路板组装技术、设备；单、双面多层线路板，覆铜板，以及所需的材料与辅料；辅助设施，以及耗材、油墨、药水药剂、配件；电子封装技术与设备；丝网印刷设备等。

☆任务 2.1　公司文件文字识别

1. 任务描述

小张是公司的档案管理人员，每天要处理很多文件及单据，将纸质文件上的内容摘录到 Word 文件中，或者将发票、账单等固定格式单据上的数据或信息录到 Excel 文件中。小张盼望着有一款软件能将纸质文件上的文字拍照或扫描下来，并自动生成文字，直接复制到 Word 文件中，或者自动提取数据或信息到 Excel 文件中。

本任务将利用百度人工智能开放创新平台的 OCR 功能，将公司的扫描文件或图片上的文字识别出来。学生可以继续自行尝试，将固定格式文件，如身份证、发票等图片上的内容分项提取出来。

☆任务 2.1
OCR 文字识别

学生可以通过扫描右侧二维码来观看本任务具体操作过程的讲解视频。

2. 相关知识（任务要求）

- 网络通信正常。
- 环境准备：已安装 Spyder 等 Python 编程环境。
- SDK 准备：已按照任务 1.1 的要求安装了百度人工智能开放创新平台的 SDK。

- 账号准备：已按照任务 1.1 的要求注册了百度人工智能开放创新平台的账号。

3. 任务设计

- 创建应用以获取 AppID、API Key、Secret Key。
- 准备本地或网络图片。
- 在 Spyder 中新建文字识别项目 OCR。
- 代码编写及编译运行。

4. 任务过程

1）创建应用以获取 AppID、AK、SK

（1）单击百度人工智能开放创新平台界面上方的【开放能力】菜单，左侧显示出相应的技术能力，分别有语音技术、文字识别、人脸与人体、图像技术、语言与知识等。由于本任务是文字识别项目，因此选择【文字识别】→【通用场景文字识别】→【立即使用】选项，进入操作指引界面，如图 2-23 所示。学生可以单击【免费尝鲜】选项下方的【去领取】链接，领取所需资源。

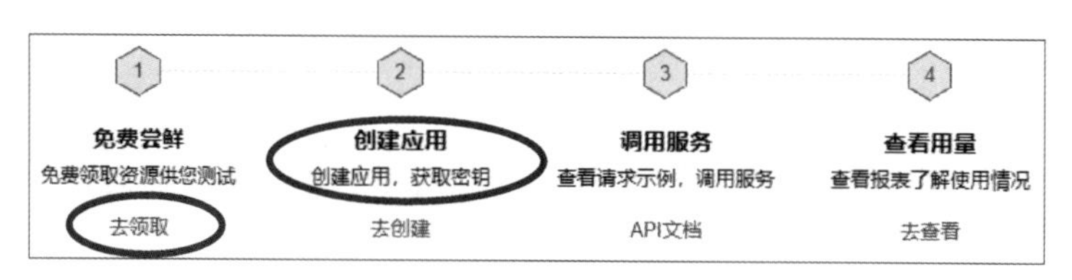

图 2-23　操作指引界面

（2）单击图 2-23 中的【创建应用】选项下方的【去创建】链接，进入【创建新应用】界面，如图 2-24 所示。在【应用名称】文本框中填写【文字识别】，在【应用描述】文本框中填写【我的文字识别】，其他选项保持默认设置。

（3）在图 2-24 中单击【立即创建】按钮，出现【创建完毕】界面，单击【查看应用详情】按钮，如图 2-25 所示，可以看到 AppID 等 3 项重要信息（见表 2-1）（在后续实验中将用于初始化 OCR 文字识别对象）。

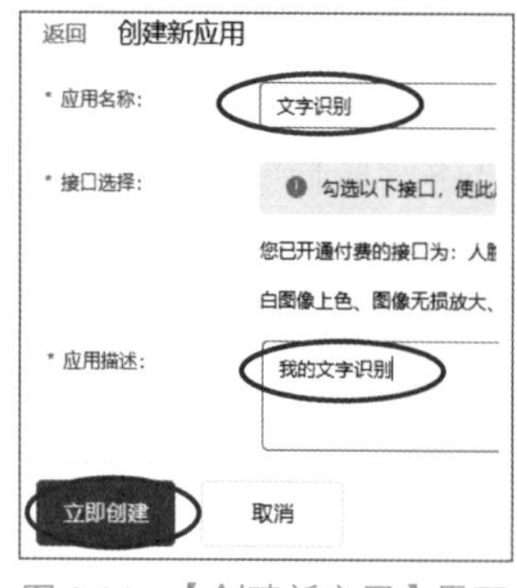

图 2-24　【创建新应用】界面

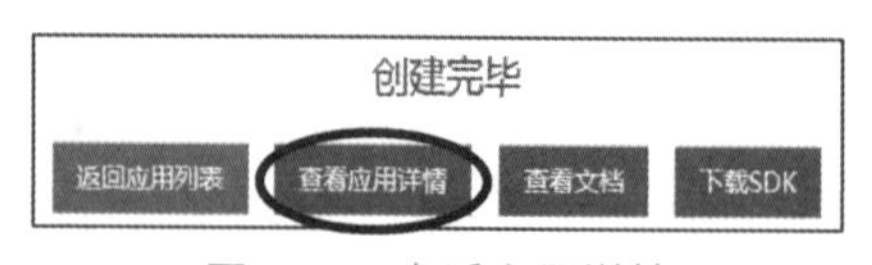

图 2-25　查看应用详情

表 2-1 应用详情

应用名称	AppID	API Key	Secret Key
文字识别	17149894	XD6sbUZUAso8en8XGYNh1qbn	*******显示

（4）记录 AppID、API Key 和 Secret Key 的值。

2）素材准备

学生可以准备一幅包含有文字的图像。虽然文字识别有自动适应稍倾斜的图像的功能，但建议目前先使用标准的图像。

3）在 Spyder 中新建图像分类项目 BaiduPicture

在 Spyder 开发环境中选择【File】→【New File】选项，新建项目文件，默认文件名为 untitled0.py。继续选择【File】→【Save as】选项，将文件另存为 E2_OCR.py，文件路径可采用默认值。

4）代码编写及编译运行

在代码编辑器中输入如下参考代码：

```
# E2_OCR.py
# 1. 从aip中导入相应文字识别模块AipOcr
from aip import AipOcr

# 2.复制粘贴自己的 AppID、API Key（AK）、Secret Key（SK）3个常量，并以此初始化对象
AppID = '你的AppID'
AK = '你的AK'
SK = '你的SK'

aipOcr = AipOcr(AppID, AK, SK)

# 3.定义本地( 本书将资源放置在D盘的 data 文件夹下 )或远程图片路径，打开并读取数据
filePath = 'E2Pic.png'
image = open(filePath, 'rb').read()
# 4.直接调用通用文字识别接口，以JSON格式返回result
result=aipOcr.basicGeneral(image)

# 5.输出返回的原始信息
print(result)
```

当然，输出结果可能并没有达到预期效果，还需要进行一些处理。其中，在“#5.”这部分可以做一些个性化设置。例如，在调用接口前设置一些参数，或者在输出结果时进行预处理：

```
# 6.优化输出结果
Mywords =result['words_result']              # 在result中抽取文字信息，放到Mywords中
Outputwords = ''
N = len( Mywords )                           # 获得Mywords中的段落个数 N
```

```
    for i in range( N ):
        Outputwords += Mywords [i]['words']
    print( Outputwords )                          # 输出经过处理的文字内容
```

5．任务测试

在工具栏中单击▶按钮，编译执行程序，将输出识别出来的文字信息。任务运行结果可以在【IPython console】窗口中看到，如图2-26所示（原始图片如图2-27所示）。

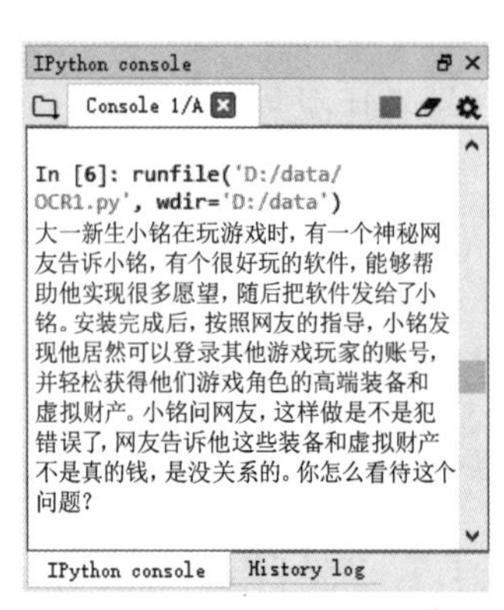

图2-26　文字识别结果

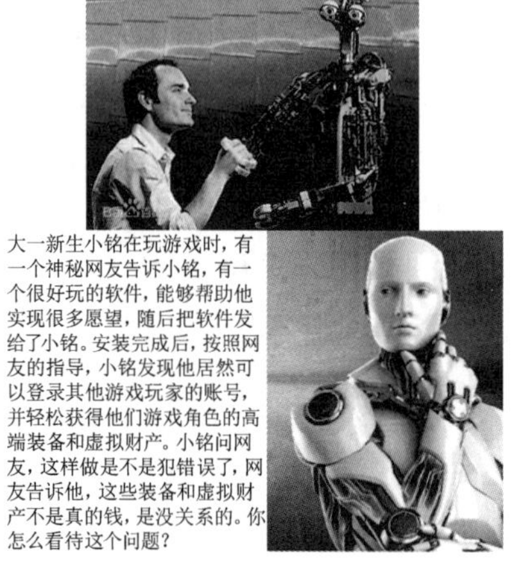

图2-27　原始图片

6．拓展创新

本任务利用百度人工智能开放创新平台实现了图片转文字的功能。在此基础上，学生可以进一步探索能否识别一些生活中常见的图片，并以规范的格式输出，如发票上的数据、身份证上的信息等。

❓现在有大量的标准化纸质单据或图片（如增值税发票、身份证等），需要识别出各个单项的值，将来可以录入Excel表格，你觉得应该如何实现？

❓：现在有些单据需要录入Excel表格，但是这些单据不是标准化的，你能解决这个问题吗？

☆任务2.2　公司会展人流量统计

1．任务描述

小张是公司的营销人员，经常参加各种展览会，布置公司的展品。但是他有一个遗憾：想知道各个展品对客户的吸引力，但是无从下手。他有心坐在展品前慢慢统计人数，但没有这么多精力。于是他找到了公司技术人员小军，请他来出谋划策。

小军给出的方案是：在每个展品前布置一个摄像头，记录下往来人员，并借用人工智能开放创新平台的接口来识别和统计图像中的人体个数。本任务实现静态人流量统计功能，有兴趣的学生可以尝试实现跟踪和去重功能，即可以传入监控视频抓拍图片序列，实现动态人流量统计和跟踪功能。

学生可以通过扫描右侧二维码来观看本任务具体操作过程的讲解视频。

★任务 2.2 公司会展人流量统计

2. 相关知识（任务要求）

- 网络通信正常。
- 环境准备：已安装 Spyder 等 Python 编程环境。
- SDK 准备：已按照任务 1.1 的要求安装了百度人工智能开放创新平台的 SDK。
- 账号准备：已按照任务 1.1 的要求注册了百度人工智能开放创新平台的账号。

3. 任务设计

- 创建应用以获取 AppID、API Key、Secret Key。
- 准备本地或网络图片。
- 在 Spyder 中新建人体分析项目 BaiduBody。
- 代码编写及编译运行。

4. 任务过程

1）创建应用以获取 AppID、API Key、Secret Key

（1）单击百度人工智能开放创新平台界面上方的【开放能力】菜单，左侧显示出相应的技术能力。由于任务 2.2 是人体分析项目，因此选择【人脸与人体】→【人流量统计】→【立即使用】选项，进入操作指引界面（见图 2-23），后续步骤可以参照任务 2.1 的流程来操作。

本任务是人体分析项目，因此单击■按钮，进入【创建应用】界面。

（2）单击【创建应用】按钮，进入【创建新应用】界面。

应用名称：人体分析（见图 2-28）。

应用描述：我的人体分析。

图 2-28　创建新应用

其他选项采用默认值。

（3）单击【立即创建】按钮，进入【创建完毕】界面，单击【查看应用详情】按钮（见图2-29），可以看到AppID等3项重要信息，如表2-2所示。

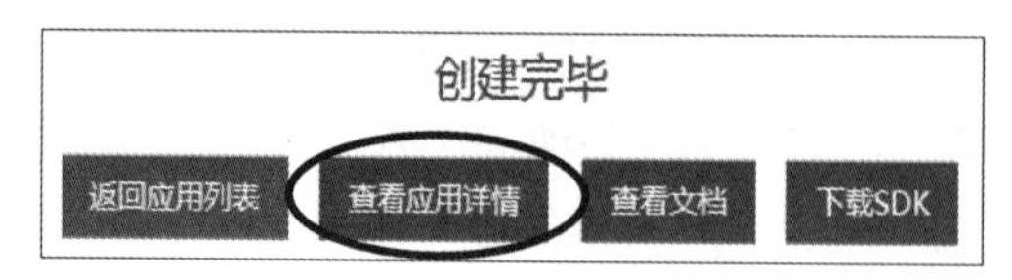

图2-29 查看应用详情

表2-2 应用详情

应用名称	AppID	API Key	Secret Key
文字识别	17365296	GuckOZ5in7y2wAgvauTGm6jo	*******显示

（4）记录AppID、API Key和Secret Key的值。

2）准备素材

学生可以准备一幅人流密集的图片，也可以从网上下载图片。

3）在Spyder中新建图片分类项目BaiduBody

在Spyder开发环境中选择【File】→【New File】选项，新建项目文件，默认文件名为untitled0.py。继续选择【File】→【Save as】选项，将文件另存为P2_HumanNum.py，文件路径为Excecise目录。

4）代码编写及编译运行

在代码编辑器中输入如下参考代码：

```
# Excecise/P2_HumanNum.py
# 1. 从aip中导入人体检测模块 AipBodyAnalysis
from aip import AipBodyAnalysis

# 2.复制粘贴自己的 AppID、API Key（AK）、Secret Key（SK）3个常量，并以此初始化对象
AppID = '你的AppID'
AK = '你的AK'
SK = '你的SK'

client = AipBodyAnalysis(AppID, AK, SK)

# 3.定义本地(在D盘 data 文件夹下 )或远程图片路径，打开并读取数据
filePath = "P2HumanBody.jpg"
image = open(filePath, 'rb').read()

# 4.直接调用图像分类中的人体识别接口，并输出结果
result = client.bodyNum(image)
```

```
# 5.输出处理结果
print(result)

# 6.可利用输出结果渲染图片，并显示渲染后的图片
```

5. 任务测试

在工具栏中单击▶按钮，编译执行程序，将输出人流量统计信息。在【IPython console】窗口中可以看到运行结果，如图 2-30 所示（原始图片如图 2-31 所示），person_num 的值为 5。

In [15]: runfile('D:/data/HumanProperty.py', wdir='D:/data')

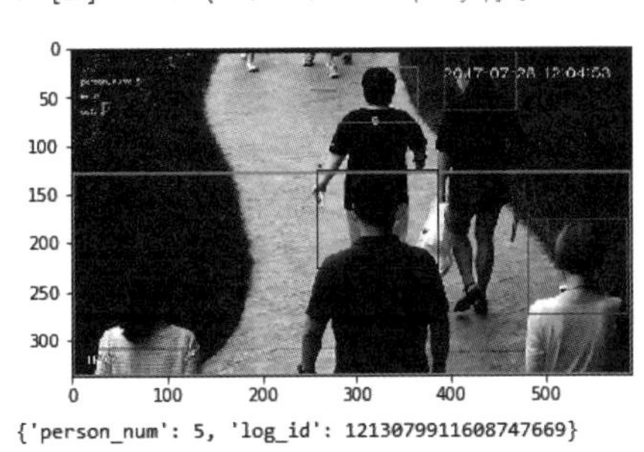

{'person_num': 5, 'log_id': 1213079911608747669}

图 2-30 人流量统计结果

图 2-31 原始图片（人流量统计）

6. 拓展创新

本任务利用百度人工智能开放创新平台实现了人流量统计功能。在此基础上，学生可以进一步探索如何识别人员年龄阶段、性别等其他信息。

事实上，人体分析模块 AipBodyAnalysis 可以识别人员年龄阶段、性别、衣着（含类别/颜色）、是否戴帽子、是否戴眼镜、是否背包、是否使用手机、身体朝向等信息。只要修改代码中的 client.bodyNum()方法为 client.bodyAttr()方法，学生就能很轻松地实现其他更丰富的功能。

另外，如果需要更复杂的应用，如需要实现人体跟踪功能，则只需使用 client.bodyTracking()方法并调整输入参数即可。

如果需要对统计结果进行渲染，得到更直观的结果，则在调用人体分析接口时，需要添加 options 选项。相关代码如下：

```
# Excecise/P2_HumanNum.py
# 1. 从aip中导入人体检测模块 AipBodyAnalysis
from aip import AipBodyAnalysis

# 2.复制粘贴自己的 AppID、API Key（AK）、Secret Key（SK）3个常量，并以此初始化对象
AppID = '你的AppID'
AK = '你的AK'
SK = '你的SK'
client = AipBodyAnalysis(AppID, AK, SK)
```

```
# 3.定义本地( 在Excecise文件夹下 )或远程图片路径，打开并读取数据
filePath = " P2HumanBody.jpg"
image = open(filePath, 'rb').read()

""" 如果有可选参数 """
options = {}
options["show"] = "true"
options["area"] = "0,1000,1200,1000,1200,0,0,0" # 统计该区域内的人数

# 4.""" 带参数调用人体检测与人体属性识别功能 """
result = client.bodyNum(image, options)

# 5.输出结果
print(result['person_num'])

# 6.优化输出结果
import base64
import matplotlib.pyplot as plt     # plt 用于显示图片
import matplotlib.image as mpimg    # mpimg 用于读取图片

imagedata = base64.b64decode(result['image'])#解码
file = open('imgResult.jpg',"wb")
file.write(imagedata)

img = mpimg.imread('imgResult.jpg') # 读取与代码处于同一目录的图片
plt.imshow(img) # 显示图片
```

编译运行程序，图片渲染结果如图 2-32 所示（原始图片如图 2-33 所示）。

图 2-32　图片渲染结果

图 2-33　原始图片（图片渲染）

单元小结

本单元针对人工智能中最热门的研究方向，即计算机视觉，详细介绍了其概念、应用及机器视觉。本单元完成了公司文件文字识别及公司会展人流量统计两个任务。通过本单元的学习与实践，学生在了解计算机视觉技术及典型应用的基础上，能掌握计算机视觉接口的使用技能。

习题 2

一、选择题

1．光学字符识别的缩写 OCR 的全拼是（　　）。

（A）Optical Character Recognition　　（B）Oval Character Recognition

（C）Optical Chapter Recognition　　（D）Oval Chapter Recognition

2．在百度 OCR 服务的 Python SDK 中，提供服务的类名称是（　　）。

（A）BaiduOcr　　（B）OcrBaidu　　（C）AipOcr　　（D）OcrAip

3. 某 HR 有公司特制的纸质个人信息表，希望通过文字识别技术将其快速录入计算机，最好可以采用百度的（　　）服务。

（A）通用文字识别　　（B）表格文字识别

（C）名片识别　　（D）自定义模板文字识别

4．在一些有关动物的图片中，需要选择出所有包含狗的图片，并框选出狗在图片中的位置，这类问题属于（　　）。

（A）图像分割　　（B）图像检测　　（C）图像分类　　（D）图像问答

5．在一些有关动物的图片中，根据不同动物把图片放到不同组中，这类问题属于（　　）。

（A）图像分割　　（B）图像检测　　（C）图像分类　　（D）图像问答

6．在一些有关动物的图片中，把动物和周围的背景分离开来，单独把动物图像“扣”出来，这类问题属于（　　）。

（A）图像分割　　（B）图像检测　　（C）图像分类　　（D）图像问答

7．在一些有关动物的图片中，针对每张图片回答是什么动物在做什么，这类问题属于（　　）。

（A）图像分割　　（B）图像检测　　（C）图像分类　　（D）图像问答

8. 特别适合于图像识别问题的深度学习网络是（　　）。

（A）卷积神经网络　　（B）循环神经网络

（C）长短期记忆神经网络　　（D）编码网络

9. 在百度图像识别服务的 Python SDK 中，提供服务的类名称是（　　）。

（A）BaiduImageClassify　　（B）ImageClassifyBaidu

（C）AipImageClassify　　（D）ImageClassifyAip

10. 某美食网站希望把网友上传的美食图片更好地分类展示给用户，可以采用百度的（　　）服务。

（A）通用物体识别　　（B）菜品识别

（C）动物识别　　（D）植物识别

11. 在通过手机进行人脸认证时，经常需要用户完成眨眼、转头等动作，这属于人脸识别中的（　　）技术。

（A）人脸检测　　（B）人脸分析

（C）人脸语义分割　　（D）活体检测

12. 通过人脸图片迅速判断出人的性别、年龄阶段、种族、是否微笑等信息，这属于人脸识别中的（　　）技术。

（A）人脸检测　　（B）人脸分析

（C）人脸语义分割　　（D）活体检测

13. 很多景区在开放人脸检票功能时，游客只需站在入口处相机前，系统会自动对比当前游客是否已经买票，完成入园验证，这里用到了（　　）技术。

（A）人脸搜索　　（B）人脸分析

（C）人脸语义分割　　（D）活体检测

14. 在百度人脸识别服务的 Python SDK 中，提供服务的类名称是（　　）。

（A）AipFace　　（B）FaceAip　　（C）BaiduFace　　（D）FaceBaidu

15. 通过监控录像实时监测机场、车站、景区、学校、体育场等公共场所的人流量，及时导流，预警核心区域人群过于密集等安全隐患，这里可以借助（　　）技术。

（A）人脸流量检测　　（B）人体关键点识别

（C）人体属性识别　　（D）人像分割

16. 在视频直播或拍照过程中，结合用户的手势（如点赞、比心），实时增加相应的贴纸或特效，丰富交互体验，这里可以采用（　　）技术。

（A）人体关键点识别　　（B）手势识别

（C）人脸语义分割　　（D）人像分割

17. 在体育运动训练中，根据人体关键点信息，分析人体的姿态、运动轨迹、动作角度等，辅助运动员进行体育训练，分析健身锻炼效果，提升教学效率，这里可以采用（　　）技术。

（A）人体关键点识别　　（B）手势识别

（C）人脸语义分割　　（D）人像分割

18. 在百度人体分析服务的 Python SDK 中，提供服务的类名称是（　　）。

（A）AipBody　　（B）AipBodyAnalysis

（C）BaiduBody　　（D）BaiuBodyAnalysis

二、填空题

1. 现在可以调用的技能包括通用物体识别、人脸对比、人脸检测与属性分析、人体关键点识别等。在通过手机美颜时，可以对人脸进行美白等，这时可以借助人脸识别中的________、___________技术。

2. 在计算机视觉中，有关人物的技术有人脸检测、人体关键点识别、人体属性识别、人像分割等。通过监控录像实时监测并定位人体，判断特殊时段、核心区域是否有人员入侵，并识别特定的异常行为，及时预警管控，这时可以借助________、_____________、___________技术。

三、简答题

1. 结合你的日常生活，想一下文字识别有哪些应用？

2. 根据你的了解，写出至少 3 个你身边的图像识别应用。

3. 根据你的了解，写出至少 3 个你身边的人脸识别应用。

4. 根据你的了解，写出至少 3 个你身边的人体识别应用。

四、实践题

请参照任务 2.1 的流程准备一张动物图片，并编程实现“动物识别”应用。提示：图像分类模块为 AipImageClassify，其中，动物识别方法为 animalDetect()，植物识别方法为 plantDetect()。

单元 3

智能语音技术与应用

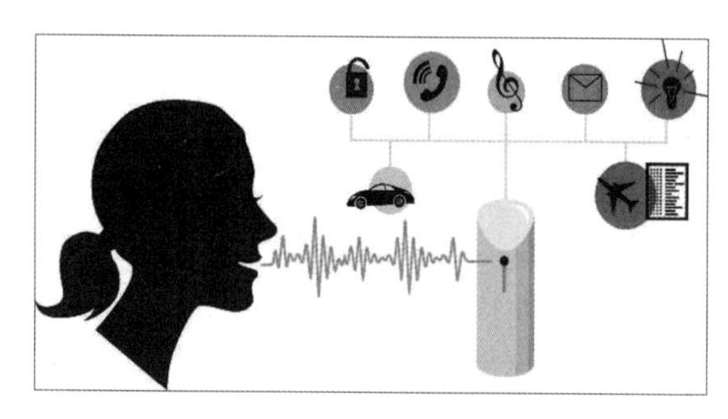

图 3-1　智能语音概念图

呼一声“小度小度”，百度音箱及时醒来，准备为我们提供服务；喊一声“小德小德”，高德地图答一声“来了”，准备为我们导航。这些都是智能语音技术的典型应用。智能语音概念图如图 3-1 所示。

目前，一些国内人工智能技术公司在语音合成、语音识别、口语评测等多项技术上取得了国际领先的成果，研究水平达到了国际一流水准。

那么，计算机怎么能听得懂我们所说的话？它是怎样将一段音频转化成文字的呢？

◆ 单元知识目标：了解语音处理的概念及其常用技术，以及语音识别、语音合成等方面的常见应用。

◆ 单元能力目标：掌握基于接口的语音合成技能，能利用接口进行语音识别。

本单元结构导图如图 3-2 所示。

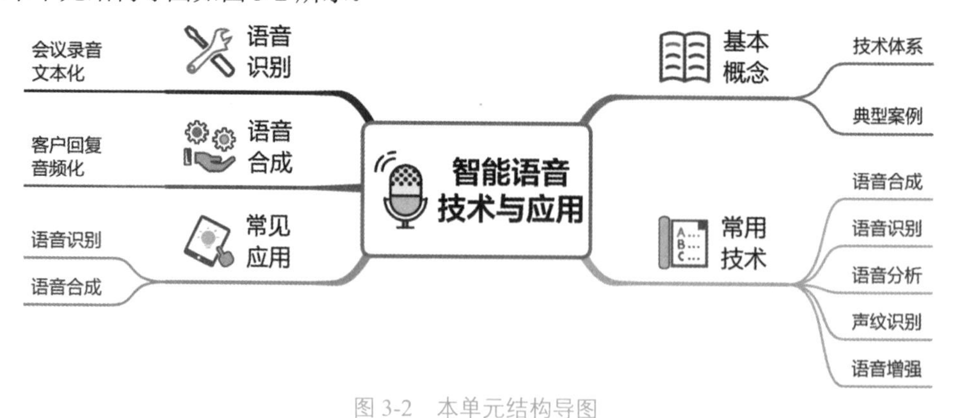

图 3-2　本单元结构导图

3.1 智能语音处理的概念

3.1 语音处理的概念

3.1.1　语音处理技术体系

语音处理技术是研究语音发声过程、语音信号的统计特性、语音的自动识别、机器合成，以及语音感知等各种处理技术的总称，其主要研究内容为语音合成、语音识别（包括语音唤醒）、语音分析（包括声纹识别、歌曲识别、语音评测等）、语音增强等应用技术，如图 3-3 所示。目前，语音处理技术已经在智能家居、手机助理多个领域得到了良好的应用。

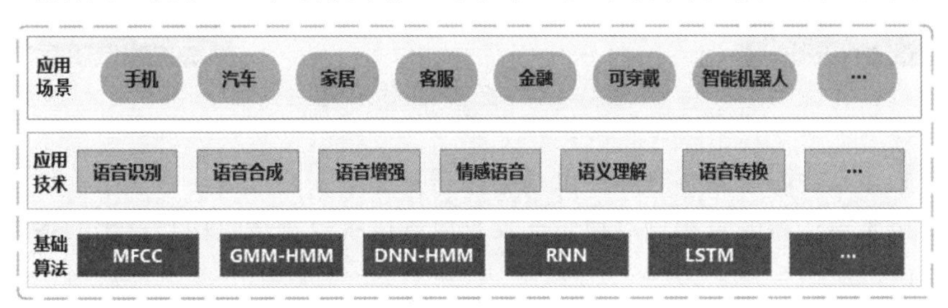

图 3-3　语音处理技术应用框架

一个完整的语音处理系统包括前端的信号处理，中间的语音识别、语义识别和对话管理，以及后期的语音合成。语音处理中的主要技术点包括以下几个。

- 前端的信号处理：人声检测、回声消除、唤醒词识别、麦克风阵列处理、语音增强等。
- 语音识别：特征提取、模型自适应、声学模型、语言模型、动态解码等。
- 语义识别和对话管理：更多属于自然语言处理的范畴。
- 语音合成：文本分析、语言学分析、音长估算、发音参数估计等。

智能语音技术是最成熟的人工智能应用之一，它能让智能设备像人一样理解我们的语音。智能语音技术是一门涉及数字信号处理、人工智能、语言学、数理统计学、声学、情感学及心理学等多学科交叉的学科。智能语音技术的目标是让智能设备能够像人一样通过听觉感知周围的声音，并能通过声音与人进行交流，实现自然互动。这样就能让人们更方便地操作各种智能设备。

科大讯飞作为中国智能语音领军企业，率先实现了通用语音识别率达到 98%的目标，达到了国际水平。智能语音技术已经进入落地期，智能语音助手和智能音箱已经相继问世。智能语音技术的应用也非常广泛，包括电话外呼、医疗领域听写、语音书写、计算机系统声控、电话客服、导航等。

人们期望在不久的将来，智能语音处理能够真正做到像人一样，与他人流畅沟通，实现自由交流。智能音箱已经成为人们生活中越来越常见的智能设备之一，下面以智能音箱为例来介绍语音识别的一般流程。

3.1.2 典型案例：懂你的智能音箱

越来越多的智能音箱进入了家庭，人们可以轻松地对着智能音箱下达指令，如图3-4所示。那么，智能音箱是怎样听懂人们所说的“给我播放一首歌曲”，并且执行指令的呢？

图3-4　智能音箱工作示例

智能音箱的工作流程通常包括以下几个步骤。

（1）音频采集：智能音箱通过自带的麦克风等接收设备接收用户发出的语音指令或语音查询请求。

（2）语音信号处理：将输入的语音信号进行预处理，包括去噪、降低回声、增强信号等，以便在后续阶段能更好地识别语音。

（3）特征提取：从预处理后的语音信号中提取特征，如声音频率、声调、语速等。在这一阶段，有时会用到声纹识别技术，智能音箱可以了解发出指令的用户是小朋友还是成年人，以便推荐或播放合适的歌曲。

（4）语音识别模型：使用机器学习算法训练语音识别模型，将输入的语音信号转换为音节或文本。

（5）文本处理：对识别出的文本进行处理，如分词、语法分析等，以便更好地理解用户的意图。这一阶段需要更多地依赖自然语言处理技术。

（6）意图识别：根据处理后的文本识别出用户的意图，如播放音乐、查询天气、控制智能家居设备等。这一阶段也需要依赖自然语言处理技术。

（7）输出结果：根据用户的意图输出相应的结果，如回答某个问题、播放一首歌曲、控制智能家居设备等。

在智能音箱的工作流程中，需要用大量的数据和算法进行训练与优化，以提高语音识别的准确率和响应速度。同时，必须考虑用户的隐私和安全问题，如保护用户的个人信息和防止恶意攻击等。因此，智能音箱生产厂商需要投入大量的资源来确保其产品的质量和用户的安全。

另外，智能音箱在开始与人交互前，通常还需要经过语音唤醒环节。在这个过程中，智能音箱会在后台一直监听用户的声音，只有在用户说出特定的唤醒词时，智能音箱才会开始与人交互。这样能够避免误触设备，同时提高了智能音箱的安全性。

3.2 语音处理常用技术

3.2 语音处理的常见技术

3.2.1 语音合成

语音合成又称文语转换（Text to Speech Convert）技术，它将任意文字信息实时转换为标准流畅的语音，是通过机械的、电子的方法产生人造语音的技术。

语音合成涉及声学、语言学、数字信号处理、计算机科学等多个学科，是中文信息处理领域的前沿技术，解决的主要问题就是如何将文字信息转换为可听的声音信息，即让机器像人一样开口说话。这里所说的"让机器像人一样开口说话"与传统的声音回放设备有着本质的区别。传统的磁带录音机等声音回放设备是通过预先录制声音后回放来实现"让机器说话"的。这种方式无论在内容、存储、传输还是方便性、及时性等方面都存在很大的限制。而通过计算机语音合成则可以在任何时候将任意文本转换为具有高自然度的语音，从而真正实现"让机器像人一样开口说话"。在语音合成的过程中，有 3 个关键步骤，依次为语言处理、韵律处理（包括语气、语调）、单元合成，如图 3-5 所示。

图 3-5　语音合成流程

第一步是语言处理，将输入的文本转换为计算机可以理解的格式，包括词法分析、句法分析、语义分析等。其中，词法分析将文本分解成单词，句法分析将单词组合成句子，语义分析将句子解释为具有意义的语言表达。语言处理在文语转换系统中起着重要的作用，主要模拟人对自然语言的理解过程，使计算机对输入的文本能完全理解，并给出韵律处理和单元合成所需的各种发音提示。

第二步是韵律处理，是指在将文本转换为语音的过程中，模拟人类语音的韵律特征，包括语速、语调、音高、音长和音强等。韵律处理主要是为了让合成的语音能正确表达语意，听起来更加自然、流畅。

第三步是单元合成（声学处理），是将文本转换为语音的最后一步。在这一步，通过将语音信号分解为基本单元（如音素、音节等），并将这些基本单元拼接起来，生成最终的语音输出。在这个过程中，还需要进行语音信号的合成、滤波、降噪等，以保证合成的语音质量。单元合成需要综合运用语言处理、韵律处理和声学处理等多种技术。

在不同的应用场景下，还可以根据需要进行不同形式的语音合成，如基于规则的语音合成、基于统计模型的语音合成、基于深度神经网络的语音合成等。

3.2.2 语音识别

1. 语音识别的流程

语音识别也称为自动语音识别（Automatic Speech Recognition，ASR），它将人类语音中的词汇内容转换为计算机可读的输入，是利用计算机自动对语音信号的音素、音节或词进行识别的技术的总称。

语音识别起源于 20 世纪 50 年代的“口授打字机”梦想，科学家在掌握了元音的共振峰变迁问题和辅音的声学特性之后，相信从语音到文字的转换过程是可以用机器实现的，即可以把普通的读音转换为书写的文字。语音识别的理论研究已经超过 60 年，但是转入实际应用是在数字技术、集成电路技术发展之后，在人工智能深度学习算法的帮助下，它现在已经取得了许多实用的成果。

语音识别流程一般包含特征提取、建立声学模型、建立语言模型、解码搜索（语音处理）四大部分，如图 3-6 所示。其中，特征提取部分把要分析的信号从原始信号中提取出来，为声学模型提供合适的特征向量。为了更有效地提取特征，还需要对语音进行预处理，包括对语音进行幅度标称化、频响校正、分帧、加窗和始末端点检测等。声学模型是可以识别单个音素的模型，是对声学、语音学、环境的变量、说话人的性别/口音等差异的知识表示，利用声学模型进行语音声学参数分析，包括对语音共振峰频率、幅度等参数，以及对语音的线性预测参数、倒谱参数等的分析。在图 3-6 中，经过模型匹配得到(kē dà xùn fēi)。语言模型根据语言学相关的理论及自然语言处理技术，由相关应用场景中的大量文本训练得到。解码搜索的主要任务是在由声学模型、发音词典和语言模型构成的搜索空间中寻找最佳路径。解码时需要用到声学得分及语言得分。其中，声学得分由声学模型计算得到，语言得分由语言模型计算得到。例如，本例中经过解码搜索得到“科大讯飞”的概率大于得到“棵大训非”的概率。声学模型和语言模型主要是在前期利用大量语音、语料进行统计分析，进而建模得到的。

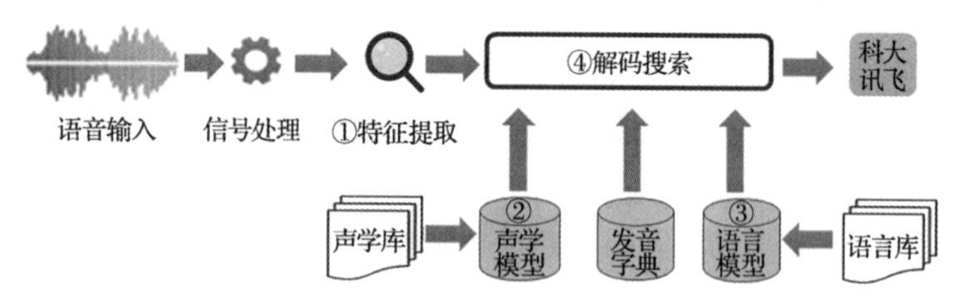

图 3-6　语音识别流程

语音识别主要包括语音听写、语音转写等细分应用，以及语音唤醒这个特殊应用。

语音听写：将短音频（≤60s）精准识别成文字，并实时返回结果，达到边说边返回的效果，通常应用于对实时性要求比较高的场景，适用于手机语音输入、智能语音交互、语音指令、语音搜索等短语音交互场景。

语音转写：批量地将音频文件（时长在 5 小时以内）转换为文本数据，适用于语音质检、会议访谈、音频内容分析等对实时性要求不高的场景。

2．语音唤醒

语音唤醒（Voice Wake-Up）是一种通过语音指令来唤醒设备的技术。在设备中预先设置一个特定的语音模型，当用户说出特定的语音指令时，设备会自动识别并执行相应的操作。例如，手机、玩具、家电等设备在休眠或锁屏状态下，当检测到用户发出“小度小度”或“小爱同学”等唤醒词时，就让设备进入等待指令状态，开启语音交互功能，如图 3-7 所示。

图 3-7　语音唤醒示意

语音唤醒的基本原理就是特定场景中的语音识别，主要包括两个步骤：第一步是声音采集，即通过麦克风等设备采集用户的语音信号；第二步是语音识别，即将采集的语音信号转换为文本，并与预设的语音模型进行匹配，当匹配成功时，设备会执行相应的操作。

良好的语音唤醒系统通常是对错误拒绝率、错误接受率、功耗损失率、错误唤醒率 4 个评价指标的权衡。

错误拒绝率（False Rejection Rate，FRR）：系统在用户实际想要唤醒时被错误地拒绝的频率。FRR 越低，表示系统更容易准确地识别用户的唤醒词，但可能会增加错误接受率。

错误接受率（False Acceptance Rate，FAR）：系统在没有用户唤醒时错误地接受了其他声音或噪声作为唤醒词的频率。FAR 越低，系统越能准确地区分用户的唤醒词和其他声音。

功耗损失率（Power Consumption Rate，PCR）：语音唤醒系统在待机状态下的功耗损失率，即系统在等待语音指令时所消耗的能量。PCR 越低，表示系统的能效越高。

错误唤醒率（False Wake-Up Rate，FWUR）：系统在没有用户唤醒时错误地被激活的频率。较低的 FWUR 意味着系统能够有效地识别用户的真实唤醒，减小误操作的可能性。

在设计唤醒词时，需要考虑唤醒词识别的阈值问题。唤醒词识别的阈值可以理解为一个判断标准，即当麦克风采集的声音与唤醒词的匹配程度达到一定的值时，就会被判定为唤醒词，从而触发设备的唤醒操作。唤醒词识别的阈值一般由两个参数确定：唤醒词的声学模型和匹配门限。唤醒词的声学模型是指唤醒词的语音特征表示，匹配门限是指唤醒词与采集的声音匹配程度的判定标准，即只有当匹配程度高于匹配门限时才会将采集的声音判定为唤醒词。在实际应用中，还需要考虑噪声干扰、说话距离等因素对唤醒词识别的影响，以进一步优化唤醒词的设计和识别效果。在设计唤醒词时，需要考虑以下几方面。

- 唤醒词的语音特征应尽可能独特，以避免误唤醒的情况发生。
- 唤醒词的声学模型应尽可能准确地代表唤醒词的语音特征，以提高唤醒词的识别率。

- 匹配门限应尽可能合理，既要确保唤醒词的识别率，又要避免误唤醒的情况发生。良好的唤醒词通常为3～4个音节，简单易记、日常少用、易于唤醒。

3.2.3 语音分析

语音分析包括语音评测、声纹识别、歌曲识别等，其中的声纹是一种特殊的技术。

其中，语音评测是指通过智能语音技术自动对说话人的中英文发音水平进行评价，根据科大讯飞的定义，其典型流程如图3-8所示。有了语音评测技术，学习者就可以通过人工智能自动打分功能来轻松了解自己的英文口语水平。基于精确到音素级的发音评估得分，学习者能够很方便地纠正自己的单词发音。

而句子中单词发音、完整度、语调、重音等多重评估维度得分又能帮助学习者提升句子发音的流利度与准确性。

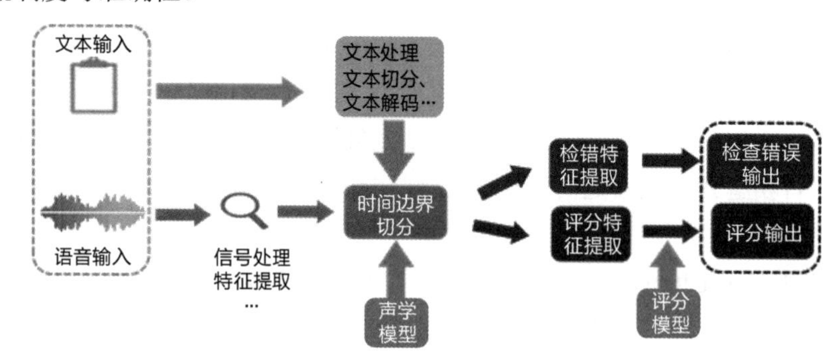

图3-8 语音评测的典型流程

3.2.4 声纹识别

声纹识别也称为说话人识别，包括说话人辨认（Speaker Identification）和说话人确认（Speaker Verification）两种技术。不同的任务和应用会使用不同的声纹识别技术。例如，门禁考勤等场景或缩小刑侦范围时可能需要说话人辨认技术，用以判断某段语音是若干人中的哪个人所说的，是“多选一”问题，如图3-9所示；而对于银行、证券等实名制领域，在进行交易时，则需要说话人确认技术，用以确认某段语音是否是本人所说的，是“一对一判别”问题，如图3-10所示。

图3-9 1∶*N*声纹识别

图3-10 1∶1声纹识别

利用声纹识别功能，还能进行年龄阶段、性别的识别，即机器对已被授权输入的音频数据进行分析，辅助判定说话人的年龄阶段和性别。

3.2.5　语音增强

语音增强从带噪语音信号（见图 3-11）中提取尽可能纯净的原始语音，改进语音质量、提高语音可懂度。经过语音增强处理的音频信号如图 3-12 所示。语音增强是语音识别的前端处理，即在语音识别之前，先对原始语音进行处理，部分消除噪声和不同说话人带来的影响，使处理后的信号更能反映语音的本质特征。

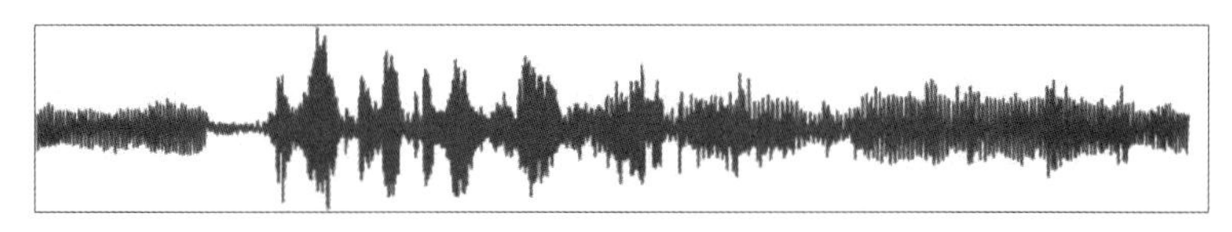

图 3-11　带噪语音信号

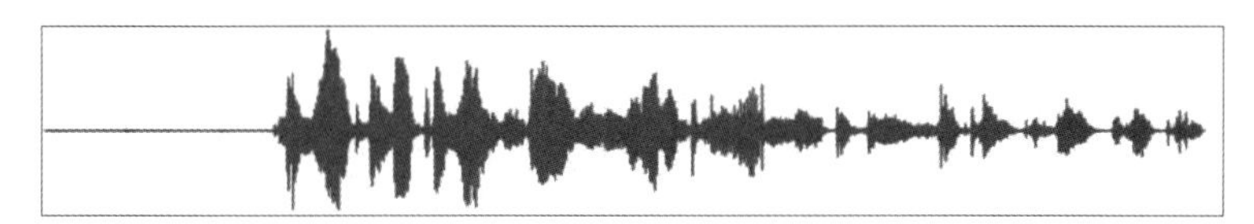

图 3-12　经过语音增强处理的音频信号

在日常生活中，经常会遇到在噪声干扰下进行语音通信的问题。例如，在汽车、火车上使用移动电话，或者使用马路边和市场里的公用电话等，总有路人或环境的喧闹声。在这种场景下，需要使用语音增强技术。对于处于特殊环境中的语音系统，一般都要在不同程度上采取一些语音增强措施，如直升机机舱内的通信语音处理、舰艇机舱内的通话系统等。在军事通信中，指挥员的作战命令和战斗员的战情汇报都需要用语音来表达，由于战斗环境中的声环境恶劣，特别是炸弹产生的冲击性噪声，使有用信号被完全淹没在噪声中，因此需要使用语音增强技术，如图 3-13 所示。在窃听技术等特殊场景中，也非常依赖语音增强技术。

图 3-13　语音增强技术的应用场景

3.3 语音处理常见应用

3.3 语音处理的常见应用

目前，智能语音技术得到了广泛应用，在消费级市场，有手机语音、智能可穿戴设备、车载语音系统、智能家居中的智能音箱与智能家电、智慧办公中的翻译机和录音笔等；在企业级市场，有电子语音病历、智能客户、智能呼叫，以及智慧课堂、学习机等，如图 3-14 所示。

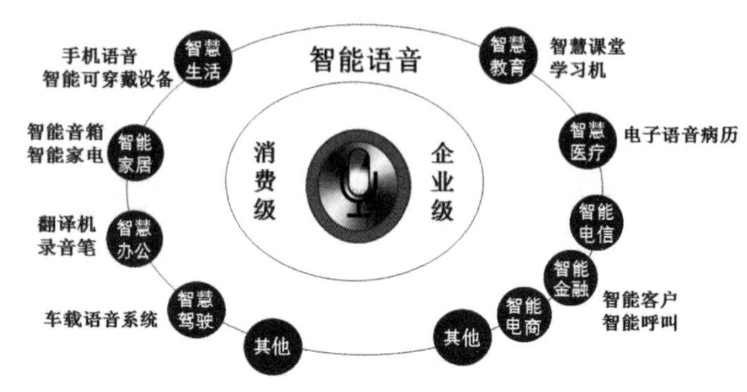

图 3-14　语音处理常见应用

3.3.1 语音识别应用

语音识别技术在个人助理、智能家居等很多领域都有应用，智能语音交互能够让人们解放双手，只需对机器发出指令，就可以让其完成所需完成的任务。例如，在驾驶汽车时，驾驶员必须时刻握好方向盘，但是难免会遇到急事需要拨打电话等情况。这时，驾驶员可以运用汽车上的语音拨号功能。此外，对汽车的卫星导航定位系统、空调、照明及音响等设备的操作，同样可以用语音的方式实现。

1. 语音识别的应用场景

（1）语音输入。

智能语音输入可消除生僻字和拼音障碍，由实时语音识别实现，为用户节省输入时间、提升输入体验。

（2）语音搜索。

语音识别技术可用于语音搜索中，将搜索内容直接以语音的方式输入，应用于手机搜索、网页搜索、车载搜索等多种搜索场景，很好地解放了人们的双手，让搜索变得更加高效。

（3）语音指令。

语音识别技术可用于语音指令中，人们不需要手动操作，可通过语音直接对设备或软件发出指令，控制其进行操作，适用于视频网站、智能硬件等各大搜索场景。

（4）社交聊天。

语音识别技术可用于社交聊天中，直接将语音输入转换成文字，让输入变得更快捷；或者在收到语音消息却不方便播放或无法播放时，可直接将语音转换为文字进行查看，很好地满足了多样化的聊天场景需求，为用户提供了方便。

（5）游戏娱乐。

语音识别技术可用于游戏娱乐中，人们在玩游戏时，双手可能无法打字，这时可以将语音转换为文字，让人们在玩游戏的同时直观地看到聊天内容，很好地满足了人们的多元化聊天需求。

（6）字幕生成。

语音识别技术可用于字幕生成中，可将直播和录播视频中的语音转换为文字，可以轻松、便捷地生成字幕。

（7）会议纪要。

语音识别技术可用于撰写会议纪要，将会议、庭审、采访等场景的音频信息转换为文字，有效降低人工记录的成本并提升效率。

2. 语音识别的应用分类

目前，语音识别已经取得了广泛的应用，按照其识别范围或领域来划分，可以分为封闭域识别应用和开放域识别应用。

（1）封闭域识别应用。

在封闭域识别应用中，语音识别的识别范围为预先指定的字/词集合。也就是说，算法只在开发者预先设定的识别词集合内进行语音识别，对范围之外的语音会拒绝识别。例如，对于简单指令交互的智能家居和电视盒子，语音控制指令一般只能识别“打开窗帘”“关灯”等基本的语音控制指令词；或者识别“Alexa”“小度小度”等唤醒词。一旦涉及开发者在后台预先设定的识别词集合之外的指令，如“给大家跳一支舞吧”，识别系统将拒绝识别这段语音，不会返回相应的文字结果，更不会做出相应的回复或指令动作。语音唤醒有时也称为关键词检测（Keyword Spotting），即在连续不断的语音中将目标关键词检测出来。一般目标关键词的个数比较少（1～2 个居多，特殊情况也可以扩展）。

对于封闭域识别应用，典型的应用场景为不涉及多轮交互和多种语义说法的场景，如智能家居等。

（2）开放域识别应用。

在开放域识别应用中，无须预先设定识别词集合，算法将在整个语言大集合范围内进行识别。为适应此类场景，声学模型和语音模型一般都比较大，引擎运算量也较大。如果将其封装到嵌入式芯片或本地化的 SDK 中，耗能较高且影响识别效果。因此，业界厂商基本上都只以云端形式（云端包括公有云形式和私有云形式）提供服务。至于本地化形式，只提供带服务器级别计算能力的嵌入式系统（如会议字幕系统）。

3．语音识别和语义识别的区别

语音识别将声音转换为文字，属于感知智能。语义识别提取文字中的相关信息和相应意图，并通过云端“大脑”决策，使用执行模块进行相应的问题回复或反馈动作，属于认知智能。先有感知，后有认知，因此语音识别是语义识别的基础。

语音识别与语义识别经常相伴出现，容易给从业人员造成困扰，因此较少使用“语义识别”的说法，更多时候都表达为自然语言处理等概念。

3.3.2 语音合成应用

语音合成满足将文本转换为拟人化语音的需求，打通了人机交互闭环。它提供多种音色选择，支持自定义音量、语速，可以为企业客户提供个性化音色定制服务，让发音更自然、更专业、更符合场景要求。语音合成广泛应用于语音导航、有声读物、机器人、语音助手、自动新闻播报等场景，可以提升人机交互体验和语音类应用构建效率。

语音合成技术的应用广泛可以从以下3方面来归纳。

1．App应用类

当前的手机上大多有电子阅读应用，如QQ阅读这样的读书应用能自动朗读小说，滴滴出行、高德导航等汽车导航播报类的App运用语音合成技术来播报路况信息等。

2．智能服务类

智能服务类产品包括智能语音机器人、智能音箱应用等。智能语音机器人遍布各行各业，如银行、医院的导航机器人（需要甜美又亲切的声音），教育行业的早教机器人（需要呆萌又可爱的声音），营销类型的外呼机器人（对于不同的话术场景，需要定制不同的声音）。智能音箱在不知不觉中已经慢慢融入人们的生活，它不仅可以为人们点播歌曲、讲故事等，还可以对智能家居设备进行控制，如打开窗帘、设置冰箱温度、关闭空调、提前让热水器升温等。

3．特殊领域

还有一些特殊领域非常需要语音合成技术。例如，对于视障人士，以往只能依赖双手来获取信息，而有了视障阅读服务后，他们的生活质量得到了极大的提高，毕竟听书要比摸书高效、精准得多，同时解放了他们的双手。另外，针对文娱领域的特殊虚拟人设，通过语音合成技术，可以打造特殊语音形象，用于特殊人设的语音表达。

3.3.3 离线与在线的概念

在语音处理中，比较容易混淆的概念是离线与在线，这里重点阐述。

在软件从业人员的认知中，离线是指识别或合成的过程（语音识别或合成软件）可以在本地运行，在线是指识别或合成过程需要连接到云端来运行。他们的关注点是“识别或合成引擎是在本地还是在云端运行的”。

而在语音处理，特别是语音识别中，所谓离线与在线，分别指的是异步（非实时）和同步（实时）。所谓离线，就是指“将已录制的音频文件上传——异步获取”的非实时方式；而在线就是指“流式上传——同步获取”的实时方式。

由于不同行业对离线与在线有不同的认知，容易产生不必要的理解歧义，因此在语音处理及相关产品中，建议更多时候使用异步（非实时）和同步（实时）等词来阐述相关产品。

☆任务 3.1　基于语音合成的客服回复音频化

1. 任务描述

小晖是公司的客服，每天要回复很多客户，嗓子受到了很大的影响。她盼望着：如果有一款合适的软件，能够将自己需要回复的文字转换为音频播放给客户，那该多方便。

☆任务 3.1 TTS 文字转语音

本任务将利用百度人工智能开放创新平台进行语音合成，将用户输入的一段文字或存储在文本文件中的一段文字转换为 MP3 格式的语音文件。

学生可以通过扫描右侧二维码来观看本任务具体操作过程的讲解视频。

2. 相关知识（任务要求）

- 网络通信正常。
- 环境准备：已安装 Spyder 等 Python 编程环境。
- SDK 准备：已按照任务 1.1 的要求安装了百度人工智能开放创新平台的 SDK。
- 账号准备：已按照任务 1.1 的要求注册了百度人工智能开放创新平台的账号。

3. 任务设计

- 创建应用以获取 AppID、API Key、Secret Key。
- 准备本地或网络文本文件，用来合成语音文件。
- 在 Spyder 中新建语音合成项目 BaiduVoice。
- 代码编写及编译运行。

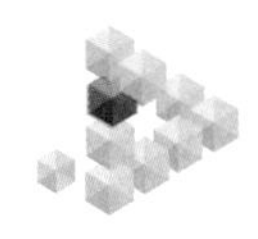

4．任务过程

1）创建应用以获取 AppID、API Key、Secret Key

（1）本任务是语音识别，因此单击按钮，进入【创建应用】界面。

（2）如图 3-15 所示，单击【创建应用】按钮，进入【创建新应用】界面。

应用名称：语音合成（见图 3-16）。

应用描述：我的语音合成。

其他选项采用默认值。

图 3-15　创建应用

图 3-16　创建新应用

（3）单击【立即创建】按钮，进入【创建完毕】界面，单击【查看应用详情】按钮，如图 3-17 所示，可以看到 AppID 等 3 项重要信息，如表 3-1 所示。

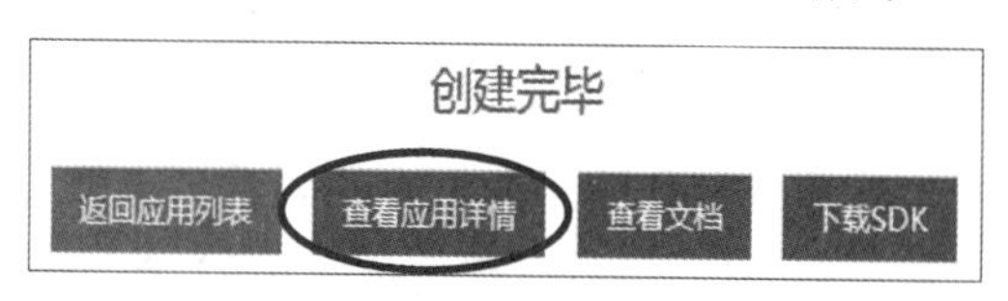

图 3-17　查看应用详情

表 3-1　应用详情

应用名称	AppID	API Key	Secret Key
语音合成	17149894	XD6sbUZUAso8en8XGYNh1qbn	*******显示

（4）记录 AppID、API Key 和 Secret Key 的值。

（5）领取免费**语音合成**资源。如图 3-18 所示，单击【去领取】链接，即可领取免费语音合成资源。本步骤容易出错，需要注意不要**误领**了免费**语音识别**资源。

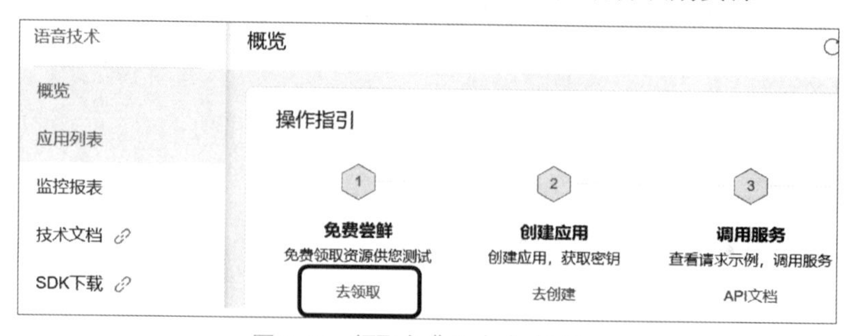

图 3-18　领取免费语音合成资源

2）准备素材

准备一段文字，或者将文字存储在一个文本文件中。

3）在 Spyder 中新建语音识别项目 BaiduVoice

在 Spyder 开发环境中选择【File】→【New File】选项，新建项目文件，默认文件名为 untitled0.py。继续选择【File】→【Save as】选项，将文件另存为 BaiduVoice.py，文件路径可采用默认设置。

4）代码编写及编译运行

在代码编辑器中编辑 E3_BaiduSpeech.py 文件，输入如下参考代码：

```
# Excecise/E3_BaiduSpeech.py
# 1.从aip中导入相应的语音模块AipSpeech
from aip import AipSpeech

# 2.复制粘贴自己的 AppID、API Key（AK）、Secret Key（SK）3个常量，并以此初始化对象
AppID = '你的AppID'
AK = '你的AK'
SK = '你的SK'

# 3.准备文本及存放路径
Text = '庆祝我国全面建成小康社会'                    # 也可以从磁盘读取文字
filePath = "MyVoice.mp3"                             # 音频文件存放路径

# 4.语音合成：可以做一些个性化设置，如设置音量、发音人、语速等
result  = client.synthesis(Text, 'zh', 1 )

# 5.若识别正确，则返回语音二进制码；若识别错误，则返回 dict（相应的错误码）
if not isinstance(result, dict):
    with open( filePath, 'wb') as f:                 # 以写的方式打开 MyVoice.mp3文件
        f.write(result)                              # 将result内容写入 MyVoice.mp3文件
```

5. 任务测试

在相应文件夹（如本任务中的文件路径设置为 D 盘的 data 文件夹）中可以找到 MyVoice.mp3 音频文件。打开并播放该文件，试听音频文件中所说的话是否为预期结果“庆祝我国全面建成小康社会”。

如果文本已经存放在磁盘上，就可做如下设置：

```
# 3.准备文本及存放路径， VoiceText.txt中有一段文字
TextPath = 'VoiceText.txt'
Text = open(TextPath,'r').read()      # 打开文件、读取文件，未做关闭处理
```

当然，学有余力的学生也可以做一些个性化设置：

```
# 4.修改语音合成中的个性化设置
# 可以做一些个性化设置
result  = client.synthesis(Text, 'zh', 1 , {      # 'zh'为中文
    'vol': 5,        # volumn， 合成音频文件的音量
    'pit': 8,        # 语调音调，取值为0～9，默认为5（中语调）
    # 发音人选择，0表示女生，1表示男生，3表示情感合成-度逍遥，4表示情感合成-度丫丫
    'per': 3,        # 默认为普通女生的声音
})
```

另外，如果想直接播放所合成的MP3音频，以方便收听语音合成的效果，则需要添加一些代码，并做一些准备工作。

方法一：直接调用操作系统本身的播放功能，优点是简单直接，不足之处是可能会弹出播放器。

```
# 1.在文件开始处导入所有的依赖包
import os  # 调用操作系统本身的播放功能

# 6.语音播放
os.system('MyVoice.mp3')
```

方法二：使用Python 3的playsound播放模块，不足之处是如果播放完后想重新播放或对原始音频进行修改，则可能会提示拒绝访问。

对于此方法，首先需要安装相应的包：

```
pip install playsound
```

其次需要添加如下两段代码：

```
# 1.在文件开始处导入所有的依赖包
from playsound import playsound

# 6.语音播放
playsound('MyVoice.mp3')
```

方法三：安装Pygame。Pygame是跨平台Python模块，专为电子游戏设计，包含对图像、声音的处理，不足之处是在播放时可能会有声音速度的变化。

对于此方法，首先需要安装相应的包：

```
pip install pygame
```

其次需要添加如下两段代码：

```
# 1.在文件开始处导入所有的依赖包
from pygame import mixer

# 6.语音播放
mixer.init()
mixer.music.load('MyVoice.mp3')
mixer.music.play()
```

6．拓展创新

本任务利用百度语音模块实现了文本转语音功能。

❓如果改变部分参数，如选择不同的发音人，则会获得什么效果？

❓如果修改音量、语速，则会获得什么效果？

❓你能将任务 2.1 中识别出来的文字直接转换为语音吗？

☆任务 3.2　基于语音识别的会议录音文本化

1．任务描述

小静是公司的助理，经常需要记录公司的会议进程并输入计算机，形成电子版的会议纪要。她盼望着：如果有一款合适的软件，能够将发言自动转换为文字，那该多方便。

本任务利用百度人工智能开放创新平台进行语音识别。原始 PCM 的录音参数必须符合 16kHz 采样率、16bit 位深、单声道，支持的格式有 PCM（不压缩）、WAV（不压缩，PCM 编码）、AMR（压缩格式）。如果原始录音的格式或参数不符合要求，则需要先对其进行格式转换。

学生可以通过扫描右侧二维码来观看本任务具体操作过程的讲解视频。

☆任务 3.2 基于语音识别的会议录音文本化

2．相关知识（任务要求）

- 网络通信正常。
- 环境准备：已安装 Spyder 等 Python 编程环境。
- SDK 准备：已按照任务 1.1 的要求安装了百度人工智能开放创新平台的 SDK。
- 账号准备：已按照任务 1.1 的要求注册了百度人工智能开放创新平台的账号。

3．任务设计

- 创建应用以获取 AppID、API Key、Secret Key。
- 准备本地或网络语音文件。
- 在 Spyder 中新建语音识别项目 BaiduSTT。
- 代码编写及编译运行。

4．任务过程

1）创建应用以获取 AppID、API Key、Secret Key

（1）本任务是语音识别，因此单击按钮，进入【创建应用】界面。

（2）如图 3-19 所示，单击【创建应用】按钮，进入【创建新应用】界面。

应用名称：语音识别（见图 3-20）。

应用描述：我的语音识别。

其他选项采用默认值。

图 3-19　创建应用

图 3-20　创建新应用

（3）单击【立即创建】按钮，进入【创建完毕】界面，单击【查看应用详情】按钮，如图 3-21 所示，可以看到 AppID 等 3 项重要信息，如表 3-2 所示。

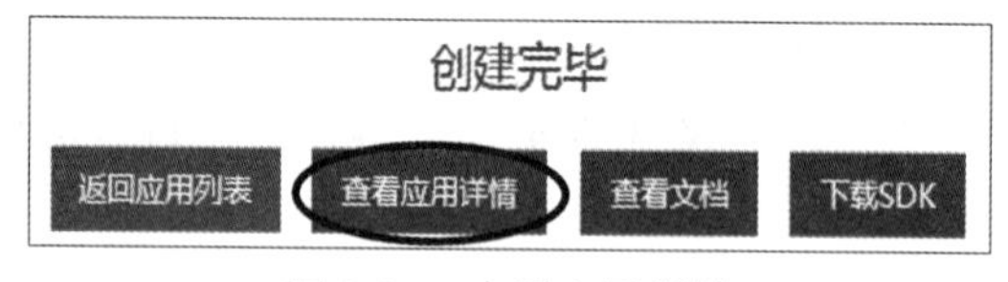

图 3-21　查看应用详情

表 3-2　应用详情

应用名称	AppID	API Key	Secret Key
语音识别	17149894	XD6sbUZUAso8en8XGYNh1qbn	*******显示

（4）记录 AppID、API Key 和 Secret Key 的值。

（5）领取免费语音识别资源，如图 3-22 所示。

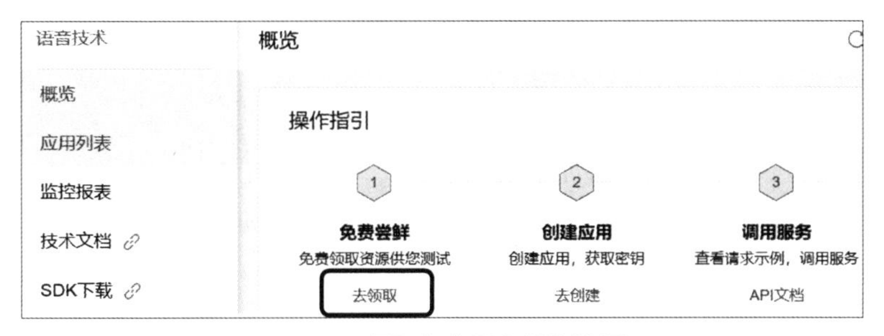

图 3-22　领取免费语音识别资源

2）准备素材

任务准备　利用 FFmpeg 软件转换音频格式

在识别语音文件时，建议采用 PCM 格式的语音文件。如果学生手头的语音文件为其他格式，如 WAV、MP3 等，则需要先进行格式转换，请扫描右侧二维码，观看利用 FFmpeg 软件转换音频格式的操作。

3）在 Spyder 中新建语音识别项目 BaiduSTT

在 Spyder 开发环境中选择【File】→【New File】选项，新建项目文件，默认文件名为 untitled0.py；继续选择【File】→【Save as】选项，将文件另存为 P3_BaiduSTT.py，文件路径可采用默认值。

4）代码编写及编译运行

在代码编辑器中完善 P3_BaiduSTT.py 文件，输入如下参考代码：

```
# Excecise/P3_BaiduSTT.py
# 1. 从aip中导入相应的语音模块AipSpeech
from aip import AipSpeech

# 2.复制粘贴自己的 AppID、API Key（AK）、Secret Key（SK）3个常量，并以此初始化对象
AppID = '你的AppID'
AK = '你的AK'
SK = '你的SK'
client = AipSpeech(AppID, AK, SK )

# 3.定义本地（在D盘 data 文件夹下）或远程语音文件，打开并读取数据
filePath = 'SpeechTest.pcm'
SpeechData = open(filePath, 'rb').read()

# 4.识别语音
SpeechResult = client.asr(SpeechData, 'pcm', 16000)
# 其中，pcm为文件格式，16000为音频采样率

# 5.输出识别结果
print(SpeechResult)                    # 可以进行一些设置，以更好地观察输出信息
```

5. 任务测试

在工具栏中单击▶按钮，在【IPython console】窗口中可以看到如下运行结果：

```
In  [23]:runfile( 'D:/Anaconda3/Example2_BaiduSpeech_wav.py',
wdir= 'D:/Anaconda3' )
{'corpus_no':'6735229210713077852', 'err_msg': 'success.',
'err_no': 0, 'result': [ '大家好今天我们要完成百度语音识别的实验' ],
'sn': '685647221861568167752' }
```

6. 拓展创新

本任务利用百度人工智能开放创新平台实现了语音识别功能。学生可以尝试修改一些参数，查看效果。当然，任务结果的输出格式有可能并没有达到预期效果，学生可以参照任务 2 中#6 部分的代码，对输出结果进行处理。

?现在你能否将 MP3 格式的音频先转换为 PCM 格式，再识别为文字呢？

单元小结

本单元介绍了人工智能中智能语音处理的概念，以及语音识别、语音合成的技术及应用。本单元完成了基于语音合成的客服回复音频化和基于语音识别的会议录音文本化两个任务。通过本单元的学习和实践，学生在了解智能语音技术及其典型应用的基础上，能初步掌握智能语音接口的使用技能。

习题 3

一、选择题

1.（　　）是一种用于对各种语言中的语音特征进行提取和建模的模型。它可以识别单个音素，并对声音的声母、韵母等语音特征进行分析和建模。

（A）语言模型　　（B）声学模型　　（C）语音模型　　（D）声母模型

2. 在人机系统进行语音交互时，经常需要一开始呼叫系统的名字，只有这样，系统才能开始对话。这类技术被称为（　　）。

（A）语音识别　　（B）语音合成　　（C）语音放大　　（D）语音唤醒

3．用户在正常交谈中，语音对话系统被错误唤醒的指标称为（　　）。

（A）错误拒绝率　（B）错误接受率　（C）功耗损失率　（D）错误唤醒率

4．在众多语音对话中，识别出说话人是谁的技术称为（　　）。

（A）语音识别　（B）语音合成　（C）语音唤醒　（D）声纹识别

5．在百度语音技术服务的 Python SDK 中，提供服务的类名称是（　　）。

（A）AipSpeech　（B）SpeechAip　（C）BaiduSpeech　（D）SpeechBaidu

6．在百度语音识别服务中，（　　）格式的音频文件是不被支持的。

（A）MP3（压缩格式）　（B）PCM（不压缩）

（C）WAV（不压缩，PCM 编码）　（D）AMR（压缩格式）

二、填空题

1．在与机器进行语音对话的过程中，会用到________、________、________等智能语音技术。

2．在简单易记、日常少用、单一音节、易于唤醒等特征中，通常认为________的唤醒词并不值得推荐。

三、简答题

1．根据你的了解，写出至少 3 个你身边的语音识别应用。

2．根据你的了解，写出至少 3 个你身边的语音合成应用。

四、实践题

请参照任务 3.1 的流程修改发音人的语速，合成一段语音。提示：语速参数名为'spd'，语速取值为 0～9，默认值为 5，表示中语速。

单元 4

自然语言处理与应用

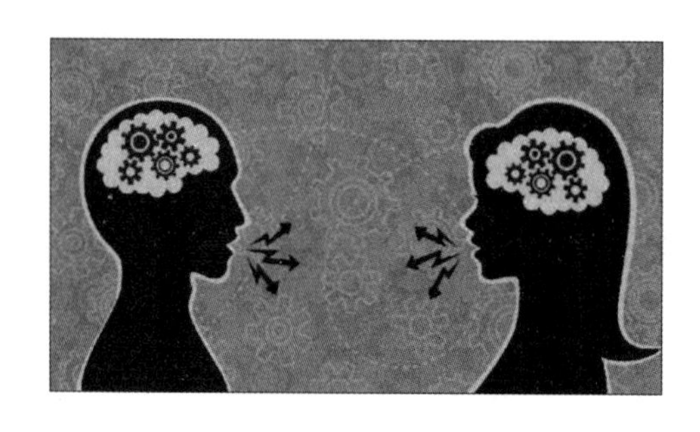

图 4-1 自然语言处理概念图

当我们在打商家电话咨询产品信息时，客服精准地回答了我们的问题；当我们向淘宝客服咨询时，对方的“亲”说得我们舒心妥帖。然而，我们可能并没有意识到，与我们交流的可能是机器（当然，它是具有自然语言理解能力的机器）。自然语言处理概念图如图 4-1 所示。

我国在自然语言处理研究上稳居世界前二，在产业化方面也发展迅猛，如借助千亿级参数及海量知识的百度文心一言大模型极大地降低了人工智能开发与应用的门槛。

当然，人们会很好奇，“计算机是怎样来理解（懂得）人们所说的话的呢？”“为什么自然语言理解被比尔·盖茨称为‘人工智能皇冠上的明珠’？”等。

◆ 单元知识目标：了解自然语言处理的概念、技术与应用，以及知识图谱的概念与应用。

◆ 单元能力目标：掌握对用户评价进行情感分析的技能，能分析理解客户意图。

本单元结构导图如图 4-2 所示。

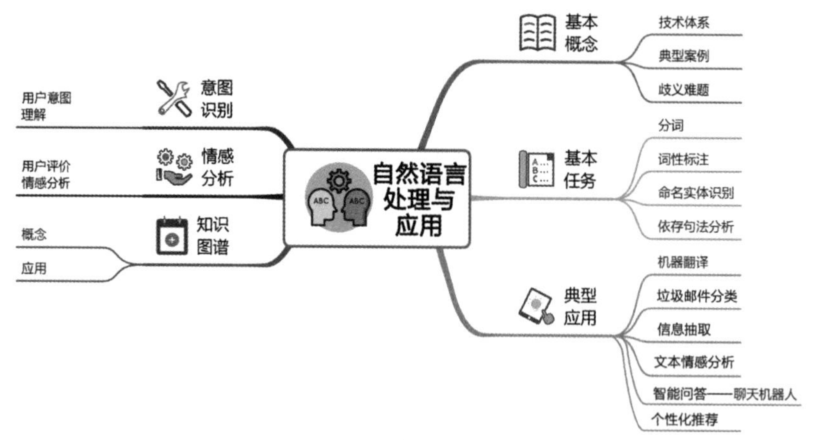

图 4-2 本单元结构导图

4.1 自然语言处理的概念

4.1 自然语言处理的概念

4.1.1 自然语言处理技术体系

自然语言处理（Natural Language Processing，NLP）是研究如何让机器理解与生成自然语言的学科，目的是实现人与计算机之间用自然语言进行有效通信，属于人工智能中的认知智能范畴。自然语言处理的关键和难点是要让计算机“理解”自然语言。

自然语言处理是用计算机对自然语言的形、音、义等信息进行处理，即对字、词、句、篇章的输入、输出、识别、分析、理解、生成等的操作和加工。自然语言处理的应用技术包括机器翻译、情感分析、文本理解等。自然语言处理的几个核心环节包括知识的获取与表达、自然语言理解、自然语言生成等，也相应出现了知识图谱、对话管理、机器翻译等研究方向。自然语言处理的应用场景包括商品搜索/推荐、机器翻译、舆情监控、广告推荐、金融、风控等，如图 4-3 所示。

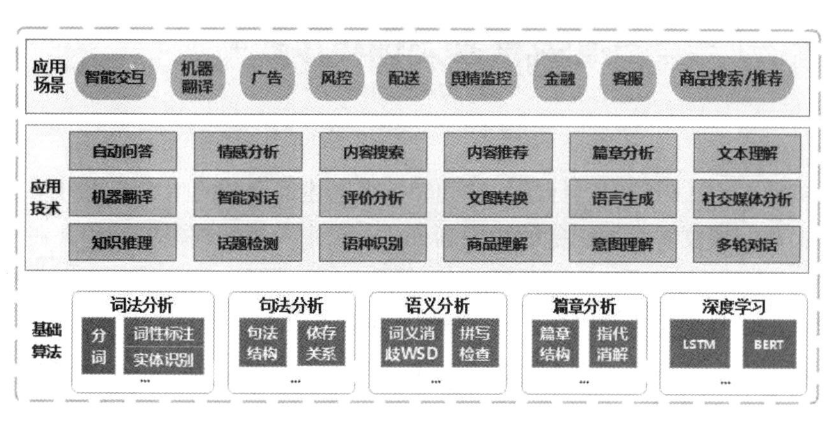

图 4-3 自然语言处理技术体系

自然语言是指汉语、英语、法语等人们日常使用的语言，是自然而然地随着人类社会的发展演变而来的语言，是人们学习、生活的重要工具。自然语言有一定的二义性，即同一句话在同一种环境下可能会出现两种以上（包含两种）的含义，这给计算机理解自然语言带来很大的困难。区别于自然语言的是人工语言，如 Java、Python、C++等程序设计语言/机器语言。由于人工语言在设计之初就考虑到含糊、歧义的风险性，因此人工语言虽然在长度和规则上都会有一定的冗余，但保证了无二义性。

随着文心一言、星火模型、ChatGPT 的兴起，自然语言处理在语言生成方面取得了卓越的成效。但是自然语言的歧义性和多义性增加了对文本理解的挑战，自然语言的理解仍然是短期内难以攻克的难题。

本书以词云图的生成为例，介绍机器是如何浅层次理解自然语言的。

4.1.2 典型案例：词云图的生成

在一些大型演讲会场经常可以看到PPT上出现词云图，用来表示一些文件或讲话的重点。词云图是一种可视化技术，它可以将一段文本中出现频率较高的词汇以视觉化的方式呈现出来，如图4-4所示。词云图中出现频率较高的词汇通常会以较大的字号来显示，而出现频率较低的词汇则会以较小的字号来显示。这种可视化方式可以帮助人们更直观地了解一段文本的主题、关键词等信息。在词云图的生成过程中，主要有分词、词汇频率统计、词汇字体颜色、词云图生成等关键步骤。其中，分词是自然语言处理中的关键技术之一。

图4-4 词云图示例

下面以党的二十大报告（含标题）解读为例来阐述词云图的生成流程。

- 分词：将一段文本按照一定的规则划分成一个个单独的词汇的过程。在生成词云图之前，需要对文本进行分词处理。在Python中，可以使用jieba库来进行中文分词处理。分词处理过程将在4.2节进行详细描述。
- 词汇频率统计：统计每个词汇在文本中出现的频率，将频率较高的词汇筛选出来。本例中的词汇频率统计结果如表4-1所示。

表4-1 本例中的词汇频率统计结果

关键词	词汇频率	关键词	词汇频率
发展	218	中国	124
坚持	170	社会主义	116
建设	151	国家	110
人民	134	…	…

- 词汇字体颜色：根据词汇出现的频率和重要性，对词汇的字体、颜色、布局等进行调整，以满足不同的需求。
- 词云图生成：将筛选出来的词汇按照一定的布局方式排列在画布上，生成词云图。也可以从外部导入图片，作为布局图片模板。

4.1.3 自然语言中的歧义难题

无论是实现自然语言理解，还是自然语言生成，都远不是人们原来想象的那么简单的。从现有的理论和技术来看，通用的、高质量的自然语言处理系统仍然是较长期的努力目标。而造成困难的根本原因是自然语言文本和对话的各个层次上广泛存在的各种各样的歧义性或多义性（Ambiguity）。

自然语言中有很多含糊的语词，如“如果张军来到了无锡，就请他吃饭”“咬死了猎人的狗”“她是去年生的孩子”，即便是人类在理解时都容易产生歧义，计算机理解起来就更困难了。下面列举几种常见的歧义及模糊。

1. 词法分析歧义

例如，严守一把手机关了。对于这句话，会有以下两种不同的理解。

（1）严守 / 一把手 / 机关 / 了。

（2）严守一 / 把 / 手机 / 关 / 了。

这里的“手”字就可能有多种搭配方式。这时就需要使用分词（Word Segmentation）技术将连续的自然语言文本切分成具有语义合理性和完整性的词汇序列。

2. 句法分析歧义

例如，咬死了猎人的狗。对于这句话，会有以下两种不同的理解。

（1）咬死了/猎人的狗。

（2）咬死了猎人/的狗。

这显然是由句法结构的层次划分的不同造成的歧义，两种理解具有不同的句法结构，因此，这是一个标准的句法问题，只有结合上下文才能进行进一步划分。但是，类似“咬死了猎人的鸡”和“咬死了猎人的老虎”等句子，在理解时就很少会有歧义了。

3. 语义分析歧义

例如，开刀的是他父亲。对于这句话，会有以下两种不同的理解。

（1）（接受）开刀的是他父亲。

（2）（主持）开刀的是他父亲。

上述两种理解显然有很大的差异，这是由语义不明确造成的歧义，通常需要在上下文中提供更多的相关知识，只有这样才能消除歧义。

4. 指代不明歧义

例如，今天晚上 10 点有**国足**的比赛，**他们**的对手是**泰国队**。在过去几年与泰国队的较量中，他们处于领先位置。

指代消解要做的就是分辨文本中的“他们”指的到底是“国足”还是“泰国队”。在本例中，“他们”比较明确，指的是国足，将“他们”用“国足”代入即可。

但也可能会碰到下面的情况：**小王**回到宿舍，发现**老朱**和**他**的朋友在聊天。这句话中的“他”很难辨别，这就是由指代不明引起的歧义。

5. 新词识别

实体词“捉妖记”和新词“吃鸡”等都是分词中的典型代表。

命名实体（人名、地名等）、新词、专业术语等称为未登录词，指的是在分词词典中没有被收录，但又确实能被称为词的那些词。最典型的未登录词是人名。例如，在句子“王军虎去广州了”中，“王军虎”是一个词，因为它是一个人的名字，但要是让计算机来识别就困难了。如果把“王军虎”作为一个词收录到分词词典中，全世界有太多的人名，而且一直在增加新的人名，那么收录这些人名本身就是一项既不划算又巨大的工程。即使这项工作可以完成，也会存在问题。例如，在句子“王军虎头虎脑的”中，“王军虎”能否算作一个词。除人名以外，还有组织机构名、地名、产品名、商标名、简称、省略语等，都是很难处理的问题，而且这些又正好是人们经常使用的词。因此，对搜索引擎来说，分词系统中的新词识别十分重要。新词识别准确率已经成为评价一个分词系统好坏的重要标志之一。

6. 有瑕疵的或不规范的输入

生活中经常会碰到有瑕疵的输入，如语音转文字时遇到外国口音或地方口音导致识别时有错误，或者在处理文本时碰到拼写、语法或 OCR 错误等。

另外，客服系统经常需要处理一些不规范的输入，如错别字、口语化、语法错误等，这就要求客服系统具有一定的容错和纠错能力。

错别字：客服系统中的用户经常会有一些有瑕疵的输入，如“打车卷怎么用啊？”“伺机居然绕路，我要投诉”，这就需要客服系统中的算法具备纠错能力。

口语化：用户投诉时，通常会带有情绪，表达时也会带着口语，如“说了我赶时间，还让我晒了半天太阳”。这时就需要客服系统中的算法具备理解口语化表达的能力。

语法错误：对于“顺风车半路就让我下车了！”这句话，在标准语法中，其主语是顺风车，而客户的真实意图是投诉顺风车司机，而不是投诉顺风车。

7. 语言行为与计划的差异

例如，你能把盐递过来吗？

回复 1：能！

回复 2：太远了，我拿不到。

回复 3：（动作）把盐递过去。

在本例中，这个句子并不只是字面上表达出的提问的意思。在 3 种不同的回复中，回复 3 显然是一个好的回应；对于回复 2，即使是拒绝完成该项请求任务，也在我们通常能理解的合理回应范围内；而回复 1 只是对对方的提问进行了回答，从问答的角度看并没有错，但显然没有读懂对方是在请求自己完成任务，因而做出了糟糕的回应。

再如，假设去年学校里并没有开设“人工智能”课程，那么这门课程显然是不会有人挂科的。如果这时有人提问：对于“‘人工智能’课程，去年有多少人挂科？”

回复 1：没人挂科！

回复 2：去年没有开设这门课程。

显然，回复 2 要优于回复 1。

4.2 自然语言处理的基本任务

4.2 自然语言处理的基本任务

自然语言处理的基本任务包括分词、词性标注、命名实体识别、依存句法分析、情感分析、机器翻译、文本分类等。

4.2.1 分词

中文文本的分词比较复杂，因为中文没有像英文一样的明显的单词分隔符，需要通过词性标注、语义分析等方法来确定词汇的边界。

分词是自然语言处理中的一个重要环节，是对文本进行语言学处理的基础。在文本挖掘、信息检索、机器翻译、情感分析等应用领域中，分词都扮演着重要的角色。

下面以“我爱北京天安门，天安门上太阳升。”这句话为例，探讨分词的概念与实现。代码中调用了在中文自然语言处理中常用的 jieba 库，使用前需要执行 pip install jieba 命令来导入此库。

相关代码：

```
import jieba                              # 导入jieba库
text = "我爱北京天安门，天安门上太阳升。"   # 待分词的文本
words = jieba.lcut(text)                  # 将文本分词
print(words)
```

输出的分词结果为：

```
['我', '爱', '北京', '天安门', '，', '天安门', '上', '太阳', '升', '。']
```

可以看到，jieba.lcut()方法将文本按照默认规则进行了分词，将文本中的每个单词或短语拆分成一个个词汇。当然，一些逗号、句号等也被拆分成单独的词汇。

在生成词云图时，还需要对分词结果进行一些处理，如去除停用词、过滤不合法词等。这可以使用 Python 的列表推导式等方法实现。

相关代码：

```
import jieba
text = "我爱北京天安门，天安门上太阳升。"          # 待分词的文本
words = jieba.lcut(text)                         # 将文本分词
stopwords = ['，', '。']                         # 设置停用词
words = [word for word in words if word not in stopwords]  # 去除停用词
print(words)
```

输出的分词结果为：

```
['我', '爱', '北京', '天安门', '天安门', '上', '太阳', '升']
```

可以看到，通过去除停用词可以得到更加干净的分词结果，方便后续处理，如生成词云图等。

4.2.2 词性标注

词性标注是自然语言处理中的一项基本任务，目的是对文本中的每个词汇进行词性标注，如名词、动词、形容词等。在Python中，可以使用多种工具来进行中文词性标注，如NLTK、StanfordNLP、jieba库等。

以下是一个使用jieba库进行中文词性标注的示例：

```
import jieba.posseg as pseg                      #  pseg 为 jieba.posseg 模块的别名
text = "我爱北京天安门，天安门上太阳升。"          # 待标注词性的文本
words = pseg.cut(text)                           # 对文本进行分词和词性标注
for word, flag in words:                         # 输出词性标注的结果
    print('{} {}'.format(word, flag))
```

输出结果为：

```
我 r
爱 v
北京 ns
天安门 ns
， x
天安门 ns
上 f
太阳 n
升 v
。 x
```

通过调用jieba.posseg.cut()（pseg.cut()）方法可以得到分词和词性标注的结果。每个词汇后面跟着一个标记，表示其对应的词性。在这个示例中，“我”是代词，“爱”是动词，“北京”和“天安门”是地名，“太阳”是名词，“升”是动词，“，”和“。”是标点符号。

4.2.3 命名实体识别

命名实体识别（Named Entity Recognition，NER）也是自然语言处理中的一项基本任务，旨在从文本中识别出具有特定意义的实体，如人名、组织机构名、地名、地理位置、时间、日期、字符值和金额值等。命名实体识别在许多自然语言处理任务中都有广泛的应用，如信息抽取、问答系统、机器翻译等。

以下是命名实体识别的例子（同时识别出时间、地名的命名实体）：

```
import jieba.posseg as pseg              # 导入相关模块
text = "2020年，我去北京看天安门"        # 定义文本
words = pseg.cut(text)                    # 对文本进行分词和词性标注
for word, flag in words:                  # 输出每个词汇及其对应的词性和命名实体类型
    if flag == 'ns':
        print(word, 'LOC')
    elif flag == 'm' and len(word) == 4:
        print(word, 'TIME')
    else:
        print(word, 'O')
```

执行以上代码，输出结果如下：

```
2020 TIME
年 O
， O
我 O
去 O
北京 LOC
看 O
天安门 LOC
```

在本例中，jieba 库将“北京”和“天安门”识别为地名（LOC）类型的命名实体，将“2020 年”识别为时间（TIME）类型的命名实体。

在命名实体识别中，最困难的是识别出未登录词。由于实体名称的多样性和时效性，很多实体名称并未被收录在词典中，因此需要对未登录词进行新词发现和识别，以提高命名实体识别的准确率和效率。未登录词分为以下几种类型。

- 新出现的词汇，如一些网络热词。
- 专有名词，主要是人名、地名、组织机构名等。
- 专业名词和研究领域词语，如“奥密克戎”“禽流感”等。
- 其他专有名词，如新出现的电影名、产品名、图书名等。

未登录词的增长速度往往比分词词典的更新速度快很多，因此很难利用更新分词词典

的方式来解决未登录词的识别问题。当然，更大、更全的分词词典会提高分词精度，因而有必要构建一个尽量大而全的分词词典。

4.2.4 依存句法分析

依存句法分析旨在识别出句子中每个词汇之间的依存关系。在依存句法分析中，每个词汇都被视为一个节点，词汇之间的依存关系由有向边表示。依存句法分析的结果是一个Arc对象列表，每个Arc对象表示一种依存关系，具体形式为(词语,依存关系,父节点)。

以“我爱扫地机器人”这句话为例，依存句法分析的结果为：

```
我 nsubj 爱
爱 ROOT 爱
扫地 dobj 机器人
机器人 advmod 扫地
```

从上面的结果中可以看出，句子中的主语是“我”，它与谓语“爱”之间的关系是“nsubj”（主语）；谓语“爱”是整个句子的“ROOT”（根）；句子的宾语是“扫地机器人”，它与谓语“爱”之间的关系是“dobj”（直接宾语）。另外，“机器人”与“扫地”的关系是“advmod”（副词修饰），表示“机器人”是“扫地”的修饰语。

图 4-5 依存句法分析的输出结果

若用树状结构来表示整个句子的句法结构，则本例的依存句法分析的输出结果如图4-5所示。

句法分析是自然语言处理的核心，对信息抽取、机器翻译等应用有重要的支撑作用。例如，句法驱动的基于统计的机器翻译方法需要对源语言或（和）目标语言进行句法分析。依存句法以其形式简洁、易于标注、便于应用等优点正逐渐受到人们的重视。

4.3 自然语言处理的应用

4.3 自然语言处理的常见应用

自然语言处理在机器翻译、垃圾邮件分类、信息抽取、文本情感分析、智能问答、个性化推荐、知识图谱、文本分类、自动摘要、话题推荐、主题词识别、知识库构建、深度文本表示、命名实体识别、文本生成、语音识别与合成等方面都有很好的应用。

4.3.1 机器翻译

以往人们想要出国旅游时基本上会选择跟团游，否则出去后可能会手足无措。现在越来越多的人选择自由行，除他们本身可能具备较高的外语水平外，机器翻译功不可没。

机器翻译（Machine Translation）又称自动翻译，是指运用机器通过特定的计算机程序将一种文本或声音形式的自然语言翻译成另一种文本或声音形式的自然语言。随着通信技术与互联网技术的飞速发展、信息的急剧增加，以及国际联系更加紧密，不同语言之间的翻译需求量迅速增加。机器翻译因其效率高、成本低而能满足全球各国多语言信息快速翻译的需求。目前，谷歌翻译、百度翻译、搜狗翻译等人工智能行业巨头推出的翻译平台逐渐凭借其翻译过程的高效性和准确性占据了翻译行业的主导地位。

当前，文本翻译最为主流的工作方式依然以传统的统计机器翻译和神经网络翻译为主。谷歌、微软与国内的百度、有道等都为用户提供了免费的在线多语言翻译系统。速度快、成本低是文本翻译的主要特点，而且其应用广泛，不同行业都可以采用相应的专业翻译。但是，这一翻译过程是机械的和僵硬的，在翻译过程中会出现很多语义和语境上的问题，目前仍然需要人工翻译来进行补充。

语音翻译是目前机器翻译中比较富有创新意识的领域。目前，百度、科大讯飞、搜狗推出的机器同传技术都在会议场景中出现过，其将演讲者的语音实时转换为文本，并且进行同步翻译，低延迟显示翻译结果。人们期望能够用机器同传取代人工同传，以较低的成本实现不同语言的有效交流。

4.3.2　垃圾邮件分类

垃圾邮件过滤器是抵御垃圾邮件的第一道防线，其工作原理是“关键词过滤”，即如果邮件中存在常见的垃圾邮件关键词，就判定其为垃圾邮件。但这种方法的效果很不理想，首先，正常邮件中也可能有这些关键词，非常容易误判；其次，垃圾邮件也会进化，垃圾邮件通过将关键词进行变形来规避关键词过滤。因而人们在使用电子邮件时还是会经常收到垃圾邮件，或者重要的电子邮件被过滤掉。

通过自然语言处理方法，学习大量的垃圾邮件和非垃圾邮件，收集邮件中的特征词，生成垃圾词库和非垃圾词库，根据这些词库的统计频数计算邮件属于垃圾邮件的概率，由此能够相对准确地判断邮件是否为垃圾邮件。

4.3.3　信息抽取

信息抽取是指把文本中包含的信息进行结构化处理，使之变成表格一样的组织形式。输入信息抽取系统的是各种各样的文档中的原始文本，信息抽取系统输出的是固定格式的信息点。信息抽取系统可以从指定文本范围中提取出时间、地点、人物、事件等重要信息，帮助人们节省大量的时间成本，提高效率。文摘生成利用计算机自动从原始文献中摘取文字，能够完整、准确地反映出文献的中心内容。

信息抽取包含 3 个最主要的子任务，依次为实体抽取、关系抽取、事件抽取。

实体抽取又称命名实体识别，其目的前面已介绍过，这里不再赘述。

关系抽取用于识别实体之间具有的某种语义关系，如夫妻、子女、工作单位和地理空间上的位置关系等二元关系。

事件抽取是指从自然语言文本中抽取用户感兴趣的事件信息，并以结构化的形式呈现出来，包括事件发生的时间、地点、原因，以及事件的参与者等。事件抽取涉及多种关系，如同指、因果、时序、上下位等。

例如，针对“10 月 27 日，AMD 宣布斥资 350 亿美元收购 FPGA 芯片巨头赛灵思，这两家传了多年‘绯闻’的芯片公司终于‘走到了一起’。”这段新闻报道，经过实体抽取、关系抽取及时间表达式抽取与时间表达式归一化，最后执行事件抽取操作，得到信息抽取结果，如表 4-2 所示。

表 4-2　信息抽取结果

信息抽取子任务	抽取结果
实体抽取	公司名：AMD
	公司名：赛灵思
关系抽取	赛灵思 $\xRightarrow{\text{从属}}$ AMD
时间表达式抽取	10 月 27 日
时间表达式归一化	2020 年 10 月 27 日
事件抽取	事件：收购
	时间：2020 年 10 月 27 日
	收购者：AMD
	被收购者：赛灵思
	收购金额：350 亿美元

4.3.4　文本情感分析

文本情感分析又称意见挖掘、倾向性分析，是对带有情感色彩的主观性文本进行分析、处理、归纳和推理的过程。互联网［如博客和论坛，以及社会服务网络（如大众点评网）］上产生了大量用户参与的对于诸如人物/事件/产品等有价值的评论信息。这些评论信息表达了人们的各种情感色彩和情感倾向性，如喜、怒、哀、乐和批评、赞扬等。网络管理员可以通过浏览这些带有主观色彩的评论来了解大众舆论对某一事件的看法；企业可以分析消费者对产品的反馈信息，或者检测在线评论中的差评信息，以便做出反馈或改进。

4.3.5　智能问答——聊天机器人

随着互联网的快速发展，网络信息量不断增加，而人们需要获取更加精确的信息。传统的搜索引擎技术已经不能满足人们越来越高的需求，智能问答技术成为解决这一问题的有效手段。智能问答系统以一问一答的形式精确地定位用户所需的知识，通过与用户进行交互，为用户提供个性化的信息服务。

智能问答系统在回答用户问题时，首先要正确理解用户提出的问题，抽取其中的关键信息；然后在已有的语料库或知识库中进行检索、匹配，将获取的答案反馈给用户。这一过程涉及包括词法、句法、语义分析的基础技术，以及信息检索、知识工程、文本生成等多项技术。

如果对话时的每轮之间都是相互独立的，即上下文之间没有关联关系，则称之为单轮对话，目前大多数机器人采用的都是单轮对话的模式。与单轮对话相对的概念是多轮对话。例如，用户首先问了“上海明天下雨吗”，然后问了“这周六呢”这个信息量极少的问题。智能问答系统能通过上下文理解将“这周六呢”这个难以理解的问题改写成“上海这周六下雨吗”这个表达清晰的高质量问题，如图 4-6 所示。

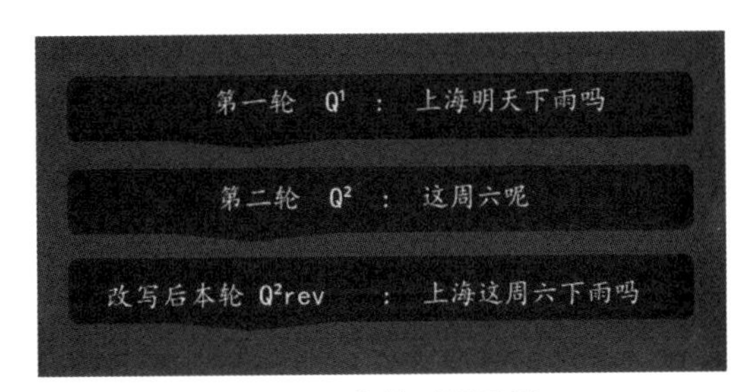

图 4-6　多轮对话示例

根据目标数据源的不同，智能问答技术大致可以分为检索式问答、社区问答和知识库问答 3 种。检索式问答和社区问答的核心是浅层语义分析与关键词匹配，而知识库问答则正在逐步实现知识的深层逻辑推理。

4.3.6　个性化推荐

个性化推荐是一种根据用户的历史行为、偏好和兴趣特点，利用推荐算法和模型向用户推荐其可能感兴趣的信息、商品的技术与方法。现在个性化推荐的应用领域非常广泛，如今日头条的新闻推荐、购物平台的商品推荐、直播平台的主播推荐、知乎上的话题推荐等。

在电子商务方面，个性化推荐系统首先依据大数据和历史行为记录学习到用户的兴趣爱好，预测出用户对给定物品的评分或偏好，实现对用户意图的精准理解，同时对语言进行匹配计算，实现精准匹配；然后利用电子商务网站向用户提供商品信息和建议，帮助用户决定应该购买什么产品，模拟销售人员，帮助用户完成购买。

在新闻服务领域，个性化推荐系统通过用户阅读的内容、时长、评论等偏好，以及社交网络，甚至用户所使用的移动设备型号等，综合分析用户所关注的信息源及核心词汇，进行专业的细化分析，从而进行新闻推送，提供新闻的个人定制服务，最终提升用户黏性。

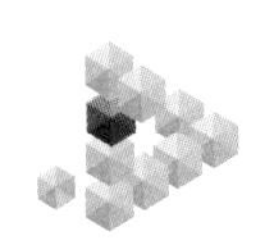

4.4 知识图谱及其应用

4.4 知识图谱及其应用

4.4.1 知识图谱的概念

知识图谱（Knowledge Graph）在图书情报界被称为知识领域可视化或知识领域映射地图，是显示知识发展进程与结构关系的一系列不同的图形，它用可视化技术描述知识资源及其载体，挖掘、分析、构建、绘制和显示知识及它们之间的相互联系，如图 4-7 所示。

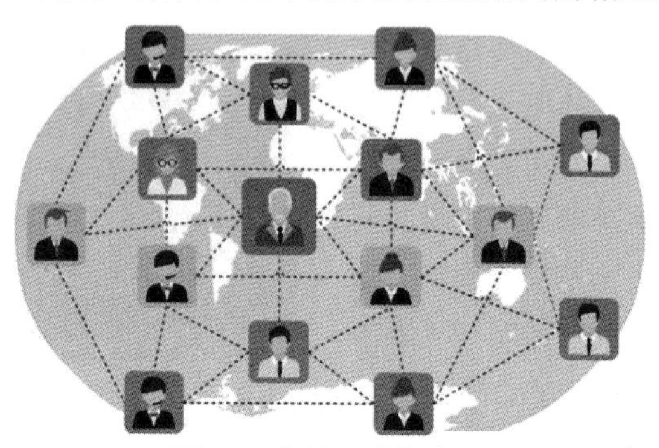

图 4-7　知识图谱概念图

具体来说，知识图谱是通过将应用数学、图形学、信息可视化技术、信息科学等学科的理论和方法与计量学引文分析、共现分析等方法结合，并利用可视化的图谱形象地展示学科的核心结构、发展历史、前沿领域，以及整体知识架构，达到多学科融合目的的现代理论。它把复杂的知识领域通过数据挖掘、信息处理、知识计量和图形绘制显示出来，揭示知识领域的动态发展规律，为学科研究提供切实的、有价值的参考。迄今为止，其实际应用在发达国家已经逐步拓展并取得了较好的效果，但在我国仍属研究的起步阶段。

百度、谷歌等搜索引擎公司利用知识图谱从以下 3 方面来改善搜索效果。

1. 找到最想要的信息

用户的语言很可能是模棱两可的，即一个搜索请求可能代表多重含义，知识图谱会理解其中的差别，并将信息全面地展现出来，让用户找到自己最想要的那种含义。

2. 提供最全面的摘要

有了知识图谱，搜索引擎就可以更好地理解用户搜索的信息，并总结出与搜索话题相关的内容。例如，当用户搜索“玛丽·居里”时，不仅可看到居里夫人的生平信息，还能获得关于其教育背景和科学发现方面的详细介绍。此外，知识图谱也会帮助用户了解事物之间的关系。

3．让搜索更有深度和广度

由于知识图谱构建了一个与搜索结果相关的完整的知识体系，因此用户往往会有意想不到的发现。在搜索过程中，用户可能会了解到某个新的事实或某种新的联系，促使其进行一系列的全新搜索查询。

4.4.2 知识图谱的应用

知识图谱的应用场景很多，除问答、搜索和个性化推荐外，它还在不同行业、不同领域有广泛应用，以下列举几个目前比较常见的应用场景。

1．信用卡申请反欺诈图谱

信用卡申请欺诈包括个人欺诈、团伙欺诈、中介包装、伪冒资料等，是指申请者使用本人身份或他人身份，或者编造、伪造虚假身份进行申请信用卡、申请贷款、透支欺诈等欺诈行为。欺诈者一般会使用合法联系人的一部分信息，如电话号码、联系地址等，并通过它们的不同组合创建多个合成身份。例如，欺诈者利用 10 个真实的身份信息（电话号码和联系地址），可以组合生成 100 个假身份，用于申请信用卡并骗取贷款，银行可能受到的损失呈指数级增长。幸运的是，组合生成的假身份中使用了一些重复的信息，信用卡申请反欺诈图谱可以识别出其中的关联，避免遭受欺诈。

2．企业知识图谱

利用知识图谱融合企业的基础数据、投资关系、任职关系、专利数据、招/投标数据、招聘数据、诉讼数据、失信数据、新闻数据等可以构建企业知识图谱。针对金融业务场景，有一系列的图谱应用，举例如下。

企业风险评估：基于企业的基础数据、投资关系、诉讼数据、失信数据等多维度关联数据，利用图计算等方法构建科学、严谨的企业风险评估体系，有效规避潜在的经营风险与资金风险。

企业最终控制人查询：基于股权投资关系寻找持股比例最大的股东，最终追溯至某自然人或国有资产管理部门。

上市企业智能问答：用户可以输入自然语言问题，系统会直接给出用户想要的答案。

3．交易知识图谱

基于企业知识图谱，增加交易客户数据、客户之间的关系数据及交易行为数据等，利用图挖掘技术，包括很多业务相关的规则来分析实体与实体之间的关联关系，最终形成金融领域的交易知识图谱。在银行交易反欺诈方面，可以从身份证、手机号、设备指纹、IP 地址等多维度对持卡人的历史交易信息进行自动化关联分析，找出可疑人员和可疑交易。

4. 反洗钱知识图谱

对于反洗钱或电信诈骗场景，知识图谱可精准追踪卡与卡之间的交易路径，从源头账户/卡号/商户等关联至最后收款方，识别洗钱/套现路径和可疑人员，并通过可疑人员的交易轨迹，层层关联分析得到更多可疑人员、账户、商户或卡号等实体。

5. 信贷/消费贷知识图谱

对于互联网信贷、消费贷、小额现金贷等场景，知识图谱可从身份证、手机号、紧急联系人手机号、设备指纹、家庭地址、办公地址、IP 地址等多维度对申请者的申请信息进行自动化关联分析，结合规则识别图中异常信息，有效判别申请者信息的真实性和可靠性。

6. 内控知识图谱

在内控场景的经典案例里，中介人员通过制造或利用对方信息的不对称将企业存款从银行偷偷转移，在企业负责人不知情的情况下，中介人员已把企业存于银行的全部存款转移。通过建立企业内控知识图谱，可使信息实时互通，发现一些隐藏信息，寻找欺诈漏洞，找出资金流向。

☆任务 4.1　用户评价情感分析

1. 任务描述

小芳是公司的产品设计师，她非常关心用户对产品的体验，因此常常在网上翻论坛看帖子。她希望有一款工具能自动分析论坛上对产品的评价是正面的还是负面的。当然，她也知道，论坛上的产品评价目前还需要别人通过爬虫来抓取。因此，目前的需求是能对一段产品评价做出情感分析。例如，“客服还不错，东西用起来很方便，就是物流非常慢”，此评价先肯定优点，后面转折指出问题，这是负面评价吗？

☆任务 4.1 产品评价情感分析

本任务将利用百度人工智能开放创新平台进行文字情感分析。

学生可以通过扫描右侧二维码来观看本任务具体操作过程的讲解视频。

2. 相关知识（任务要求）

- 网络通信正常。

- 环境准备：已安装 Spyder 等 Python 编程环境。
- SDK 准备：已按照任务 1.1 的要求安装了百度人工智能开放创新平台的 SDK。
- 账号准备：已按照任务 1.1 的要求注册了百度人工智能开放创新平台的账号。

3. 任务设计

- 创建应用以获取 AppID、API Key、Secret Key。
- 准备一段文字。
- 在 Spyder 中新建情感分析项目 BaiduSentiment。
- 代码编写及编译运行。

4. 任务过程

1）创建应用以获取 AppID、API Key、Secret Key

（1）本任务是情感分析，因此单击按钮，进入【创建应用】界面，如图 4-8 所示。

图 4-8　【创建应用】界面

（2）单击【创建应用】按钮，进入【创建新应用】界面。

应用名称：情感倾向分析（见图 4-9）。

应用描述：我的情感倾向分析。

其他选项采用默认值。

图 4-9　创建新应用

（3）单击【立即创建】按钮，进入下一个界面，单击【查看应用详情】按钮，可以看到 AppID 等 3 项重要信息，如表 4-3 所示。

表 4-3　应用详情

应用名称	AppID	API Key	Secret Key
情感倾向分析	17339971	gtNLAL5FyOB44ftZB6ml6ZGw	*******显示

（4）记录 AppID、API Key 和 Secret Key 的值。

2）准备素材

在进行情感分析时，学生可以准备文本文件，也可以直接准备一段文字。

3）在 Spyder 中新建情感分析项目 BaiduSentiment

在 Spyder 开发环境中选择【File】→【New File】选项，新建项目文件，默认文件名为

untitled0.py；继续选择【File】→【Save as】选项，将文件另存为 E4_BaiduSentiment.py，文件路径可采用默认值。

4）代码编写及编译运行

在代码编辑器中输入如下参考代码：

```
# Excecise/E4_BaiduSentiment.py
# 1. 从aip中导入相应的自然语言处理模块 AipNlp
from aip import AipNlp

# 2.复制粘贴自己的 AppID、API Key（AK）、Secret Key（SK）3个常量，并以此初始化对象
AppID = '你的AppID'
AK = '你的AK'
SK = '你的SK'
client = AipNlp(AppID, AK, SK )

# 3.字义数据
text = "客服还不错，东西用起来很方便，就是物流有点慢"

# 4.直接调用情感倾向分析接口，并输出结果
result =client.sentimentClassify(text);     # sentimentClassify()方法用于进行情感分类

# 5.输出处理结果
print(result)
```

5. 任务测试

在工具栏中单击▶按钮，在【IPython console】窗口中可以看到运行结果，如图 4-10 所示。

```
In [1]: runfile('D:/Anaconda3/BaiduNLP.py', wdir='D:/Anaconda3')
{'log_id': 3171295799980993325, 'text': '客服还不错，东西用起来很方便，就是物流有点慢',
'items': [{'positive_prob': 0.902355, 'confidence': 0.783012, 'negative_prob':
0.0976448, 'sentiment': 2}]}
```

图 4-10　运行结果 1

其中，positive_prob=0.902355，正面情感的概率达到 90%以上，表明用户的情感倾向是积极的。

6. 拓展创新

本任务利用百度人工智能开放创新平台实现了情感分析功能。除了 sentimentClassify()方法，学生还可以尝试调用自然语言处理中的其他方法，了解自然语言处理的更多开放功能。

❓如果将“就是物流有点慢”改成“就是物流非常慢”，那么会得到什么结果呢？事实上，这里可以得到如图 4-11 所示的运行结果。

```
In [3]: runfile('D:/Anaconda3/BaiduNLP.py', wdir='D:/Anaconda3')
{'log_id': 371970706797134973, 'text': '客服还不错，东西用起来很方便，就是物流非常慢',
'items': [{'positive_prob': 0.84856, 'confidence': 0.663467, 'negative_prob':
0.15144, 'sentiment': 2}]}
```

图 4-11　运行结果 2

其中，positive_prob=0.84856，表明这时用户的情感倾向仍然是积极的，但是相对于上一段评价，其积极程度有所减弱。

❓如果有一篇文章需要生成摘要，你能不能做到？提示：使用 newsSummary()方法。

✪任务 4.2　用户意图理解

1. 任务描述

智能问答系统需要理解用户意图，并从知识库中搜索出最适合的答案回复给用户。其中最困难的就是对用户意图进行理解，因为如果连用户意图都不能理解，就更谈不上正确回答了。本任务将利用百度智能对话（Understanding and Interaction Technology，UNIT）平台进行天气查询系统中的用户意图识别。

学生可以通过扫描右侧二维码来观看本任务具体操作过程的讲解视频。

✪任务 4.2 用户意图理解

2. 相关知识（任务要求）

- 网络通信正常。
- 环境准备：已安装 Spyder 等 Python 编程环境。
- SDK 准备：已按照任务 1.1 的要求安装了百度人工智能开放创新平台的 SDK。
- 账号准备：已按照任务 1.1 的要求注册了百度人工智能开放创新平台的账号。

3. 任务设计

创建一个简单的对话技能，如天气查询，需要以下 4 个步骤。

- 创建技能。
- 配置意图及词槽。
- 配置训练数据。
- 训练模型。

4. 任务过程

1）创建技能

首先单击【进入平台】按钮，进入 UNIT 平台，注册成为其开发者；然后在如图 4-12

所示的菜单项中选择【我的技能】→【新建技能】选项，创建自己的技能。

图 4-12　创建自己的技能

在如图 4-13 所示的【创建技能】对话框中选择【对话技能】选项，单击【下一步】按钮。在如图 4-14 的对话框中，填写技能名称为【问天气】、技能描述为【用户查询天气】，单击【创建技能】按钮，完成技能创建。

图 4-13　创建查询天气的技能

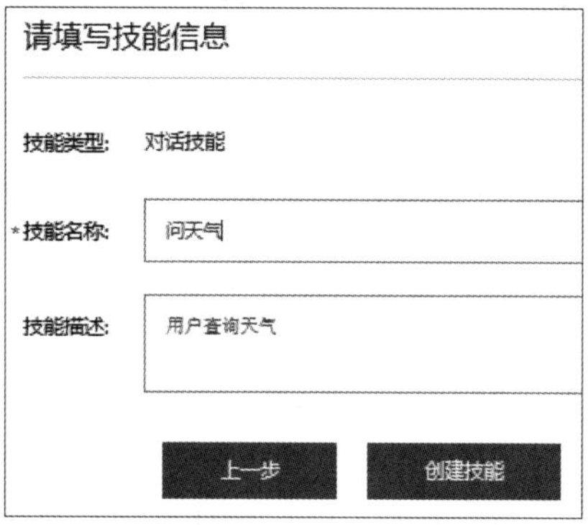

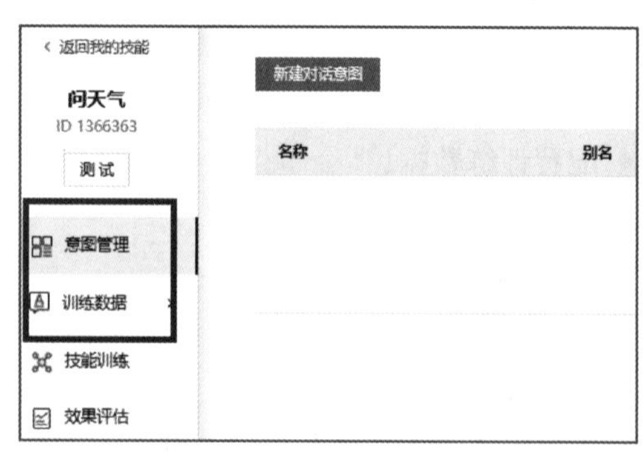

图 4-14　完善技能

2）配置意图及词槽

进入【我的技能】界面，可以看到新增的【问天气】自定义技能，如图 4-15 所示。

（1）在图 4-15 中单击【问天气】技能，进入意图管理界面，如图 4-16 所示。

图 4-15　【问天气】自定义技能

图 4-16　意图管理界面

（2）在图 4-16 中单击【新建对话意图】按钮，出现【新建对话意图】界面，如图 4-17 所示。

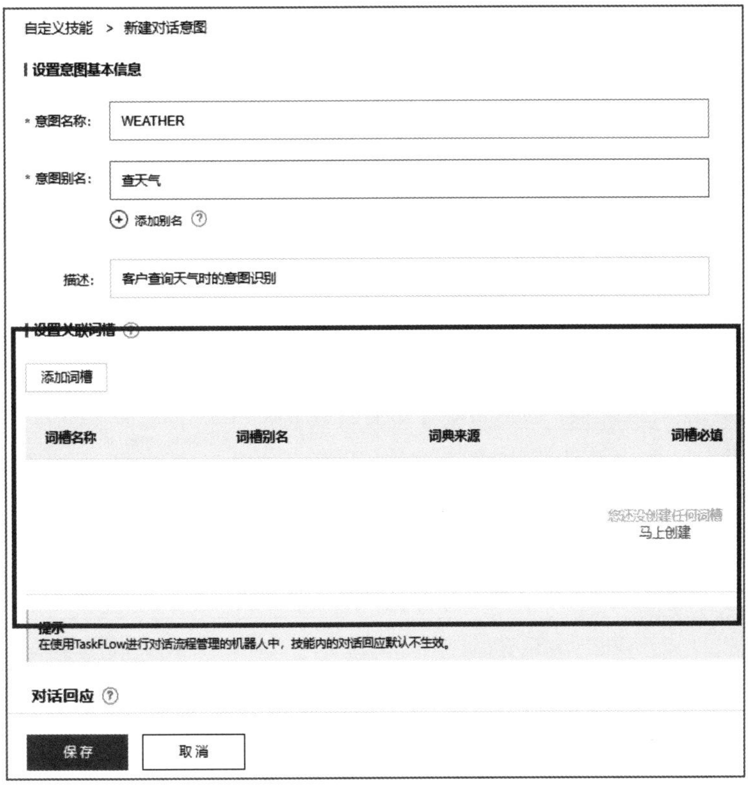

自定义技能 > 新建对话意图

设置意图基本信息

* 意图名称：WEATHER

* 意图别名：查天气

添加别名

描述：客户查询天气时的意图识别

设置关联词槽

添加词槽

词槽名称	词槽别名	词典来源	词槽必填

您还没创建任何词槽

马上创建

提示

在使用TaskFLow进行对话流程管理的机器人中，技能内的对话回应默认不生效。

对话回应

保存　取消

图 4-17　【新建对话意图】界面

设置意图名称为【WEATHER】、意图别名为【查天气】、描述为【客户查询天气时的意图识别】。

（3）添加词槽。注意：UNIT 平台为用户提供了强大的系统词槽，并在不断丰富中，词槽的词典值可以一键选用系统提供的词典，也可以添加自定义词典。

在图 4-17 中，单击【添加词槽】按钮，出现【新建词槽】对话框。设置词槽名称为【user_time】、【词槽别名】为【时间】，如图 4-18 所示。在图 4-18 中，单击【下一步】按钮，在出现的对话框中选择词典，如图 4-19 所示。在此处进行的具体设置如下。

① 将系统词典设置为【on】状态。

② 勾选【sys_time(时间)】复选框。

单击【下一步】按钮，在设置词槽与意图关联属性对话框中采用默认设置，即不做任何改动，直接单击【确定】按钮，完成时间槽的设置。

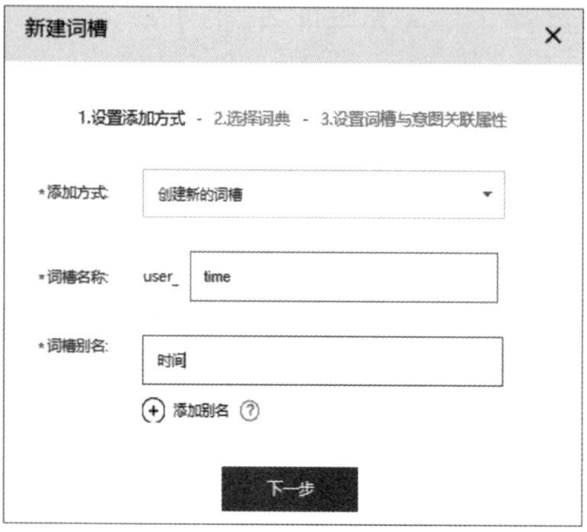

新建词槽

1.设置添加方式 - 2.选择词典 - 3.设置词槽与意图关联属性

*添加方式: 创建新的词槽

*词槽名称: user_ time

*词槽别名: 时间

添加别名

下一步

图 4-18 【新建词槽】对话框

图 4-19 选择词典

再次单击【添加词槽】按钮，出现【新建词槽】对话框，设置词槽名称为【user_loc】、词槽别名为【城市】。单击【下一步】按钮，在出现的对话框中设置系统词典为【on】状态，，勾选【sys_loc (地点)】复选框。继续单击【下一步】按钮，在设置词槽与意图关联属性对话框中采用默认设置，即不做任何改动，直接单击【确定】按钮，城市词槽添加成功。

（4）此时，意图管理界面中新增了 2 条新的词槽，如图 4-20 所示。添加答复【正在为您查询天气...】，同时单击【保存】按钮，技能定义完毕。

添加词槽

词槽名称	词槽别名	词典来源	词槽必填	澄清话术
user_time	时间	自定义词典 / 系统词典	非必填	请澄清一下：时间
user_loc	地点	自定义词典 / 系统词典	非必填	请澄清一下：地点

答复

文本内容 函数名

新增答复 当存在多个答复时，会随机选择一条进行回复。

正在为你查询天气......

保存 取消

图 4-20 新增的词槽

3）配置训练数据

在图 4-16 中选择【训练数据】→【对话模板】选项，在模板中完善意图、模板片段信息，并单击【确定】按钮，如图 4-21 所示。

图 4-21　对话模板设置

4）训练模型

在图 4-16 中选择【训练数据】→【训练并部署到研发环境】选项，出现【模型训练策略】界面，如图 4-22 所示。在此处填写训练描述内容，并选中相应的环境 ID 单选按钮，单击【确认训练并部署】按钮。训练完成后，模型开始运行，如图 4-23 所示。

图 4-22　【模型训练策略】界面

训练并部署到研发环境

版本	描述	训练时间	训练进度	研发环境	生产环境	操作
v1	查询天...	2023-06-08 16...	训练...	运行中 详情	未部署 部署	删除

图 4-23　模型开始运行

5. 任务结果

单击图4-16中的【测试】按钮，在出现的对话框中输入【上海明天的天气怎样】，出现如图4-24所示的结果。

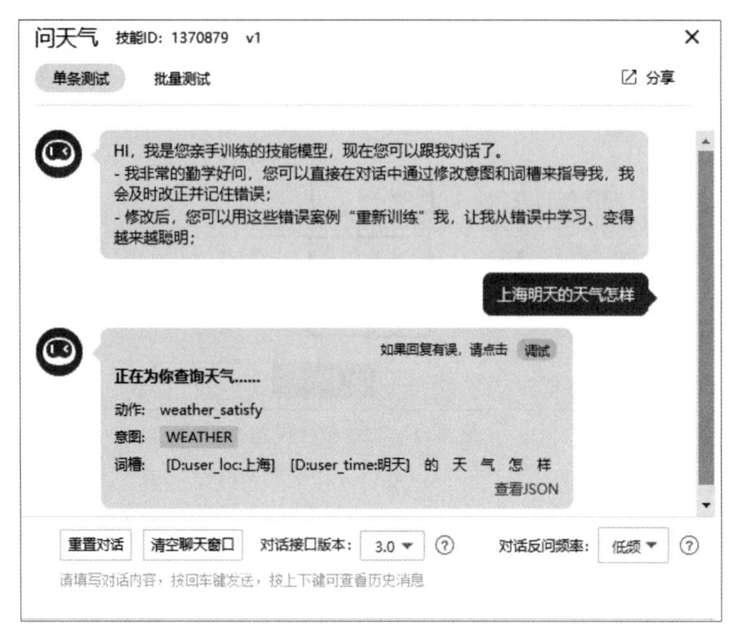

图4-24 任务结果

以下为系统返回的关键信息：

```
正在为你查询天气......
动作：weather_satisfy
意图：WEATHER
词槽：[D:user_loc:上海][D:user_time:明天]的天气怎样
```

对话机器人能识别出用户的意图是WEATHER，即要查询天气。机器人也识别出了两个具体的词槽及相应的取值。例如，词槽user_loc（城市）的取值为【上海】，词槽user_time（时间）的取值为【明天】。

6. 拓展创新

本任务通过UNIT平台设置了对话机器人的简单技能。当然，目前的机器人还仅限于能理解用户的意图，并没有继续按用户的意图进行回复。

另外，在如图4-24所示的结果中，学生也可以单击【查看JSON】链接，了解完整的信息。

❓机器人已经能够理解你的意图了，你能否结合问答技能，让机器人给出预期答复呢？

单元小结

本单元介绍了人工智能技术中自然语言处理的概念和应用。本单元完成了用户评价情感分析及用户意图理解两个任务。通过本单元的学习和实践，学生在了解自然语言处理的概念及典型应用的基础上，能掌握利用自然语言处理接口进行文本分析、写新闻摘要等技能，并能使用客户意图理解技能。

习题 4

一、选择题

1．对自然语言中的交叉歧义问题，通常通过（　　）技术来解决。

（A）分词　（B）命名实体识别

（C）词性标注　（D）词向量

2．识别自然语言文本中具有特定意义的实体（人名、地名、组织机构名、时间、作品等）的技术称为（　　）。

（A）分词　（B）命名实体识别

（C）词性标注　（D）词向量

3．智能对话系统需要识别用户输入的句子是否符合语言表达习惯，并引导输入错误的用户是否需要澄清自己的需求。这个过程主要会用到（　　）。

（A）分词　（B）命名实体识别

（C）词性标注　（D）语言模型

4．某电商网站收集了众多用户点评，需要快速整理并帮助用户了解产品具体评价，辅助消费决策，提升交互意愿。这里最适合使用百度的（　　）服务。

（A）分词　（B）短文本相似度

（C）评论观点抽取　（D）DNN 语言模型

5．自然语言处理的基本任务中，不包括（　　）。

（A）分词　（B）命名实体识别　（C）词性标注　（D）词向量

6．对语言文本语料进行建模，表达语言的概率统计的模型称为（　　）。

（A）语言模型　（B）声学模型　（C）语音模型　（D）声母模型

7．在百度自然语言处理服务的 Python SDK 中，提供服务的类名称是（　　）。

（A）NlpAip　（B）AipNlp　（C）NlpBaidu　（D）BaiduNlp

二、填空题

1．自然语言处理的基本任务包括分词、词性标注、命名实体识别、依存句法分析等。为了正确解释句法成分，防止结构歧义问题，需要用到的自然语言处理技术包括________、____________。

2．目前有基于规则的翻译方法、基于神经网络的翻译方法、基于统计的翻译方法、基于实例的翻译方法。对于一些热词、新词，以及俗语和习惯用语，最合适的翻译方法是基于____的翻译方法。

三、简答题

1．根据你的了解，写出至少3个你身边的自然语言处理方面的应用。

2．请写出3个知识图谱的应用。

四、实践题

请参照任务 4.1 的流程，实现“篇章摘要”应用。提示：篇章摘要所使用的方法为newsSummary(text,num)，其中，text 为篇章内容，num 为摘要长度。

单元 5

智能机器人与智能问答

缺少了威猛勇敢的机器男主角和温柔体贴的机器女主角，科幻大片的导演很可能会有一种山穷水尽的感觉。不断进化的智能机器人是艺术家创作与灵感的源泉，与此同时，大量机器人已经走进了人们的现实生活。

我国目前已成为全球最大的机器人消费市场，达到每万名员工拥有 300 多台工业机器人的密度，位居世界第 5。2023 年 1 月 18 日，工业和信息化部等十七部门联合印发了《“机器人+”应用行动实施方案》，进一步强化了我国在智能机器人领域的发展。智能机器人概念图如图 5-1 所示。

图 5-1　智能机器人概念图

- ◆ 单元知识目标：了解智能机器人的定义、分类，工业机器人、服务机器人的概念与应用，以及无人驾驶汽车的概念与分级。
- ◆ 单元能力目标：掌握基于预置问答技能进行百科问答的流程；能创建新的问答技能。

本单元结构导图如图 5-2 所示。

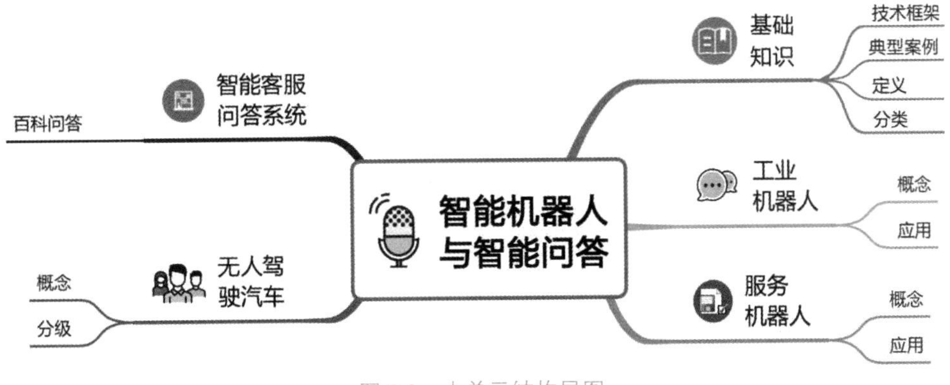

图 5-2　本单元结构导图

5.1 智能机器人基础知识

5.1 智能机器人基础知识

5.1.1 智能机器人技术框架

智能机器人是人工智能技术集成应用的载体，是模拟人类视觉、听觉、触觉等感知能力，判断、逻辑分析、理解等思考能力，以及行动能力的综合应用。通过将计算机视觉、语音处理、自然语言处理、自动规划等技术及各种传感器进行整合，使机器人拥有感知、判断、决策能力，能在各种不同的环境中处理不同的任务。

智能机器人凭借其发达的“大脑”，在指定环境内按照相关指令智能执行任务，在一定程度上取代了人力，提升了用户体验。扫地机器人、陪伴机器人、迎宾机器人等智能机器人在生活中随处可见，这些机器人能与人语音聊天、能自主定位导航行走、能进行安防监控等，从事着一些脏、累、繁、险、精的工作。

构成智能机器人的基础可分为硬件系统与软件系统，包括机器人操作系统（ROS）。智能机器人三大核心技术分别是定位与导航、人机交互、环境交互。智能机器人的核心技术与应用如图 5-3 所示。

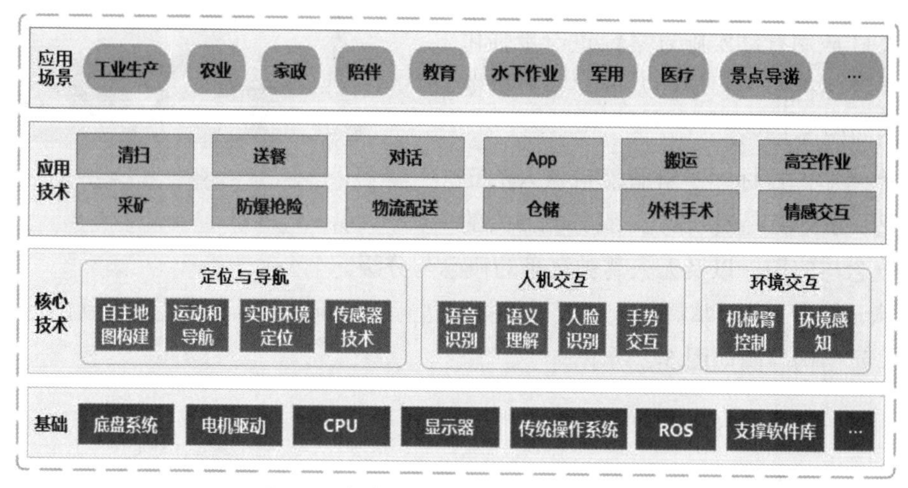

图 5-3　智能机器人的核心技术与应用

工厂里的 AGV（自动导引车）在忙碌地搬东西；家里的扫地机器人会定期清扫地面，甚至可以自己充电、加水；大厅里的迎宾机器人会识别你、记住你，并会回答你的各类问题。那么，机器人是依靠什么来工作的呢？下面以“祝融号”火星车为例来阐述机器人的关键技术。

5.1.2 典型案例："祝融号"火星车

"祝融号"火星车为天问一号任务火星车，其高度为1.85m，质量达到240kg左右；设计寿命为3个火星月，约相当于92个地球日。"祝融号"火星车概念图如图5-4所示。

图 5-4 "祝融号"火星车概念图

2020年7月23日，"祝融号"火星车在中国文昌航天发射场由长征五号遥四运载火箭发射升空。

2021年5月15日，"祝融号"火星车成功着陆于火星乌托邦平原南部预选着陆区，迈出了我国星际探测征程的重要一步，实现了从地月系到行星际的跨越，红色火星首次有了中国印迹。

2021年8月23日，"祝融号"火星车在火星上平安度过100天，这一天更是其行驶里程突破1000m的关键一天。

前面提到，智能机器人的核心技术包括导航与定位、人机交互、环境交互三大类，具体可以进一步划分为以下6种技术。

（1）多传感器信息融合："祝融号"火星车所用的传感器有很多种，根据不同用途主要分为内部测量传感器和外部测量传感器两大类。内部测量传感器用来检测火星车组成部件的内部状态，如位置、角度、速度、加速度、倾斜角和方位角等。外部测量传感器用来感知周围环境，包括视觉传感器、触觉传感器、力觉传感器和角度传感器等。这些传感器能够让火星车更加智能化，并能够灵活和精准地执行任务。

（2）导航与定位："祝融号"火星车自主定位与导航的基本任务有全局定位，即通过环境中景物的理解完成对机器人的定位，为路径规划提供素材；目标识别和障碍物检测，即实时对障碍物或特定目标进行检测和识别，提高控制系统的稳定性；安全保护，即对机器人工作环境中出现的障碍物和移动物体做分析，避免对机器人造成损伤。

（3）最优路径规划：最优路径规划是指依据某个或某些优化准则（如工作代价最小、行走路线最短、行走时间最短等），在机器人工作空间中找到一条从起始状态到目标状态的可以避开障碍物的最优路径。"祝融号"火星车需要寻找最优路径，以最低的能量损耗到达目的地。

（4）机器人视觉：机器人视觉系统是自主机器人的重要组成部分，一般由摄像机、图像采集卡和计算机组成。机器人视觉系统的任务包括图像的获取、处理和分析、输出和显示，核心技术是特征提取、图像分割和图像辨识。机器人视觉是其智能化最重要的标志之一。

（5）智能控制：在无需人工干预的情况下，自主驱动智能机器人，实现对目标的控制，通常控制机器人、多自由度操作臂在工作空间中的运动位置、姿态和轨迹、操作顺序及动作的时间等。

（6）人机接口技术：研究如何使人方便、自然地与计算机进行交流。为了实现这一目标，除了最基本的要求机器人控制器有一个友好的、灵活方便的人机界面，还要求计算机能够看懂文字、听懂语言、说话表达，甚至能够进行不同语言之间的翻译。

5.1.3 智能机器人的定义

机器人原指一些具有类似人的感知与执行功能的机械电子装置或自动化装置，具有感知功能、执行功能、可编程功能。国际标准化组织（ISO）对机器人的定义如下。

（1）机器人的动作机构具有类似人或其他生物体的某些器官（肢体、感受等）的功能。

（2）机器人具有通用性，工作种类多样，动作程序灵活易变。

（3）机器人具有不同程度的智能性，如记忆、感知、推理、决策、学习等。

（4）机器人具有独立性，完整的机器人系统在工作中可以不依赖人的干预。

随着人工智能技术的发展，机器人已逐步演变为智能机器人，是能够自主感知环境、自主进行逻辑判断、自主控制执行和自主学习的机器。感觉要素、反应要素和思考要素是智能机器人的三要素。

感觉要素是指智能机器人感知外界环境信息的能力，包括视觉、听觉、嗅觉、触觉等多种感知方式，用于获取空气中的声音，以及物体的位置、形状、颜色等。智能机器人利用摄像头、激光雷达，以及超声波传感器、温度传感器等各种传感器来模拟人类的眼、耳、鼻等感官。

反应要素是指智能机器人能够对外界做出反应性动作，完成操作者表达的命令。智能机器人通过各种机械手臂、吸盘、轮子、履带等做出反应性动作，完成各种操作任务。反应要素的实现需要智能机器人具备与外界交互的能力，能够接收外部环境信息并做出相应的反应。

图5-5 名为“小胖”的机器人

思考要素是指智能机器人根据感觉要素所得到的信息，对下一步采用什么样的动作进行思考。智能机器人需要具备判断、推理、学习、规划等方面的智力活动，以便能够在复杂的环境中做出正确的决策和行动。思考要素是智能机器人的核心要素，是实现智能化的关键，也是对人类大脑功能的模拟。

对于当前的智能机器人，其离拥有自主意识还很遥远，但机器人伤人的事件已经陆续发生。1971年1月，美国密歇根州一家汽车零部件工厂发生了世界上第一起机器人杀人事件，一名工人被一台重达1500磅（1磅≈0.455千克）的机器人臂夹死。2016年，在深圳高交会上，一台名为“小胖”的机器人（见图5-5）突然发生故障，在没有指令的前提下砸坏展台玻璃，甚至砸伤路人。

1920 年，捷克作家恰佩克（Capek）发表了名为《罗素姆的万能机器人》的剧本，第一次提出了单词 Robot，日文翻译成机器人，中文沿用了这种译法。

1940 年，科幻作家阿西莫夫发表了 *Robbie*（《罗比》）一文，开始研究机器人与人类的关系。随后，他于 1942 年 3 月在小说 *Runaround*（《转圈圈》）中正式提出了“机器人三原则”。

第一条：机器人不得伤害人类，或者看到人类受到伤害而袖手旁观。

第二条：机器人必须服从人类的命令，除非这个命令与第一条原则相矛盾。

第三条：机器人必须保护自己，除非这种保护与以上两条原则相矛盾。

5.1.4　智能机器人的分类

由于智能机器人在各行各业都有不同的应用，因此很难对其进行统一的分类。但可以从机器人的智能程度、形态、使用途径等不同的角度对智能机器人进行分类。

1. 按智能程度分类

智能机器人根据其智能程度的不同，可分为传感型、交互型、自主型 3 类。

传感型智能机器人又称外部受控机器人，其本体上没有智能处理单元，只有执行机构和感应机构，它具有利用传感信息（包括视觉、听觉、触觉、力觉，以及红外线、超声、激光等）进行传感信息处理，实现控制与操作的能力。它受控于外部计算机，在外部计算机上具有智能处理单元，处理由受控机器人采集的各种信息，以及受控机器人本身的各种姿态和轨迹等信息；发出控制指令，指挥受控机器人动作。目前，机器人世界杯小型组比赛中使用的机器人就属于这种类型。

交互型智能机器人是指机器人通过计算机系统与操作员或程序员进行人机对话，实现对机器人的控制与操作。虽然它具有了部分处理和决策功能，能够独立地实现一些诸如轨迹规划、简单的避障等功能，但是还要受到外部的控制。

自主型智能机器人是指机器人具有自主感知、自主决策和自主执行任务的能力，不需要人的干预，能够在各种环境下自动完成各项任务。自主型智能机器人的本体上具有感知、处理、决策、执行等模块，可以像一个人一样独立地活动和处理问题。自主型智能机器人具有自主性、适应性、交互性等特点。自主性是指机器人可以在一定的环境中独立地执行任务而不依赖任何外部控制。适应性是指机器人可以实时识别和测量周围的物体，根据环境的变化调节自身的参数、调整动作策略及处理紧急情况。交互性是指机器人可以与人、外部环境及其他机器人进行交流，实现更高效的任务协同。

与传感型智能机器人和交互型智能机器人相比，自主型智能机器人具有更高的智能水平和自主性，能够更加灵活地适应不同的任务和环境。它的应用范围广泛，可以用于工业自动化、服务机器人、医疗机器人、军事机器人等领域，为人类提供更加便捷、安全、高效的服务。

2. 按形态分类

仿人机器人：为模仿人的形态和行为而设计制造的机器人，一般分别或同时具有仿人的四肢和头部，如图 5-6 所示；一般根据不同应用需求被设计成具有不同的形状和功能，如步行机器人、写字机器人、奏乐机器人、玩具机器人等。仿人机器人研究集机械、电子、计算机、材料、传感器、控制技术等多门科学于一体，代表着一个国家的高科技发展水平。

拟物智能机器人：仿照各种各样的生物、日常使用物品、建筑物、交通工具等设计的机器人。它是采用非智能或智能系统来方便人类生活的机器人，如机器宠物狗（见图 5-7）、六脚机器昆虫、轮式/履带式机器人。

图 5-6　仿人机器人

图 5-7　机器宠物狗

3. 按使用途径分类

工业生产型机器人：机器换人的观念已经越来越多地获得生产型、加工型企业的青睐，工业机器人由操作机（机械本体）、控制器、伺服驱动系统和检测传感装置构成，是一种仿人操作、自动控制、可重复编程、能在三维空间完成各种作业的机电一体化自动化生产设备，特别适合于多品种、大批量的柔性生产，对稳定、提高产品质量，提高生产效率，改善劳动条件和产品的快速更新换代起着十分重要的作用。

特殊灾害型机器人：主要针对核电站事故，以及核、生物、化学恐怖袭击等情况而设计。常见的特殊灾害型机器人是装有轮带的远程操控机器人，它可以跨过瓦砾测定现场周围的辐射量、细菌、化学物质、有毒气体等状况并将数据传给指挥中心，指挥者可以根据数据选择污染较小的进入路线。现场人员将携带测定辐射量、呼吸、心跳、体温等数据的机器开展活动，这些数据也将被即时传给指挥中心，指挥者一旦发现有中暑危险或测定精神压力、危险性较高时可立刻指挥现场人员撤退。

我国研制了一款可变形废墟搜救机器人，以适应坍塌废墟的崎岖环境，如图 5-8 所示。这种履带型的“小车”是面向地震灾后幸存者搜索与辅助救援应用的特种机器人，它可以携带任务载荷（如各种传感器、救灾工具等），由狭窄入口进入废墟并在倒塌建筑物内部运动与探测，解决了救灾人员无法有效进入废墟进行搜救的问题。它能够探测被困者的心跳；拥有独立驱动履带，可变换 3 种工作形态；配备红外夜视摄像头、拾音器，可进行废墟内影像的采集与识别。此外，它还可以携带小型机械臂、氧气管、流体食物管来进行辅助救援。

图 5-8　可变形废墟搜救机器人

医疗机器人：用于医院、诊所的医疗或辅助医疗的机器人，是一种智能型服务机器人。它能独自编制操作计划，依据实际情况确定动作程序，并把动作变为操作机构的运动。在手术机器人领域，当前顶尖的手术机器人是达芬奇手术机器人。达芬奇手术机器人是目前世界范围内最先进的、应用广泛的微创外科手术系统，适合普外科、泌尿外科、心血管外科、胸外科、小儿外科等微创手术。医疗机器人除了手术机器人，还有外形与普通胶囊无异的胶囊内镜机器人。医生可以通过胶囊内镜机器人的智能软件系统来控制它在胃内的运动，改变它的姿态，按照需要的角度对病灶重点拍摄照片，从而达到全面观察胃黏膜并做出诊断的目的。

5.2 工业机器人及其应用

5.2 工业机器人及应用

5.2.1 工业机器人的概念

ISO 对工业机器人的定义为：工业机器人是一种自动化机器，由控制系统和可编程操作程序组成，可在固定的轨迹上执行一系列任务。它具有多个可动关节或自由度，可搬运、加工、装配、检测等，以提高生产效率、降低劳动强度、提高产品质量等。

通常认为工业机器人是用于工业领域的多关节机械手或多自由度的机器装置，具有一定的自动性，可依靠自身的动力能源和控制能力实现各种工业加工制造功能，如图 5-9 所示。

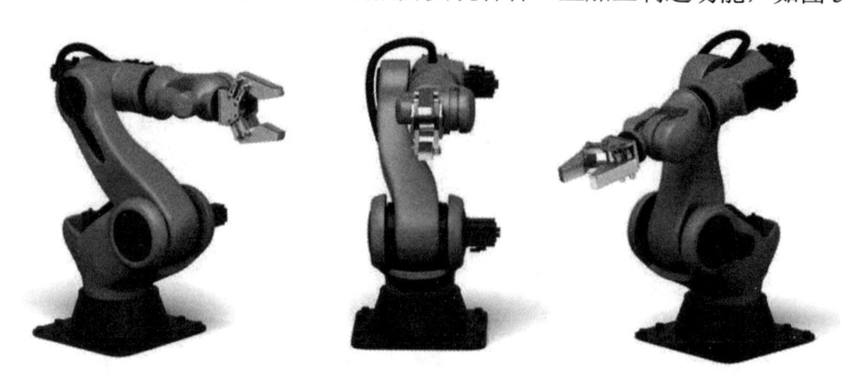

图 5-9　工业机器人示例

工业机器人已经广泛应用于电子、物流、化工等各个工业领域，其未来的发展趋势是人机协作、自主化、智能化、信息化和网络化。

人机协作是指机器人从与人保持距离作业向与人自然交互并协同作业方向发展。随着拖动示教、人工教学技术的成熟，编程更简单易用，降低了对操作人员的专业要求，技工的工艺经验更容易传递。

自主化是指机器人从预编程、示教再现控制、直接控制、遥操作等被操纵作业模式向自主学习、自主作业方向发展。智能化机器人可根据工况或环境需求，自动设定和优化轨迹路径、自动避开奇异点、进行干涉与碰撞的预判并避障等。

智能化、信息化、网络化是指机器人从被单向控制向自己存储、自己应用数据方向发展，逐渐信息化。随着多机器人协同、控制、通信等技术的进步，机器人从独立个体向相互联网、协同合作方向发展。

除了以上提到的趋势，未来工业机器人的发展还将面临一些挑战和机遇。其中，工业机器人的可靠性、安全性、成本和灵活性是值得关注的问题。

5.2.2　工业机器人的应用

工业机器人的主要应用体现在以下 4 方面。

1. 在码垛方面的应用

在各类工厂的码垛方面，自动化程度极高的工业机器人被广泛应用，人工码垛工作强度大，耗费人力，员工不但需要承受巨大的压力，而且工作效率低。搬运机器人能够根据搬运物件的特点，以及搬运物件所归类的地方，在保持其形状和性质不变的基础上进行高效的分类搬运，使得装箱设备每小时能够完成数百个物件的码垛任务，在生产线上下料、集装箱的搬运等方面发挥着极其重要的作用，如图 5-10 所示。

图 5-10　搬运机器人搬运物件

2. 在焊接方面的应用

焊接机器人主要承担焊接工作，不同的工业类型有着不同的工业需求，因此常见的焊接机器人有点焊机器人、弧焊机器人、激光机器人等。汽车制造行业是焊接机器人应用最广泛的行业，它在焊接难度、焊接数量、焊接质量等方面有着人工焊接无法比拟的优势。

3. 在装配方面的应用

在工业生产中，零件的装配是一项工程量极大的工作，需要大量的劳动力，由于人工装配出错率高、效率低，因此现在已经逐渐被工业机器人代替。装配机器人的研发结合了多种技术，包括通信技术、自动控制、光学原理、微电子技术等。研发人员根据装配流程编写合适的程序，应用于具体的装配工作。装配机器人最大的特点就是其安装精度高、灵活性高、耐用程度高。在一些场合，如电子零件、汽车精细部件的装配，由于装配工作复杂精细，因此要选用装配机器人来完成。

4. 在检测方面的应用

机器人具有多维度的附加功能，能够代替工作人员在特殊岗位上工作。例如，在高危领域，机器人可以在核污染区域、有毒区域、高危未知区域等进行探测。又如，在人类无法具体到达的地方，如病人患病部位的探测、工业瑕疵的探测、地震救灾现场的生命探测等，机器人均有很大的作用。

5.3 服务机器人及其应用

5.3 服务机器人及应用

5.3.1　服务机器人的概念

国际机器人联合会对服务机器人给出一个初步的定义：服务机器人是一种半自主或全

自主工作的机器人，它能完成有益于人类健康的服务工作，但不包括从事生产的设备。一般来说，服务机器人可以分为专业领域服务机器人和个人/家庭服务机器人。服务机器人的应用范围很广，主要从事维护保养、修理、运输、清洗、保安、救援、陪伴与护理等工作。

全球人口的老龄化带来大量的问题，陪护机器人具有生理信号检测、语音交互、远程医疗、智能聊天、自主避障漫游等功能，能应用于养老院或社区服务站。具体来说，陪护机器人在养老院实现自主导航避障功能，能够通过语音和触屏与人交互。配合相关检测设备，它具有血压、心跳、血氧等生理信号的检测与监控功能，可无线连接社区网络并将数据传输到社区医疗中心，紧急情况下可及时报警或通知老人的亲人。

5.3.2 服务机器人的应用

1. 军事领域

智能服务机器人在国防及军事上的应用将颠覆人类未来战争的整体格局。智能服务机器人一旦被用于战争，将成为人类战争的又一大杀手锏，相关人员可以操纵这些智能服务机器人进行战前侦察、站岗放哨、运送军资、实地突击等。例如，我国自主研发的山地仿生四足机器人（见图5-11）能执行运输、侦察或作战任务。它能以6km/h的速度行走，可以通过30°的斜坡，每次可以携带4个背包，续航时间为两小时。

图5-11 山地仿生四足机器人

智能服务机器人在军事上主要有用于直接执行作战任务的固定防御机器人、步行机器人、反坦克机器人、榴炮机器人、飞行助手机器人、海军战略家机器人等；用于侦察和观察的战术侦察机器人、三防（防核沾染、化学污染和生物污染）侦察机器人等，完成危险系数较高的任务；用于工程保障的多用途机械手、布雷机器人、飞雷机器人、烟幕机器人、便携式欺骗系统机器人等，完成繁重的构筑工事任务，以及艰巨的修路、架桥，危险的排雷、布雷等任务；用于后勤保障的车辆抢救机器人、战斗搬运机器人、自动加油机器人、医疗助手机器人等，完成在泥泞、污染等恶劣条件下进行运输、装卸、加油、抢修技术装备、抢救伤病人员等后勤保障任务；用于军事科研和教学的宇宙探测机器人、宇宙飞船机械臂、放射性环境工作机器人、模拟教学机器人、射击训练机器人等。

2. 医疗领域

在医疗领域，医用机器人种类很多，按照其用途不同，有临床医疗用机器人、护理机器人、医用教学机器人等。例如，运送药品机器人可代替护士送饭、送病例和化验单等；移动病人机器人主要帮助护士移动或运送行动不便的病人；临床医疗用机器人包括外科手术机器人和诊断与治疗机器人，可以进行精确的外科手术或诊断（例如，美国科学家研发的达芬奇手术机器人在医生的操纵下能精确完成心脏瓣膜修复手术和癌变组织切除手术）；康复机器人可以帮助残疾人恢复独立生活能力；护理机器人可以分担护理人员繁重琐碎的护理工作，帮助医护人员确认病人的身份，并准确无误地分发所需药品。将来，护理机器人还可以检查病人体温、清理病房，甚至通过视频传输帮助医生及时了解病人的病情。

3. 家庭服务领域

家庭服务机器人是为人类服务的特种机器人，是能够代替人完成家庭服务工作的机器人。它能进行防盗监测、安全检查、卫生清洁、物品搬运、家电控制，以及家庭娱乐、病况监视、儿童教育、报时催醒、家用统计等工作。家庭服务机器人不再是概念，地面清洁机器人、自动擦窗机器人、空气净化机器人等已经走进了很多家庭。

另外，市场上还出现了很多智能陪伴机器人，其功能都大同小异，有儿童陪伴机器人、老人陪伴机器人，在功能上基本涵盖了人机交互（互动）、学习、视频、净化等功能。

4. 其他领域

（1）户外清洗机器人。随着城市的现代化，一座座高楼拔地而起。为了美观，也为了得到更好的采光效果，很多写字楼和宾馆都采用了玻璃幕墙，这就带来了玻璃窗的清洗问题。其实不仅是玻璃窗，其他材料的壁面也需要定期清洗。人工清洗不仅效率低，还易出事故。近年来，随着科学技术的发展，可以靠升降平台或吊篮搭载清洁工进行玻璃窗和壁面的人工清洗。而擦窗机器人可以沿着玻璃壁面爬行并完成擦洗动作，根据实际环境情况灵活自如地行走和擦洗，具有很高的可靠性。

（2）爬缆索机器人。大多数斜拉桥的缆索都是黑色的，色彩的单调影响了斜拉桥的魅力。因此，彩化斜拉桥成了许多桥梁专家追求的目标。但采用人工方法进行高空涂装作业不但效率低、成本高，而且危险性大，尤其在风雨天。为此，上海交通大学机器人研究所于 1997 年与上海市黄浦江大桥工程建设处合作研制了一台斜拉桥缆索涂装维护机器人样机。该机器人系统由两部分组成，一部分是机器人本体，另一部分是机器人小车。机器人本体可以沿各种倾斜度的缆索爬升，在高空缆索上自动完成检查、打磨、清洗、去静电、底涂和面涂及一系列的维护工作。机器人本体上装有 CCD 摄像机，可随时传回图像，显示其工作状态。机器人小车用于安装机器人本体并向机器人本体供应水、涂料，同时监控机器人本体的高空工作情况。

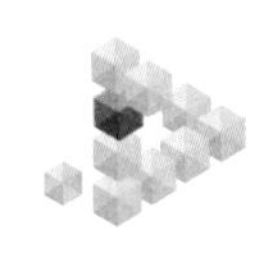

5.4 无人驾驶汽车

5.4 无人驾驶汽车

5.4.1 无人驾驶汽车的概念

无人驾驶汽车又称自动驾驶汽车、计算机驾驶汽车或轮式移动机器人，是一种通过计算机系统实现无人驾驶的智能汽车。它于21世纪初呈现出接近实用化的趋势。无人驾驶汽车还参与了北京2022年冬奥会火炬接力活动，如图5-12所示。

无人驾驶汽车依靠人工智能、视觉计算、雷达、监控装置和全球定位系统协同合作，让计算机可以在没有任何人类主动的操作下，自动、安全地操纵机动车辆；利用车载传感器（见图5-13）来感知车辆周围的环境，根据感知获得道路、车辆位置和障碍物信息，控制车辆的转向和速度，从而使车辆能够安全、可靠地在道路上行驶。

图5-12 无人驾驶汽车参与北京2022年冬奥会火炬接力活动

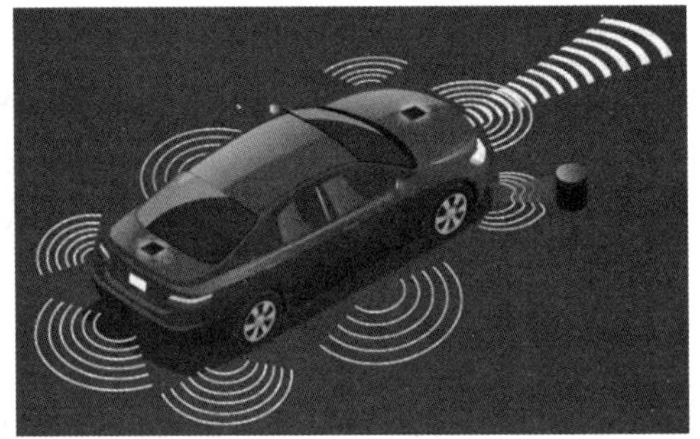

图5-13 无人驾驶汽车车载传感器

无人驾驶汽车是集自动控制、体系结构、人工智能、视觉计算等众多技术于一体的计算机科学、模式识别和智能控制技术高度发展的产物，也是衡量一个国家科研实力和工业水平的一个重要标志，在国防和国民经济领域具有广阔的应用前景。

从20世纪80年代开始，美国、英国、德国等发达国家开始进行无人驾驶汽车的研究，在可行性和实用化方面都取得了突破性的进展。中国人民解放军国防科技大学在1992年成功研制出中国第一辆真正意义上的无人驾驶汽车。

目前，百度承担着自动驾驶方向的国家新一代人工智能开放创新平台的建设任务。百度已经将视觉、听觉等识别技术应用在“百度无人驾驶汽车”系统的研发中，负责该项目的是百度深度学习研究院。2014年7月，百度启动“百度无人驾驶汽车”研发计划。2015年12月，百度宣布百度无人驾驶汽车在国内首次实现城市、环路及高速道路混合路况下的全自动驾驶。2018年2月，百度Apollo无人驾驶汽车（见图5-14）亮相2018年中国中央电视台春节联欢晚会广东珠海分会场。百度Apollo无人驾驶汽车在港珠澳大桥开跑，并在无人驾驶模式下完成“8”字交叉跑的高难度动作。

图 5-14　百度 Apollo 无人驾驶汽车

目前，深圳、长沙、无锡等城市已经开通了无人驾驶公交线路，在无人驾驶领域积极探索，走在了前列。

5.4.2　无人驾驶汽车的分级

对于无人驾驶汽车的分级，目前比较权威的是美国汽车工程师学会（SAE）提出的自动驾驶分级，如表 5-1 所示。

表 5-1　自动驾驶分级

<table>
<tr><th>分级</th><th>等级名称</th><th colspan="2">驾驶操作</th><th>周边监控</th><th>支援</th><th>应用场景</th></tr>
<tr><td>L0</td><td>人工驾驶</td><td colspan="4">驾驶员</td><td>无</td></tr>
<tr><td>L1</td><td>辅助驾驶</td><td>车辆</td><td>驾驶员</td><td colspan="2">驾驶员</td><td rowspan="4">限定场景</td></tr>
<tr><td>L2</td><td>部分自动驾驶</td><td colspan="2">车辆</td><td colspan="2">驾驶员</td></tr>
<tr><td>L3</td><td>条件自动驾驶</td><td colspan="3">车辆</td><td>驾驶员</td></tr>
<tr><td>L4</td><td>高度自动驾驶</td><td colspan="4">车辆</td></tr>
<tr><td>L5</td><td>完全自动驾驶</td><td colspan="4">车辆</td><td>所有场景</td></tr>
</table>

其中 L0 等级并不属于自动驾驶范畴，指的是车辆完全由人类来驾驶。

其他等级的具体定义如下。

L1：通过驾驶环境对方向盘和加/减速中的**一项操作**提供驾驶支持，其他的驾驶动作都由人类驾驶员完成。

L2：通过驾驶环境对方向盘和加/减速中的**多项操作**提供驾驶支持，其他的驾驶动作都由人类驾驶员完成。

L3：由自动驾驶系统完成所有的驾驶操作，根据系统要求，人类驾驶员需要在适当的时候提供应答。我国工信部等四部委已联合开展 L3 级智能网联汽车上路通行试点工作。

L4：由自动驾驶系统完成所有的驾驶操作，根据系统要求，人类驾驶员不一定需要对所有的系统请求做出应答，但需要限定道路和环境等条件。

L5：在所有人类驾驶员可以应对的道路和环境条件下，均可以由自动驾驶系统自主完成所有的驾驶操作。

☆任务 5.1　智能客服问答系统

1. 任务描述

☆任务 5.1 智能问答机器人

本任务将利用 UNIT 平台构建一个智能客服问答系统。

学生可以通过扫描右侧二维码来观看本任务具体操作过程的讲解视频。

2. 相关知识（任务要求）

- 网络通信正常。
- 环境准备：已安装 Spyder 等 Python 编程环境。
- 账号准备：已经在 UNIT 平台上注册了账号。

3. 任务设计

创建一个简单的对话技能，如智能问答，需要以下 4 个步骤。

- 创建自己的机器人。
- 为机器人配置技能（预置技能）。
- 获取技能调用权限。
- 调用机器人技能。

4. 任务过程

1）创建机器人并获取预置技能，记录相应的技能 ID

单击【进入平台】按钮，进入百度智能对话平台，注册成为其开发者，如图 5-15 所示。选择【我的机器人】→【+】选项，创建自己的机器人，命名为【小智】，如图 5-16 所示。

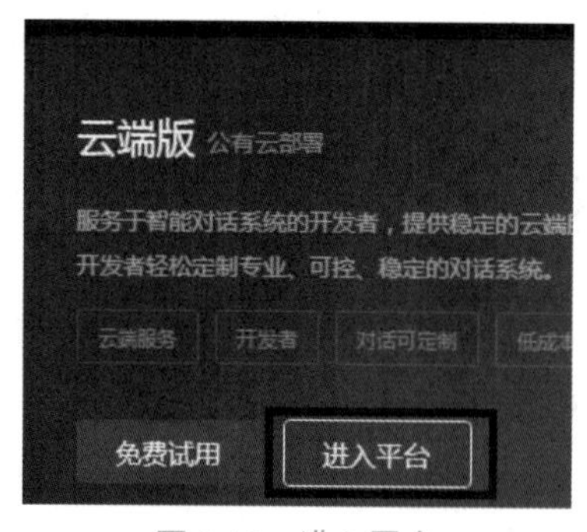

图 5-15　进入平台

图 5-16　创建机器人小智

在图 5-16 中单击【小智】机器人，进入技能管理界面，如图 5-17 所示。

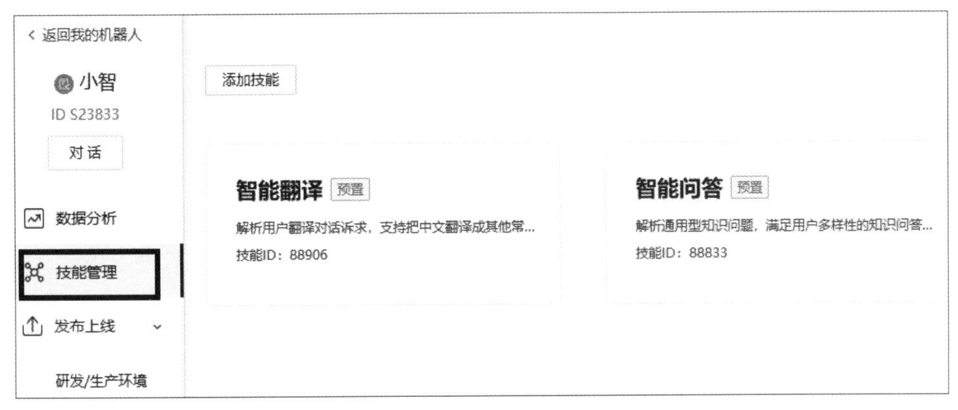

图 5-17　技能管理界面

选择【技能管理】→【添加技能】选项，将出现【我的技能库】对话框，单击【技能管理页】链接，出现【我的技能】管理界面，如图 5-18 所示。

技能共分预置技能和自定义技能两类，本任务将选用预置技能中的智能问答技能。

在图 5-18 中，单击【获取技能】按钮，在打开的【请选择要添加的预置技能】对话框中选择【智能问答】选项，并单击【获取该技能】按钮。此时，图 5-18 中的【预置技能】列表中将出现【智能问答】技能。记录技能 ID，如本书中的【智能问答】技能 ID 为 88833。学生【智能问答】技能 ID 将为另一串数字。

2）获取 API Key 和 Secret Key 用于权限鉴定

选择【发布上线】→【研发/生产环境】选项，出现【获取 API Key/Secret Key】按钮，如图 5-19 所示。

图 5-18　【我的技能】管理界面

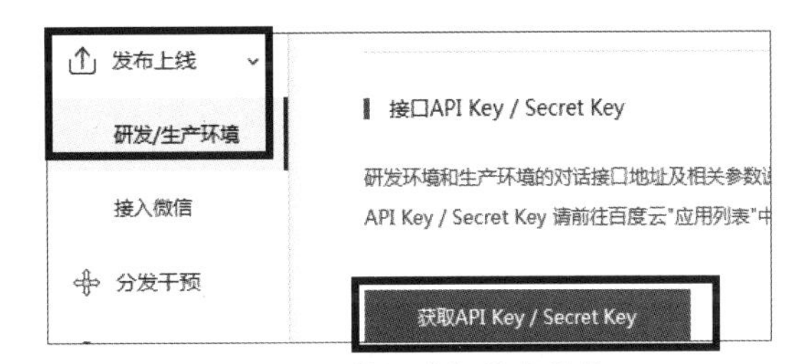

图 5-19　获取鉴权信息操作

单击【获取 API Key/Secret Key】按钮，将出现【应用列表】界面，如图 5-20 所示。

单击【创建应用】按钮，就会创建一个新的应用。其中包含有 API Key 和 Secret Key。复制 API Key 和 Secret Key，在程序代码中使用。需要注意的是，这里不再需要 AppID 这个字符串，只需要机器人技能 ID，即 bot_id。

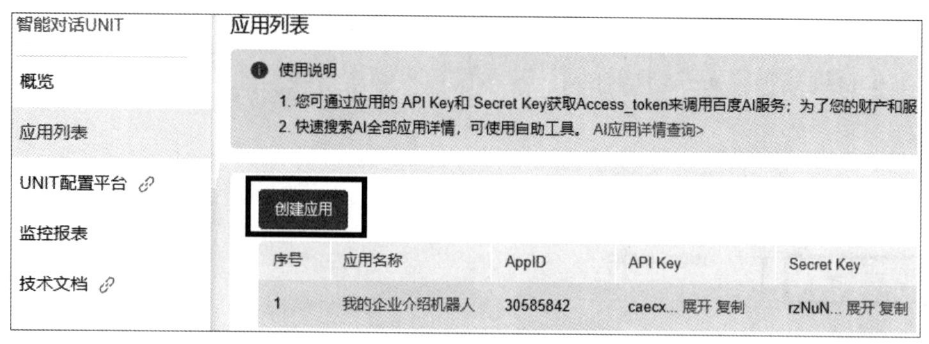

图 5-20 【应用列表】界面

3）编码实现

文件 E5_AskRobot.py（本书第 1 版中为 useMyRobot.py）用于实现问答功能，代码如下：

```
# Excecise/E5_AskRobot.py
# 1.调用模块
import AIService

# 2.根据API Key（AK）和Secret Key（SK）生成 access_token ，并附上自己的技能ID：88833
AK='你的AK'
SK='你的SK'
access_token  = AIService.get_baidu_access_token(AK, SK)

# 自己的技能ID，经常会误写为AppID或以S开头的机器人ID
bot_id='你的bot_id'

# 3.准备问题
AskText =  "你几岁啦"

# 4.调用机器人应答接口
Answer = AIService.Answer(access_token, bot_id, AskText)

# 5.输出问答
print("问：" + AskText + "?" )
print("答：" + Answer)
```

AIService.py（本书第 1 版中为 MyRobot.py）文件中包括 3 个函数，函数 1 用于由 API Key 和 Secret Key 获取访问权限口令 access_token；函数 2 用于根据口令、技能 ID、问题给出回答；函数 3 用于根据口令、技能 ID、问题给出回答，返回原始信息，适用于出现错误的情况，方便查找原因。这 3 个函数的主体都可以在百度开发文档中获取，并编写成通用模块。

AIService.py 文件中的代码框架如下（见本书配套电子资源，学生可以直接调用该文件）：

```
# Excecise/AIService.py
```

```
import requests
import base64
import json

def get_baidu_access_token(AK,SK):
    # AK为官网获取的API Key，SK为官网获取的Secret Key
    ......
    return access_token

def Answer(access_token, bot_id, Ask):  #  返回结果信息，方便使用
    ......
    return response.json()['result']['response']['action_list'][0]['say']

def JsonAnswer(access_token, bot_id, Ask):  #  返回原始信息，用于调试错误
    ......
    return json.dumps(response.json(), ensure_ascii=False)
```

5. 任务结果

运行程序，调用智能问答机器人小智，得到的对话结果如下。

首先问人口：

问：北京有多少人？
答：2018年末，北京市常住人口2154.2万人，比上年末减少16.5万人。

其次尝试问面积：

问：中国有多大？
答：中华人民共和国的面积是，陆地面积约960万平方千米，水域面积约470多万平方千米。

最后问一个不合理的问题：

问：你几岁啦？
答：这个问题太难了，暂时我还不太会，你可以问问其他问题呢。

6. 拓展创新

本任务通过 UNIT 平台实现了机器人问答功能。当然，目前的机器人还仅限于文本问答，并没有加入语音功能，有兴趣的学生可以加入语音识别、语音合成功能。另外，本任务尚未使用自定义技能，学生可以自行尝试，或者参照单元 10 自行定制技能。

编码时可能会碰到有错误的情况，会输出如下结果：

```
KeyError: 'response'
```

请在调用机器人应答接口时选用 JsonAnswer()方法，查看返回的原始信息：

```
# 4.调用机器人应答接口
Answer = AIService.JsonAnswer(access_token, bot_id, AskText)
```

此时，可能会提示错误原因，输出如下结果：

```
{"result": {"ref_id": "pclgj_20230520104959_1934562807"}, "error_code": 292002,
"error_msg": "未找到相应的技能"}
```

❓机器人已经能够回答百科知识了，你能否使用系统预置的其他技能，如讲笑话、写诗词等？

✫任务 5.2　基于文件创建自定义问答技能

1. 任务描述

✫任务 5.2 基于文件创建自定义问答技能

某公司希望快速搭建一个有关于本公司介绍的问答系统，需要定制适合本公司的问答技能。但现有的第三方平台只能提供通用知识的问答技能，没有针对性。本任务将利用百度智能对话平台 UNIT，通过上传一个文本文件来创建一个自定义问答技能。

学生可以通过扫描右侧二维码来观看本任务具体操作过程的讲解视频。

2. 相关知识（任务要求）

- 网络通信正常。
- 环境准备：已安装 Spyder 等 Python 编程环境。
- 账号准备：已经在百度智能对话平台 UNIT 上注册了账号。

3. 任务设计

创建一个基于文件的问答技能，需要以下 5 个主要步骤。

- 创建机器人问答技能，获取 bot_id。
- 上传预先准备好的文本文件。
- 训练技能。
- 创建自定义问答技能的应用，并获取 API Key、Secret Key 等鉴权信息。
- 编码调用自定义问答技能。

4. 任务过程与结果

限于篇幅，本书中并未提供本任务的详细实施过程。学生可以通过扫描本任务二维码来观看本任务操作过程的讲解视频，并跟着视频操作，也可以模仿单元 10.5 中的流程来操作。

单元小结

本单元介绍了智能机器人基础知识，以及智能机器人的发展方向等内容。本单元完成了基于预置技能进行百科问答和基于文件创建自定义问答技能两个任务。通过本单元的学习和实践，学生在了解智能机器人知识的基础上，能实现简单的智能客服问答系统。

习题 5

一、选择题

1．如果按智能机器人所具有的智能程度来分类，那么下面（　　）不属于我们通常讨论的范畴。

（A）工业机器人　（B）初级智能　（C）中级智能　（D）高级智能

2．机器人三原则是由（　　）提出的。

（A）森政弘　（B）托莫维奇

（C）约瑟夫·英格伯格　（D）阿西莫夫

3．当代机器人大军中最主要的机器人为（　　）。

（A）工业机器人　（B）军用机器人　（C）服务机器人　（D）特种机器人

4．机器人的英文单词是（　　）。

（A）Botre　（B）Robot　（C）Boret　（D）Rebot

5．我国当前正在开展试点的自动驾驶汽车，能达到（　　）。

（A）L5 级　（B）L1 级　（C）L2 级　（D）L3 级

6．服务机器人的应用领域不包括（　　）。

（A）家庭服务领域　（B）军事领域

（C）医疗领域　（D）流水线零件装配

7．“机器人”这一词最早出现在（　　）作家的小说中。

（A）德国　（B）美国　（C）瑞士　（D）捷克

二、填空题

1．无人驾驶汽车又称____________、____________或______________。

2．智能机器人具备形形色色的内部测量传感器和外部测量传感器，如__________、__________、__________、嗅觉传感器。

三、简答题

1．根据你的了解，写出至少3个无人驾驶汽车公司及其产品名称。
2．简述国家对智能机器人的重点发展方向。
3．什么是智能机器人？如何理解一般机器人与智能机器人之间的关系？

四、实践题

请将任务5.1中机器人的回答内容用语音播放出来。提示：结合任务3.1，先将本阶段智能问答系统中的输出值Answer赋给任务3.1中的变量Text（待合成内容），再进行语音合成即可。

单元 6

人工智能应用与创新

人工智能的发展势不可挡，它会替代大量的工作岗位，同时会带来大量的新技术岗位。在中国“互联网+”大学生创新创业大赛中，利用人工智能技术的作品也越来越多。因此我们有必要更多地了解人工智能在各个行业的应用，以及怎样利用人工智能进行专业创新。人工智能应用创新概念图如图 6-1 所示。

图 6-1 人工智能应用创新概念图

百度除了有借助千亿级参数及海量知识来降低人工智能开发与应用门槛的百度文心大模型，还有 EasyDL 平台及飞桨 PaddlePaddle 等非常优秀的平台。

◆ 单元知识目标：了解人工智能在各行业的典型应用案例、在发展过程中取代人工的趋势。通过推测人工智能在各专业潜在的新应用，以更好地规划个人在职业方面的发展。

◆ 单元能力目标：掌握基于深度学习框架训练分类模型的技能，能创建自定义模型。

本单元结构导图如图 6-2 所示。

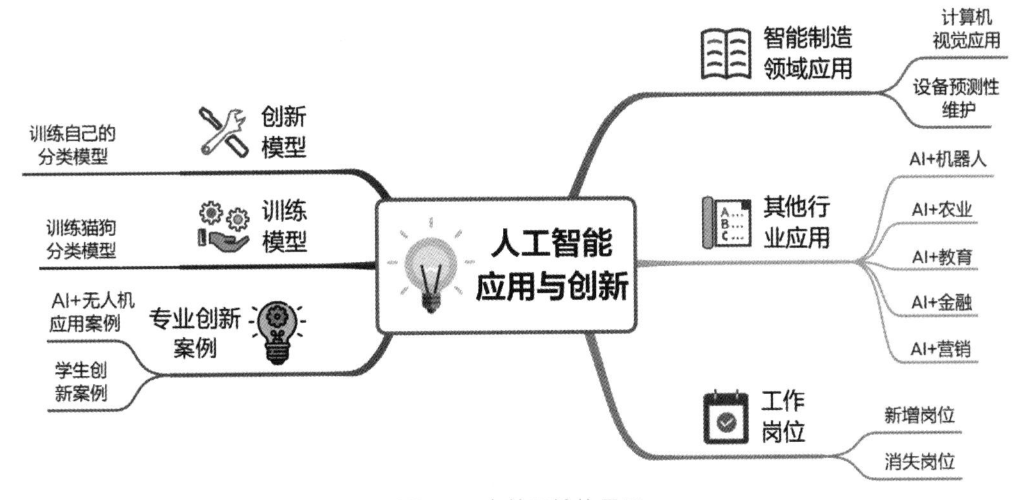

图 6-2 本单元结构导图

2019 年 4 月，人力资源和社会保障部正式将人工智能工程技术人员列为新增职业。人力资源和社会保障部对人工智能工程技术人员职业（职业编号：2-02-10-09）进行了定义，并给出了其主要工作任务。

定义：从事人工智能相关算法、深度学习等多种技术的分析、研究、开发，并对人工智能系统进行设计、优化、运维、管理和应用的工程技术人员。

该职业的主要工作任务如下。

（1）分析、研究人工智能算法、深度学习及神经网络等技术。

（2）研究、开发、应用人工智能指令、算法及技术。

（3）规划、设计、开发基于人工智能算法的芯片。

（4）研发、应用、优化语言识别、语义识别、图像识别、生物特征识别等人工智能技术。

（5）设计、集成、管理、部署人工智能软/硬件系统。

（6）设计、开发人工智能系统解决方案。

（7）提供人工智能相关技术咨询和技术服务。

2019 年，工业和信息化部发布了《人工智能产业人才岗位能力标准》，共包含 9 个大类，57 个人工智能核心岗位，如图 6-3 所示。其中有 16 个实用技能人才岗位，用★标记；有 23 个应用开发人才岗位，用☆标记；有 18 个未加标记岗位，对应的是产业研发人才。

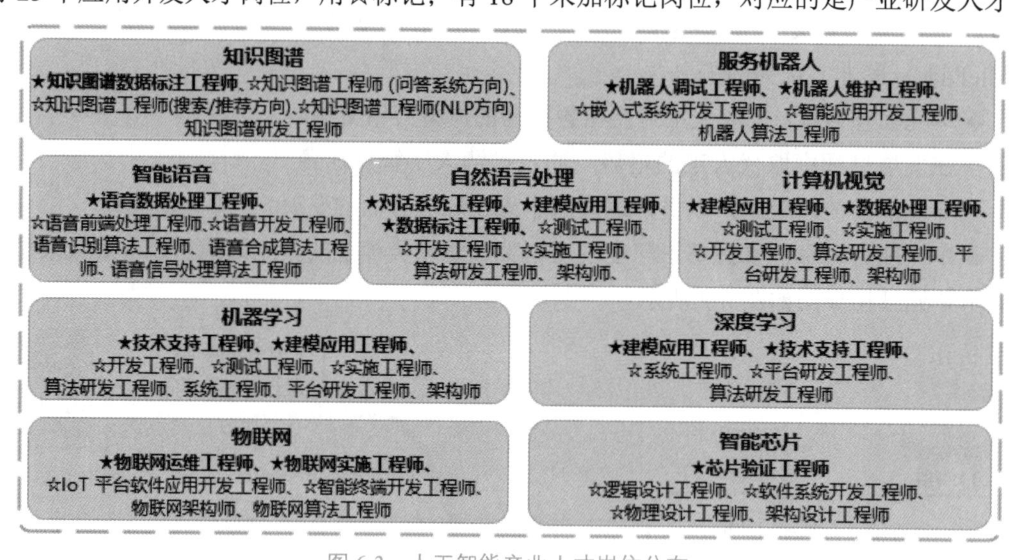

图 6-3　人工智能产业人才岗位分布

作为在校学生，将来未必会从事这些新增的人工智能岗位，但是多了解利用人工智能技术能做什么事、将替代哪些岗位、不能替代哪些岗位，对职业规划是非常有帮助的。

下面首先介绍人工智能在智能制造领域，以及 AI+机器人、AI+农业、AI+教育、AI+金融、AI+营销应用；接着分析人工智能环境下的新增岗位、消失岗位；最后结合专业知识，借助人工智能技术进行专业创新。

6.1 智能制造领域应用

6.1 智能制造行业应用

在智能制造领域，人工智能有着广泛的应用。本节简要阐述制造领域的人工智能应用，包括阿里云 ET 工业大脑等。

6.1.1 计算机视觉应用

在国家大力发展智能制造产业的背景下，各种新技术，如人工智能、大数据等正在加速在工业领域的应用。2017 年，在全社会热潮的推动下，人工智能在工业领域的应用取得了一些进展，涌现出一些公司和案例。综合来看，目前人工智能在智能制造领域主要有 3 个应用方向：视觉检测、智能分拣、故障预测。

1．视觉检测

（1）阿里云 ET 工业大脑协助电池片与光伏片检测。

2018 年 7 月，阿里云 ET 工业大脑落地浙江正泰新能源开发有限公司（以下简称“浙江正泰新能源”），可识别 20 余种产品瑕疵，其检测速度相比于人工提升了 2 倍以上。在浙江正泰新能源的电池片车间里，装有阿里云 ET 工业大脑的质检机器快速地吞吐着电池片，另一边的机器屏幕上不断地闪烁着判断结果：绿灯表示通过、红灯表示有瑕疵。随后，一块块电池片就被机械臂分门别类地放到对应位置。

据了解，一块标准的电池片尺寸为 156.75mm×156.75mm，只有 0.18～0.2mm 厚，薄如纸片，生产过程在毫秒间。人工无法进行持续高精度的在线检测，不少瑕疵单凭肉眼无法判断，必须依靠红外线扫描，黑灰色的扫描图上分布着不规律的团状、线状、散点状图案，只有出现特定的图形才是瑕疵片，如图 6-4 所示。

传统的人工质检需要工人时刻盯着机器屏幕，从红外线扫描图中发现电池片 EL（电致发光）瑕疵，速度大约保持为 2 秒一块。如果一块电池片的瑕疵难以判断，那么可能还要再花上几秒思考，一天最多看 1 万～2 万块电池片，如图 6-5 所示。

一名新工人需要学习 1～2 个月后，才能在师傅的带领下熟练上手。然而，长时间的人工质检对工人的视力损伤极大，因此质检工人需要轮岗，通常半年到一年的时间，质检工人就会被换到其他岗位就职。如今，借助视觉计算等人工智能技术，阿里云 ET 工业大脑可以成功胜任在线质检这一岗位。通过一台装有阿里云 ET 工业大脑的质检机器可将工人数量减少一半。

由于电池片的瑕疵种类繁多，同一种型号的多晶电池片有形态不一、裂纹、划纹、黑斑、指纹等 20 余种瑕疵。因此，如何在有花纹、暗纹的电池片上识别出瑕疵是人工智能质检中最难的技术。此外，人工智能质检如何做到毫秒级也是性能上需要克服的难关。阿里算法专家魏溪含介绍，阿里云ET工业大脑通过深度学习，集中学习40000多张样片，这些样片的累积源于人工质检时曾出现过的所有瑕疵图片；通过图像识别算法，阿里云ET工业大脑将图像转换为机器能读懂的二进制语言，从而让质检机器实时、自动判断电池片瑕疵。

图6-4 采用人工智能技术自动检测瑕疵

图6-5 工人正在检查电池片的质量

（2）其他视觉检测应用。

在深度神经网络发展起来之前，机器视觉已经长期应用在工业自动化系统中了，如仪表板智能集成测试、金属板表面自动控伤、汽车车身检测、金相分析、流水线生产检测等，大体分为拾取和放置、对象跟踪、计量、缺陷检测几种。其中，将近80%的工业视觉系统主要用在缺陷检测方面，包括用于提高生产效率、控制生产过程中的产品质量、采集产品数据等。机器视觉自动化设备可以代替人工不知疲倦地进行重复性的工作，且在一些不适合人工作业的危险工作环境或人工视觉难以满足要求的场合，机器视觉可替代人工视觉。

在人工智能发展的浪潮下，基于深度神经网络，图像识别准确率有了进一步的提升，也在缺陷检测方面得到了更多应用。国内不少机器视觉公司和新兴创业公司也都开始研发人工智能视觉缺陷检测设备，如征图新视、高视科技、阿丘科技、瑞斯特朗等。不同行业对视觉检测的需求各不相同，这里仅列举视觉缺陷检测应用方向中的少量案例。

高视科技推出了工业机器视觉平台goEyes，它是工业自动化应用设计的基于图像处理的计算机视觉软件系统，包括几何对象定位和测量、识别、检测，以及针对屏幕点亮检测、透明介质表面质量检测、新能源电池外观质量检测和半导体产品外观检测等专用功能。

阿丘科技推出了面向工业在线质量检测的视觉软件平台AQ-Insight，可用于烟草行业，实现烟草异物剔除。相比于传统的机器视觉检测，AQ-Insight能处理较为复杂的场景，如非标品识别等，解决传统机器视觉定制化严重的问题。

2. 智能分拣

工业上有许多需要分拣的作业，人工进行的速度缓慢且成本高，如果采用工业机器人，则可以大幅降低成本、提高速度。但是，一般需要分拣的物品不是整齐摆放的，机器人必须面对的是一个无序的环境，需要利用机器人本体的灵活度、机器视觉、软件系统对现实状况进行实时运算等多方面技术的融合，只有这样才能实现灵活的抓取。

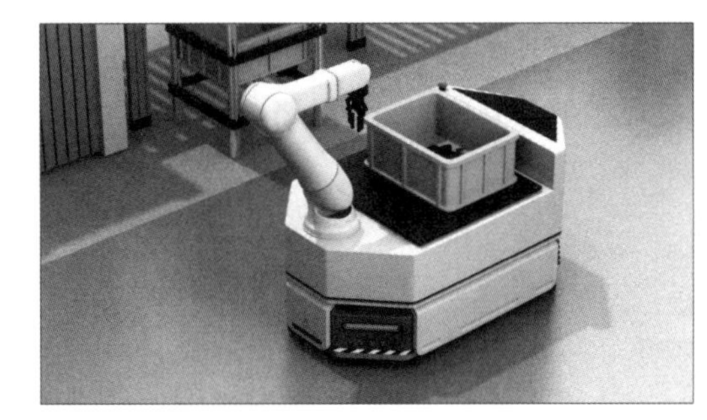

图 6-6　智能分拣

近年来，国内陆续出现了一些基于深度学习和人工智能技术解决机器人视觉分拣问题的企业，如埃尔森智能科技、梅卡曼德、库柏特、埃克里得、阿丘科技等，通过计算机视觉识别出物体及其三维空间位置，指导机械臂进行正确的抓取，如图 6-6 所示。

埃尔森 3D 定位系统是国内首个机器人 3D 视觉引导系统，针对散乱、无序堆放物品的 3D 识别与定位，通过 3D 快速成像技术对物品表面轮廓数据进行扫描，形成点云数据，并对点云数据进行智能分析处理，利用人工智能分析、机器人路径自动规划、自动防碰撞技术计算出当前物品的实时坐标，并发送指令给机器人，实现抓取、定位的自动完成。

库柏特的机器人智能无序分拣系统通过 3D 扫描仪和机器人实现了对目标物品的视觉定位、抓取、搬运、旋转、摆放等操作，可对自动化流水生产线中无序或任意摆放的物品进行抓取和分拣。该系统集成了协作机器人、视觉系统、吸盘/智能夹爪，可应用于机床无序上下料、激光标刻无序上下料，也可用于物品检测、物品分拣和产品包装等。目前，该系统能实现规则条形物品 100%的拾取成功率。

6.1.2　设备预测性维护

在制造流水线上有大量的工业机器人，其中一个机器人出现了故障，当人感知到这个故障时，可能已经生产了大量的不合格产品，从而带来不小的损失。如果能在故障发生以前就感知到，则可以有效地进行预防，减小损失。基于人工智能和物联网技术，通过在各设备上加装传感器来对设备运行状态进行监测，并利用神经网络建立设备故障模型，这样就可以在故障发生前对故障进行预测，替换可能发生故障的工件，从而保障设备持续无故障运行。

国外人工智能故障预测平台 Uptake 是一个提供运营洞察的 SaaS 平台，该平台可利用传感器采集前端设备的各项数据，利用预测性分析技术，以及机器学习技术提供设备预测性诊断、车队管理、能效优化建议等管理解决方案，帮助工业客户改善其生产力、可靠性及安全性。3d Signals 也开发了一套预测维护系统，不过该系统主要基于超声波对机器的运行情况进行监听。

总体来讲，人工智能故障预测还处于试点阶段，成熟应用较少。一方面，大部分传统制造企业的设备没有足够的数据收集传感器，也没有积累足够的数据；另一方面，很多工业设备对可靠性的要求极高，即便机器预测准确率很高，但如果达不到100%，就依旧难以被接受。此外，投入产出比不高也是人工智能故障预测没有投入使用的一个重要因素，很多人工智能故障预测功能应用后，如果成功，就能降低5%的成本；但如果不成功，就可能带来成本的提升，因此不少企业宁愿不用。

6.2 其他行业应用

6.2 其他行业的AI应用

除了智能制造领域的成功应用，人工智能还在别的领域有着广泛的应用。

6.2.1 AI+机器人

1. 普渡科技：餐饮机器人（见图6-7）

人力成本是餐饮业的一项重要开支。伴随人口红利逐渐消失（从业人数增速持续下滑），以及员工流动性加大，招聘成本和招聘难度均有提高。在实际用工过程中，员工服务培训耗费成本、用餐高峰期员工效率关系到餐饮经营质量。迎宾、领位、送餐、回盘等服务是影响消费者用餐体验的重要环节，属于高需求、高价值的商业化场景，同时，上述工作的重复性也使其具备了被人工智能和机器人技术替代的可能性，从而解决人力成本问题，提供标准化服务并提高服务效率，餐饮机器人的需求由此产生。以普渡科技为代表的餐饮机器人企业已落地进入这一需求规模超千万台的细分市场。

图6-7 普渡科技的餐饮机器人

普渡科技综合了SLAM、智能导航避障、多机调度、人机交互等人工智能技术，为餐厅、酒店、楼宇等广泛场景提供配送机器人解决方案，降低企业人力成本。普渡科技的产品目前已应用于多家国内知名餐饮、酒店企业。未来，普渡科技的产品将全面覆盖迎宾、领位、送餐、回盘等餐饮服务环节，并通过IoT（物联网）平台实现远程自动运维和售后，为餐饮企业提供更全面的智慧餐厅解决方案。普渡科技公布了其2022年的市场业绩：2022年，普渡科技的经营性现金收入同比增长了近40%，出货量超2万台；在全球服务业面临“招工难”的共性劳动力问题背景下，普渡科技自2020年起正式大规模出海，出货量增长迅速，全球累计出货量超56000台，海外销售占比从2019年的8%提升至现阶段的80%以上。

2. YOGO ROBOT：专注智慧配送，提升末端效率

YOGO ROBOT 的核心产品包括群体机器人配送系统 YOGO STATION、单体配送机器人 Mingo/KAGO 系列，以及智能电梯、智能闸机等 OT 系统解决方案。整套系统具备延展性，可叠加安防、巡逻、办公等功能，广泛适用于写字楼、商场、园区、酒店、文博展览等场景。用户可方便地操作通过它配套的大数据智能管理平台，进行可视化管理。该系统目前已在万科、国投集团、旭辉集团、东浩兰生等物业投入使用，并在上海、北京、苏州等城市形成规模化布局。YOGO ROBOT 主攻室内的无人低速驾驶，基于算法和算力的优势，机器人可以像人一样在楼宇内自由移动，完成安防、夜间巡更等工作。

6.2.2　AI+农业

1. 荷兰：AI+奶牛

位于荷兰的农业科技公司 Connecterra 结合 AI（人工智能）技术开发出“智慧牧场助理”（IDA，the Intelligent Dairy Farmer's Assistant）系统，在奶牛的脖子上佩戴可穿戴设备，这些设备内置了多个传感器，配套的分析软件使用了机器学习技术，软、硬件配合，共同实时监测奶牛的健康情况。据介绍，IDA 系统可以通过数据知道一头奶牛是否正在反刍、躺下、走路、喝水等，判断奶牛是否生病等，并将相关行为变化通知牧场管理者。一位位于美国佐治亚州的使用了 IDA 系统的牧场管理者表示，通过 IDA 系统可以将生产力提升 10%。智慧牧场养牛概念图如图 6-8 所示。

图 6-8　智慧牧场养牛概念图

2. 阿里云：AI+养猪

2018 年初，阿里云开启智能养猪事业，技术人员给合作种猪场的每头猪打一个数字 ID 标签，围绕数字 ID 标签建立起包含猪的日龄、体重、进食情况、运动频次、体征异常情况、怀孕、分娩等在内的全生命周期数据档案。

AI 技术在国外的畜牧业养殖中也早有先例，并且由于其畜牧业本身的规模化程度高、数字化基础好，AI 技术的落地相对更快。

根据《全国生猪生产发展规划（2016—2020 年）》，我国生猪综合竞争力明显低于发达国家，养殖成本比美国高 40%左右，每千克增重比欧盟多消耗饲料 0.5 千克左右，每年从每头母猪获得的商品猪数量比国外先进水平少 8～10 头。

2018 年 2 月，阿里云正式宣布与四川特驱集团、德康集团达成合作，通过 ET 农业大脑实现 AI 养猪，提高猪的存活率和产仔率，项目投入高达数亿元。据阿里云智慧农业事业部总经理介绍，项目最重要的目的就是提高 PSY（Pigs weaned per Sow per Year），即每头母猪每年的断奶仔猪数量，这是衡量养猪产业水平最重要的标志之一。阿里云算法工程师解释了由团队研发的“怀孕诊断算法”的工作原理：可以判断母猪是否怀孕，由 AI 分析母猪是否配种成功。这套判别母猪是否怀孕的算法借助多个自动寻轨的机器人加摄像头来识别配种后母猪的行为特征，这些行为特征包括母猪睡眠的深度情况、站立的频次、进食量的变化，以及其眼神是否迷离等。

图 6-9　ET 农业大脑概念图

猪仔出生之后，ET 农业大脑会通过语音识别技术和红外线测温技术等来监测其健康状况，一旦出现异常能够第一时间发出预警，保证其健康成长。猪在吃奶、睡觉、生病时会发出不同的声音，ET 农业大脑结合声学特征和红外线测温技术，可通过猪的咳嗽、叫声、体温等数据做出相关判断。ET 农业大脑概念图如图 6-9 所示。

ET 农业大脑项目应用了视频图像分析识别、活体识别、语音识别等人工智能技术。它覆盖了从配种到母猪妊娠、繁殖，再到猪仔的健康监控全过程。通过 ET 农业大脑的各项技术应用，猪场现在每头母猪每年产下的能健康存活的猪仔从 20 头增加到 23 头。虽然存活率还没达到 30 头以上的先进水平，但 AI 养猪的作用已经初显成效。

在 ET 农业大脑提供技术服务的猪场，过去可能每隔两天就要派人去一次现场，将所有数据记录下来，并把纸质数据导入系统，非常复杂。现在有了智能设备，所有数据全自动采集、录入。随着人们生活水平的提高，愿意到养殖场工作的年轻人越来越少，AI 助手在将来的养殖产业中势必会发挥更大的作用。

当然，AI 应用于畜牧业时，尚有两个核心问题需要面对。

首要问题（第一个问题）是畜牧业属于信息化较落后的一个行业，养殖企业的 AI 实施基础较差，与 AI 科技是割裂的。当然，目前在畜牧业应用 AI 时，最大的问题是数据的缺乏，这是畜牧业的通病。ET 农业大脑所开展的研究包括工具智能和决策智能两个层面，前者主要指通过各种摄像头、测温仪、心跳监测仪、音频处理和算法等取代人力监控，对猪场的生猪进行行为监控、异常监测等；后者包括对疾病的判断和治疗方案的推荐、繁殖前行为的捕捉、分析判断应对等。国内畜牧业应用数字技术的尝试大多还停留在新技术养殖等工具智能层面，决策智能方面还处在从 0 到 1 的起步阶段。

第二个问题是在传统的畜牧业模式下，尤其在种植方面，其本身的利润不足以支撑其智能化转型。如果通过做一个算法来提高生产效率，但是新增的利润就几个点，那么花几百万元做算法并不现实。政府、科研机构在推广智能技术时都要面对这个问题。

6.2.3 AI+教育

AI+教育是指 AI 技术跨界融入教育核心场景、核心业务（如排课、教学、批改作业），实现关键业务场景智能化，如智能排课、智能批改、智能助教等，生成新的业务模式，贯穿于备、教、练、考、评、管等教育的全流程。

1. 松鼠 AI：AI 赋能教育行业，实现千人千面的个性化学习（见图 6-10）

松鼠 AI 可以为学生提供精准的个性化教育方案，实现真正的减负。松鼠 AI 智适应学习系统是以学生为中心的智能化、个性化教育，在教学过程中应用 AI 技术，在模拟优秀教师的基础上达到超越真人教学的目的，有效解决传统教育课时费用高、名师资源少、学习效率低等问题。另外，松鼠 AI 自主研发的 MCM 系统可以真正实现素质教育的培养。通过将每种学习思维进行拆分理解可以检测出学生的思维模式（Model of Thinking）、学习能力（Capacity）和学习方法（Methodology）。即使是评估分数相同的学生，MCM 系统也可以分析出其不同的学习能力、学习速度和知识盲点/薄弱点，从而可以精准刻画出学生的用户画像，帮助学生发挥优势，补齐短板。

图 6-10 松鼠 AI 的千人千面个性化学习方案

（资料来源：亿欧智库）

2．影创科技：结合AI技术实现5G+MR全息教室创新教学模式

专注于MR（混合现实）领域的影创科技以融合AI技术的MR眼镜为核心构建了5G+MR全息教室的解决方案。该系统在教室中接入高速率、低时延的5G网络，结合MR应用，以清晰的画质和更低的渲染时延带来沉浸式教学体验；此外，它基于计算机视觉的智能识别技术和SLAM定位技术实现了目标与用户的动态精准识别和交互。该方案能够辅助课堂教学，提升远程教学和沟通效率，营造场景化教学新体验。2019年6月，“5G+MR科创教育实验室”在上海市徐汇中学正式启用，此后已扩展至全国多所大学、中学、职校，实现落地。

6.2.4 AI+金融

智慧银行、智能投顾、智能投研、智能信贷、智能保险和智能监管是当前AI在金融领域的主要应用，分别作用于银行运营、投资理财、信贷、保险和监管等业务场景。智慧银行以提升用户体验和服务效率为主要出发点，实现服务和运营的智能化变革；智能投顾是AI在理财领域的应用，旨在利用计算机程序评估用户的风险偏好和理财需求，从而提供自动化的配置建议；智能投研用于辅助投资分析，提升投研效率；智能信贷基于大数据和深度学习的风控、征信，正改变着传统的信贷模式。此外，保险和监管也朝着智能化方向发展。

1．量化派：数据+AI驱动推动金融机构全流程数字化转型

在复杂的场景和充分的金融周期中，沉淀有海量多维数据资产的量化派利用AI、机器学习、大数据技术为行业全链条的企业提供基于标准化、模块化、定制化的金融科技全流程服务能力，精准定义用户需求，帮助金融机构高效实现数字化转型。量化派自主研发的智能金融科技系统平台“量子魔方”能够帮助金融机构在数字化转型的过程中有效节约人力、研发、时间和风险成本，提升风控精准度，进而提升金融服务的效率。当前，量化派已与国内外超过300家机构和公司达成深度合作，致力于打造更加有活力的共赢生态。量化派金融平台如图6-11所示。

2．冰鉴科技：拥有核心建模能力的智能风控方案提供商

冰鉴科技通过机器学习、自然语言处理、知识图谱等建模算法进行风险评估和信用分析，为银行、消费金融及小贷公司等机构提供个人及小微企业贷款的风险评估解决方案，其产品布局覆盖反欺诈、自动化审批、风险定价、智能催收决策优化、二次营销等信用评估全流程，既能以SaaS形式提供外部服务，又能以PaaS形式与金融机构内部系统深入对接，还针对客户自身业务需要提供定制化解决方案。目前，冰鉴科技已拥有数百家国内外

付费客户，包括大型银行、城市商业银行、消费金融机构、保险公司及互联网金融企业，赋能客户实现精细化运营和风险防范的合规发展。

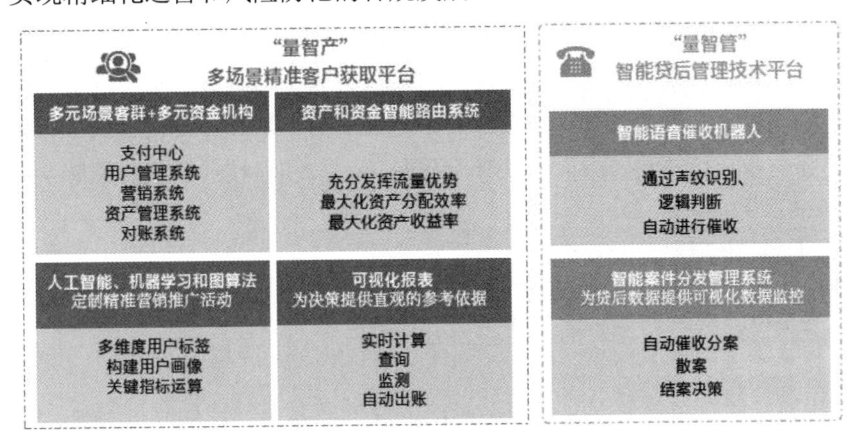

图 6-11　量化派金融平台

（资料来源：亿欧智库）

6.2.5　AI+营销

1. 珍岛集团：人工智能驱动，SaaS 智能营销云服务国内外中小微企业

受高成本、人才缺失、供应链管理复杂等因素的影响，中小微企业在数字营销领域普遍面临介入难、运营难的问题。珍岛集团定位于面向全球市场、覆盖全栈的 SaaS 级智能营销云平台，在多元应用场景下，为中小微企业打造营销力（Marketing Force）赋能的快捷入口，并基于机器学习、自然语言处理等 AI 技术将原有的数字营销人力服务模型推进至平台化、软件化、智能化服务模型，凭借 AI-SaaS 平台架构实现营销全流程、全场景工具化覆盖，如图 6-12 所示。

营销前	营销中					营销后
智能诊断	平台建设	推广曝光	再营销	数字媒体自助	云应用市场	结果洞察
✓ 全网AI营销测评 ✓ 舆情分析 ✓ 企业情报分析	✓ PC端/APP ✓ 小程序/H5 ✓ 多语言建站中控平台	✓ 数据精准匹配 ✓ 智能内容生成 ✓ 智能消息分发	✓ 定向跨屏投放 ✓ 数据管理平台 ✓ 媒体服务平台 ✓ 智能客服	✓ 信息流媒体投放 ✓ 数据抓取 ✓ 跨平台数据分析 ✓ 智能媒体推荐		✓ 小程序数据统计 ✓ 流量数据统计分析 ✓ 人群画像管理
数字威客：对营销过程所需的开发、设计、规划进行供需双方撮合						
解决方案：新零售营销服务、跨境商业服务、传统专业化市场服务、主题园区增值服务、院校实训中心服务						

图 6-12　珍岛集团的 SaaS 级智能营销云平台

（资料来源：亿欧智库）

2. 加和科技：AI 技术赋能，覆盖全域营销资源、支持多场景智能营销解决方案

加和科技是消费者多触点智能营销解决方案服务商，旨在为企业提供一站式智能营销

解决方案。加和科技运用科技连接资源，通过智能化运营实现营销与行业的价值适配，达到供给与市场双向连接的目的，帮助企业实现商业生态。目前，加和科技对接了国内 100 多家媒体，覆盖移动端和 OTT 智能终端等设备，支持信息流、开屏、OTV 等各类广告形式，同时，拥有字节跳动、腾讯、百度、用友、今日头条等生态服务商身份，日均处理流量请求达到 500 亿次以上。目前，加和科技的客户覆盖食品、饮料、日化、汽车等行业，是多家世界 500 强企业在营销科技方面的长期合作伙伴。加和科技的智能营销解决方案及成果如图 6-13 所示。

图 6-13　加和科技的智能营销解决方案及成果

（资料来源：加和科技）

6.3 人工智能与工作岗位

6.3 人工智能与工作岗位

6.3.1　机器人取代部分人类工作

1. 自动化将取代的工作

麦肯锡全球研究院在 2019 年发布的报告中称，包括人工智能和机器人技术在内的自动化技术将为用户、企业和经济带来明显好处，提高其生产率并促进经济增长。但技术取代人工的程度将取决于技术发展、应用、经济增速和就业增长等因素。报告指出，自动化对就业的潜在影响因职位种类和行业部门不同而异，其中最容易受到自动化影响的是那些涉及在可预测环境中进行物理活动的工作类型，如机械操作、快餐准备，以及数据收集和处理，这将取代大量劳动力，包括抵押贷款发放、律师助理事务、会计和后台事务处理等岗位。

而受自动化影响较小的岗位通常涉及管理、应用专业技术和社会互动，因为机器在这些方面的表现还无法超越人类。

另外，值得一提的是，在不可预测环境中的一些相对低收入岗位受自动化影响的程度也会较低，如园艺工人、水管工、儿童和老人护理人员。一方面，由于他们的技能很难实现自动化；另一方面，由于这类岗位的工资较低，而自动化成本又相对较高，因此推动这类劳动岗位自动化的动力较小。

2. 就业大变迁时代即将到来

麦肯锡特别指出，被机器人取代并不意味着大量失业，因为新的就业岗位将被创造出来，人们应该提升工作技能来应对即将到来的就业大变迁时代。麦肯锡预计，在自动化发展迅速的情况下，约 3.75 亿人需要转换职业并学习新的技能；而在自动化发展相对缓和的情况下，约 7500 万人需要转换职业。

刺激就业岗位增加的因素如下。

（1）收入和消费的增加。麦肯锡预计，在 2015—2030 年，全球消费将增长 23 万亿美元，其中大部分来自新兴经济体的消费阶层，仅消费行业收入的增加就预计将创造出 2.5 亿～2.8 亿个工作岗位。

（2）人口老龄化趋势。随着人们年龄的增长，其消费模式将发生变化，医疗和其他个人服务方面的支持将明显增加，这将为包括医生、护士和卫生技术人员在内的一系列职业创造新需求。麦肯锡预计，在全球范围内，到 2030 年，与老年人医疗保健相关的工作岗位可能会增加 5000 万～8500 万个。

（3）技术的发展和应用也会带来新的机会。2015—2030 年，科技相关支出预计会增加超过 50%，因此技术开发相关工作需求预计也将增加，其中一半约为信息科技服务相关工作岗位。麦肯锡预计，到 2030 年，这一趋势将在全球创造 2000 万～5000 万个就业机会。

此外，麦肯锡还指出，基础设施投资和建设、可再生能源等方面的投资，以及部分工种在未来的市场化趋势也将创造新的就业岗位需求。

3. 1 亿中国人面临职业转换问题

从人口数量角度来看，中国将面临最大规模的就业变迁。麦肯锡在报告中指出，在自动化发展迅速的情况下，到 2030 年，中国约有 1 亿人面临职业转换问题，约占到时就业人口的 13%。当然，这一数字相对中国过去 25 年经历过的农业向非农业劳动岗位的转换来说，并不算大。麦肯锡认为，随着收入继续增长，中国就业人口从农业转向制造业和服务业的趋势预计会持续。

4. 4 亿～8 亿人将失业

自动化方便了人们的生活，也改变了人们的工作。但对于自动化对人类工作有何影响，以及未来的就业机会够不够这些问题，我们应该思考怎样适应即将到来的职业转换环境。前面提到，麦肯锡预计，到 2030 年，全球将有 4 亿～8 亿人的工作岗位被自动化取代，相当于目前全球劳动力的 1/5。

自动化对人类工作的影响为何如此大？据统计，在全球 60%的职业中，至少 1/3 的工作岗位可以被自动化代替。也就是说，职业转换对人类社会的影响意义重大。

5. 科技能够创造充足的就业机会

历史数据表明，科技能够创造就业机会。分析美国 1850—2015 年全行业就业占比可以看到，历经两次工业革命后，其农业、制造业和矿业的就业人数明显减少，但在贸易、教育和医护行业就业的人数明显增多。当然，自动化的影响因不同国家的收入水平、人口结构和产业结构不同而异。

6.3.2 消失与新增的岗位

在大数据及云计算的支撑下，人工智能的第三次浪潮具有坚实的基础，也会给各个行业产业带来更久远的繁荣。在跨越技术可行性之后，人工智能在各个行业的推广应用更多地取决于经济可行性。前面提到，从理论上讲，虽然大多数重复性的工作都可能因人工智能技术的发展而被替代，但由于替代成本的原因，一些低技能岗位仍将继续并长期存在。而一些需要多年积累专业知识的岗位（如律师助理、翻译等），由于计算机可以在短时间内就具有丰富且精准的信息优势而不再具有优势，面临着调整。下面首先盘点一下人工智能可能会导致的岗位变化。

据 BBC（British Broadcasting Corporation，英国广播公司）2019 年的预测，在 365 个职业中，不少工作岗位面临着被人工智能替代的威胁。《人工智能时代的未来职业报告》指出，技术革新的浪潮首先会波及的是一批符合“五秒钟准则”的劳动者。“五秒钟准则”指的是一项工作如果人可以在 5 秒钟以内对其中需要思考和决策的问题做出相应的决定，那么这项工作就有非常大的可能被人工智能技术全部或部分替代。也就是说，这些职业通常是低技能的。但到底什么工作才更不容易被人工智能替代、淘汰呢？BBC 为了找出这样一个答案，基于剑桥大学研究者 Michael Osborne 和 Carl Frey 的数据体系分析了 365 种职业在未来的“被淘汰概率”。

1. 高风险岗位

人工智能替代的工作岗位并不一定是所谓的低技能岗位，有些是需要进行信息积累、数据分析、经验判断这样的高级岗位，这些基于人的知识积累和判断力的岗位都有被信息更丰富、判断更准确且快速的人工智能替代的可能。而事实上，现在很多金融、教育、法律等方面的工作已经在用程序来完成了。类似装修、家政之类的简单劳动，因为其可替代价值低、成本高，所以可能会长期存在（麦肯锡的报告指出的）。以下仅列出被淘汰概率超过 90%的职业（概率从高到低）。

（1）电话推销员。

BBC 统计了 365 个职业，其中电话推销员被认为是最有可能被替代的职业之一。

（2）打字员。

如今，语音识别技术的成熟让打字员这一职业岌岌可危。

（3）会计。

会计的本质是搜集信息和整理数据，而机器人在这方面的准确性无疑更高。2018 年，德勤、普华永道等会计师事务所相继推出了财务智能机器人方案，给业内造成了不小的震动。

（4）保险业务员。

保险业的智能化也在加速，目前，多家国内保险公司已将智能技术引入售后领域，未来更有可能替代人工成为个人保险管家。

（5）银行职员。

银行职员被替代的趋势显而易见，虽然现在不少银行机器人依然以卖萌为主，但其未来在很大程度上会走上大舞台。

（6）政府职员。

这里所说的政府职员主要指的是政府底层职能机构的职员。这类工作有规律、重复性高、要求严谨，是非常适合机器人操作的。

（7）接线员。

目前，智能语音系统已经很发达，未来接线员被替代是显而易见的。

（8）前台。

前台是一个以展示、引导、接待为主的工作，机器人恰恰很容易提供这样的服务，如由日本软银集团和法国 Aldebaran Robotics 共同研发的 Pepper 机器人。

（9）客服。

人工智能替代客服是大势所趋，简单的例子就是 Siri。事实上，这类人工智能客服平台也是这两年国内创业的热门方向。

（10）人力资源部门。

简历审读、筛选可以通过关键字进行。此外，包括薪酬管理等人力资源工作也可以被机器人替代。事实上，亚马逊正在用人工智能来断定哪些职员应该被建议劝退。

（11）保安。

通过监控摄像机、感应器、气味探测器和热成像系统等，机器人可以执行大部分保安工作。

其他如房地产经纪人、工人，以及瓦匠、园丁、清洁工、司机、木匠、水管工等第一、第二产业工作也将逐步被人工智能替代。据悉，欧美一些房地产机构已经开始利用大数据和人工智能完成房产交易。这种方式可以避免太多的不确定性。而体力劳动被机器人替代是大部分人可以预料的，只是由于其替代成本的原因，不同的职业将有不同的衰退时长。

2. 稳定岗位

有一些岗位是需要人性感受的岗位，短期内难以被人工智能替代。

（1）艺术家、音乐家、科学家。

无论技术如何进步、人工智能如何完善，对人类而言，创造力、思考能力和审美能力都是无法被模仿、被替代的最后堡垒。

（2）律师、法官。

人类的另一项无法被模仿的能力就是基于社会公义、法律量刑和人情世故做出判断的微妙平衡。法律不是一块死板，不是可以计算、生成的代码，法庭上的人性博弈更是机器人无法触及的领域。2017 年 7 月，一款可以借助人工智能免费给人做法律指导的聊天机器人正式在全美 50 个州上线，开发者称其为“世界上首个机器人律师”，但它的功能仅仅是帮助不懂法律的普通人写出符合格式要求的申诉状而已。

（3）牙医、理疗师。

当代医疗技术已经越来越多地介入了机械操作，外科领域尤甚。但人类医生无论在伦理上，还是在技术操作上都很难完全被替代。而在牙科这个对技术要求极高的领域，尽管很多手术（如 3D 打印牙齿植入）已经可以由机器人完成，但在整个过程中，依然离不开人类医生的诊断和监督。

（4）建筑师。

近年来，已经有各种各样所谓的“人工智能建筑师”被开发出来，但这些系统能完成的工作仅仅是画图纸而已。而建筑师真正赖以立足的创意、审美、空间感、建筑理念和抽象的判断都是机器难以模仿的。

（5）公关。

就连人类自己也很难模仿那些人情练达者的社交能力，更何况不具备情感反射的机器人。2018 年 7 月，国内一家公关公司宣称他们开始使用一种“公关机器人”，但其实际功能只是为客户撰写公关稿而已。

（6）心理医生。

机器无法理解人类的情绪，但依然可以学会用某些方法来处理与情绪有关的问题，就好像不理解“什么是诗”的机器人依然可以写出不错的诗。从这个角度来说，机器人确实可以胜任某些心理咨询工作，因为心理咨询原本就建立在这样一种信念之上：人类的情绪可以被有效地处理。

然而，有些时候急于处理问题恰恰是造成问题的原因。机器人无法处理这样的悖论，只有人类心理医生才有可能跳脱这一思维悖论，让问题本身变得无关紧要。

（7）教师。

教师的工作不仅仅是传授知识，更重要的是培养学生的思维能力、创新能力和人文素养等。那些人类独有的、被视为最后堡垒的同理心、育人能力都恰恰是机器所不具有的。

机器或许能够讲解一些知识，却无法育人。

3. 新岗位的诞生

最近美国政府的一份报告提出了未来可能会普及化的人工智能相关工作，分为以下 4 类。

- 需要与人工智能系统一起工作以完成复杂任务的参与工作（如使用人工智能应用程序协助常规的护士对病人的检查）。
- 开发工作，创建人工智能技术和应用程序（如数据库科学家和软件开发人员）。
- 监控、许可或维修人工智能系统的监督工作（如维护人工智能机器人的技术人员）。
- 响应人工智能驱动的范式转变的工作（如律师围绕人工智能创建法律框架，或者城市规划者创建可容纳无人驾驶汽车的环境）。

清华大学张钹院士认为人工智能、机器人都要产业化。虽然对行业来说，人工智能的算法、数据、算力三要素具备了，但最重要的因素——场景是产业化最大的问题。

在什么场景下我们可以做出来好的产业呢？张钹院士认为有 5 个方面，即场景必须具备 5 个属性。

（1）掌握丰富的数据或知识。

（2）完全信息。

（3）确定性信息。

（4）静态与结构化环境。

（5）有限的领域或单一的任务。

如果是具备这 5 个属性的问题，那么机器就可以做，而且最终是会完全替代人类的，这种问题也叫“照章办事”。而对于动态变化环境、不完全信息、不确定性信息、多领域多任务，短期内机器不可能完全替代人类。在解决场景问题之后，我们必须认识到机器学习存在可解释性和鲁棒性问题，尤其在医疗健康领域。假设使用智能图像识别技术来分析病人的照片，并判断其是否患有癌症。如果机器学习模型判断出病人患有癌症，但无法提供具体的解释或依据，那么模型的可解释性不强。如果我们对这些照片进行一些干扰，如添加一些噪声或修改图像的颜色，那么机器学习模型可能会做出完全错误的判断，这表明模型的鲁棒性不强。

深度学习算法能用于医学图像识别，但要做到算法的可解释性，必须加入医生看图像的知识和经验。如果离开了医生看图像的知识和经验，仅仅依靠数据给结果，那么将来会出现医生不可以交互，医生也无法相信人工智能，也不会用人工智能的情况。最后，张钹院士得出的结论是，人工智能产业刚刚起步，大量研究任务需要做，需要建立一个良好的政产学研合作机制。进行人工智能研究的最终目的必须与实体相结合，因为人工智能是一门应用型的学科，只理论做得非常好还不够，必须解决实际问题，与当地实际相结合，实现产业的可持续发展。

6.4 专业创新案例

6.4 专业创新案例

人工智能将替代人类的工作场景主要有 3 类，第 1 类是简单重复、枯燥的工作；第 2 类是需要专家律师、会计师（知识的场景）；第 3 类是危险场景或人力难以到达的场景。

不妨思考一下，在自己的专业领域内，人工智能能替代哪些职位？这就是专业创新的潜在方向。

以下列举人工智能技术的新应用。

6.4.1 AI+无人机应用创新

案例 1：无人机获取图像，助力火灾房屋定损

法国《快报》周刊网站 2017 年 9 月报道，作为美国第二大城市的洛杉矶从 8 月以来就一直与熊熊大火鏖战，大火已经吞噬了洛杉矶北郊的 2800×10^{4}m^2 森林，很多房屋被大火焚毁，如图 6-14 所示。

图 6-14　洛杉矶大火

大火对保险公司提出了挑战，即如何为大火中受到损失的房屋定损？考虑到大火发生在洛杉矶山区，一来国外的房屋比较分散，二来山区的房屋很难到达，三来国外的人力资源成本比较高，因此定损代价是非常大的。保险公司利用无人机获取房屋受损图像，通过学习以往房屋受损图像与理赔金额的对应关系建立了模型，并对现在的受灾房屋进行了受损估算，以较小的代价完成了定损工作。

与此类似，澳大利亚的保险商 IAG 也宣布，该公司首次在澳大利亚使用无人机进行财产损失评估。

案例 2：无人机系统配合红外线摄像预测山火

加利福尼亚大学伯克利分校的天体物理学家 Carlton Pennypacker 带领团队攻克山火防

治问题，对山火高发区进行全方位监测。他们研发了一套利用无人机和卫星技术的山火监测系统 FUEGO。FUEGO 系统中至少使用了 4 项高科技：红外线摄像、传感器、无人机、图像识别和处理技术。

这套系统的厉害之处在于它用不同的工具在距离地面的不同高度上预测、监测山火的发生，全方位、无死角地将山火扼杀于萌芽之中。

案例 3：电力线路巡检

无人机电力线路巡检因其方便、快捷、数据清晰等特点被越来越多的供电公司接受。利用无人机进行电力线路巡检最显而易见的优势就是快。特别是对于电力线路穿越原始森林边缘地区、高海拔、冰雪覆盖区，有些沿线存在频繁滑坡、泥石流等地质灾害，大部分地区山高坡陡，在交通和通信极不发达时，电力线路的日常检测成为一项艰难的任务。

传统的电力线路、管道巡线流程是工作人员亲自到现场巡视线路，巡视对象主要是设施，以及杆塔、导线、变压器、绝缘子、横担、刀闸等设备，并先以纸介质方式记录巡视情况，再人工录入计算机。因此，巡检受过多人为因素的影响，在危险地段甚至会危及工作人员的生命安危，并且人工录入数据量大、容易出错；同时，对于工作人员是否巡视到位无法进行有效的管理，巡视质量不能得到保障，线路的安全状况也得不到保障，留下了安全隐患。

无人机的进入使得电力线路巡检工作变得轻而易举，如图 6-15 所示。并且，随着现在的无人机航拍技术的发展、遥感技术的不断成熟，可利用无人机获取极为清晰的数据，并根据数据分析电路情况，这与人工巡检相比，完全是从手动流转向了技术流的节奏。随之而来的是时间的节约，节约下来的时间完全可以用到真正的线路维护中，线路安全也将得到提高。

图 6-15　无人机进行电力线路巡检

6.4.2　学生创新案例

创新案例 1：智能垃圾分类

图 6-16 所示的智能分类垃圾桶是上海市卢湾高级中学学生的作品。2019 年，商汤科技和上海市黄浦区教育局联合以上海市卢湾高级中学为试点打造了人工智能标杆校，该中学同时挂牌“商汤科技实验中学”。这个创新应用的意义在于解决了垃圾分类的痛点，清洁工

再也不用问这是哪类垃圾，人工智能现在直接就可以指出这是哪类垃圾。

图6-16　智能分类垃圾桶

创新案例2：AI 识虫

来自北京林业大学的学生科研团队在飞桨 PaddlePaddle 深度学习开源框架的帮助下研发出了能准确识别、监测树木害虫的“AI 识虫”系统，如图 6-17 所示。以前一周才能完成的工作，如今只需要 1 个小时。

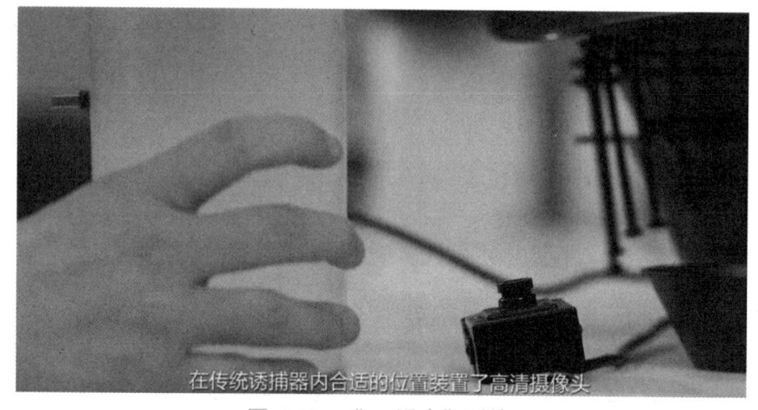

图6-17　“AI 识虫”系统

创新案例3：零件检测

广西科技大学、柳州源创电喷技术有限公司与百度协作，利用 EasyDL 研发了汽车喷油嘴智能检测设备，如图 6-18 所示。目前，该设备已上线，日检测零件 2000 件，识别准确率达 95%，每年能为企业节约 60 万元成本。

前面提到，随着人工智能成本的降低，很多简单重复、枯燥的工作将会被人工智能替代，而需要专家知识的场景会是人工智能研究与应用的热点。那些牵涉到人身安全或人力难以到达的场景会是人工智能潜在的应用领域，值得我们思考。例如，在车辆抛撒垃圾方面，人工智能可以替代人类进行大量视频的重复观看；在高速公路路基损坏评估方面，人力行走视觉检测非常耗时、成本极高，车辆又无法在高速公路外侧行驶来采集图片数据。而无人机则可以到达人类不容易到达的根基一侧拍摄图片，并交由人工智能进行智能分析。

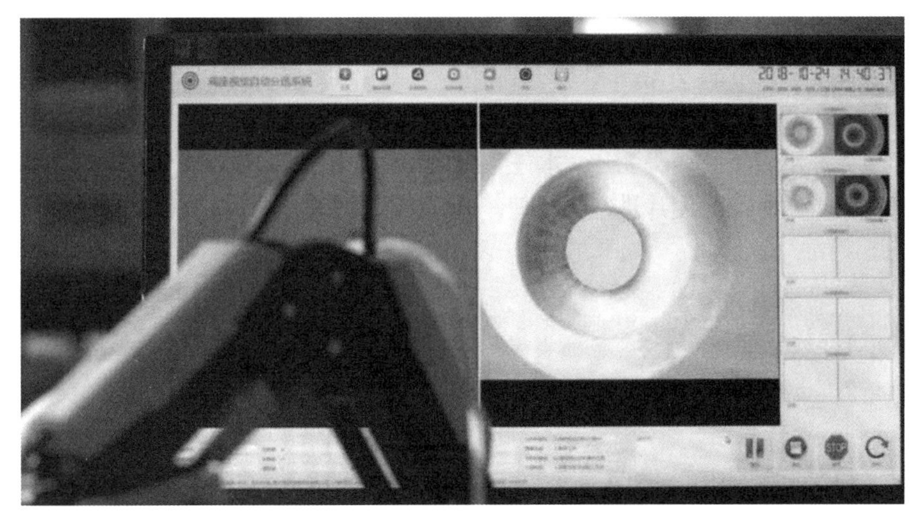

图 6-18　汽车喷油嘴智能检测设备

☆任务 6.1　基于 EasyDL 训练分类模型

1. 任务描述

小张是公司的 IT 技术人员，他看到公司里的工人每天都要对零件进行质量检测，速度慢，工人又很辛苦。小张想用人工智能技术来解决这个问题，但是又苦于自己的能力不够。于是他借助人工智能开放创新平台，自己上传一些良品及不良品零件图片，并利用这两类图片训练出适用于公司的零件质量分类模型。当然，由于在训练性能良好的分类模型时，需要符合规范要求的图片数据，他目前暂时还没有这个能力，因此本任务先使用公开数据集进行猫狗分类实验。

本次训练所用数据集来自 Kaggle。Kaggle 成立于 2010 年，是一个进行数据挖掘和预测竞赛的在线平台，公开了众多数据集，供开发者学习使用。

本任务将利用百度人工智能开放创新平台训练一个猫狗分类模型。

学生可以通过扫描右侧二维码来观看本任务具体操作过程的讲解视频。

☆任务 6.1 EasyDL 训练发布模型

2. 相关知识（任务要求）

- 网络通信正常。

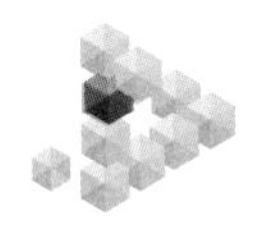

- 环境准备：已安装 Spyder 等 Python 编程环境。
- SDK 准备：已按照任务 1.1 的要求安装了百度人工智能开放创新平台的 SDK。
- 账号准备：已按照任务 1.1 的要求注册了百度人工智能开放创新平台的账号。

应用场景由学生自己定义，可以是零件分类（有颜色差异、形状差异等），可以是质量检测（合格品与不合格品），也可以是生活中的一些其他图片。由于对图片的预处理牵涉到更多的知识，也是人工智能应用中对特定场景进行建模时占用时间最多的一部分，因此编者建议学生先选用规范的两类图片（本任务为猫和狗的图片），以保证任务的顺利实施，后期可以再花大量的时间对图片进行预处理，以此来优化模型。

3. 任务设计

- Step 1：数据准备。
- Step 2：进入平台。
- Step 3：上传数据。
- Step 4：创建并训练模型。
- Step 5：校验模型效果。
- Step 6：发布模型。
- Step 7：创建应用。
- Step 8：App 体验。

4. 任务过程

1）数据准备

请向任课教师索取猫狗数据集 kaggle.zip，或者在智慧职教平台的课程中获取，压缩包（见图 6-19）中有两个文件夹 cat、dog，各含 20 张图片。数据集图片示例如图 6-20 所示。压缩包结构如图 6-21 所示。

图 6-19　压缩包

图 6-20　数据集图片示例

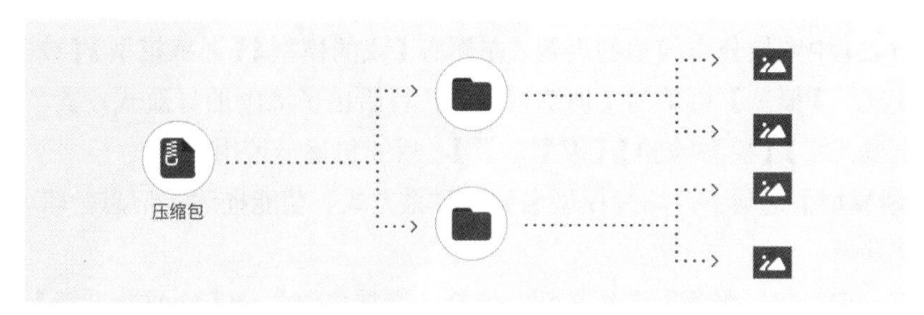

图 6-21　压缩包结构

2）进入平台

登录平台，进入【EasyDL 零门槛 AI 开发平台】场景。

在图 6-22 中，选择【EasyDL 图像】→【图像分类】选项，跳转至【EasyDL 图像】界面（见图 6-23），单击【立即使用】按钮，出现模型类型选择的对话窗口，单击【图像分类】按钮，出现图像分类模型的导航式界面，如图 6-24 所示。

注意：压缩包里的文件夹名即标签名，由数字、中英文、中/下画线组成，长度上限为 256 个字符。

图 6-22　进入平台

图 6-23　【EasyDL 图像】界面

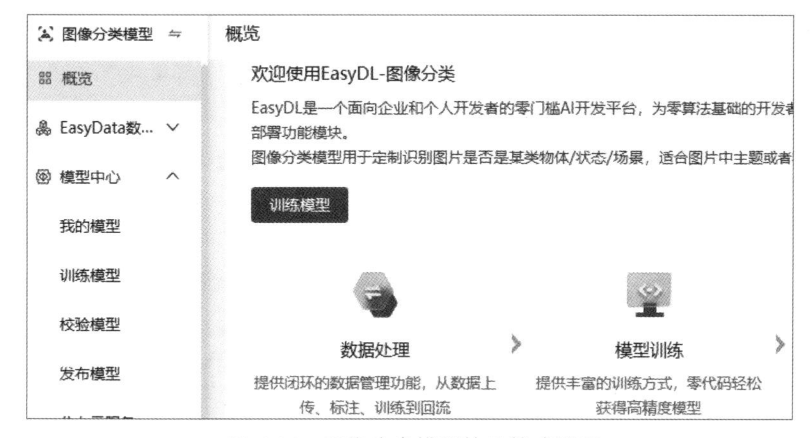

图 6-24　图像分类模型的导航式界面

观察图6-24中图像分类模型的设置，左侧有【我的模型】【训练模型】【校验模型】【发布模型】等选项，【概览】栏下的【训练模型】栏目给出了清晰的导航式设置，依次是【数据处理】【模型训练】【模型检验】【模型部署】，后续将逐一使用。

在【创建模型】选项下，填写模型名称、联系方式、功能描述等信息，即可创建模型。

3）上传数据

单击【EasyDL数据服务】下拉按钮，选择【数据总览】→【创建数据集】选项，在出现的界面中填写数据集名称【我的猫狗分类数据集】，如图6-25所示。

在图6-25中，单击【创建并导入】按钮，出现图6-26。在这里设置数据标注状态为【有标注信息】，导入方式为【本地导入】并上传压缩包，标注格式为【以文件夹命名分类】。设置完成后，依次单击【上传压缩包】→【确认并返回】按钮。

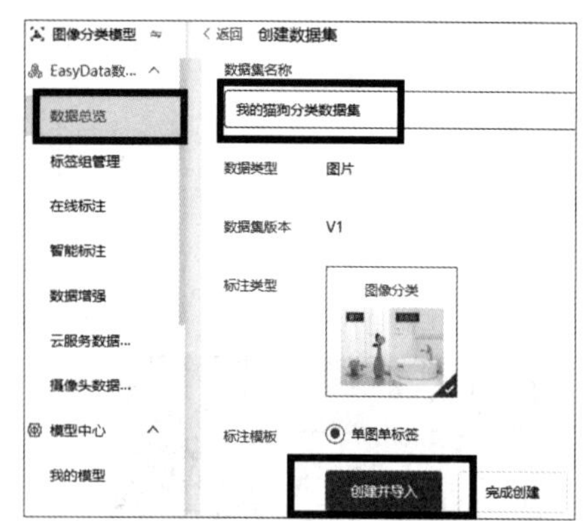

图6-25 创建数据集

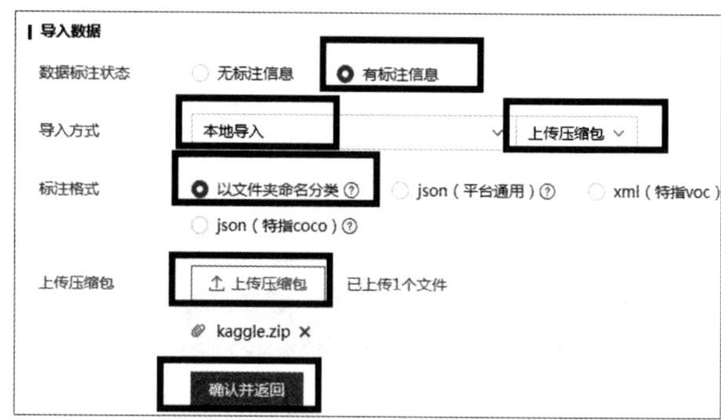

图6-26 导入数据

注意：分类的命名由数字、字母、下画线组成，不支持中文格式命名，也不能存在空格。

4）创建并训练模型

本阶段有模型准备、数据准备、训练模型3步。

模型准备：在图6-24中，选择【训练模型】选项，在出现的界面中依次填写模型名称（如我的猫狗分类模型）、业务描述（自定义），如图6-27所示。单击【下一步】按钮，进入【数据准备】界面，如图6-28所示。

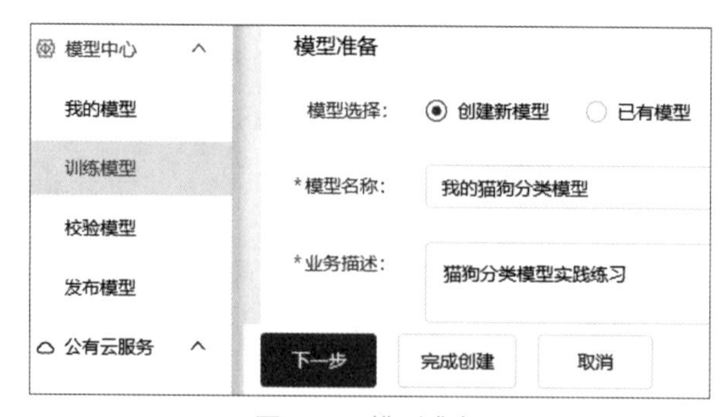

图6-27 模型准备

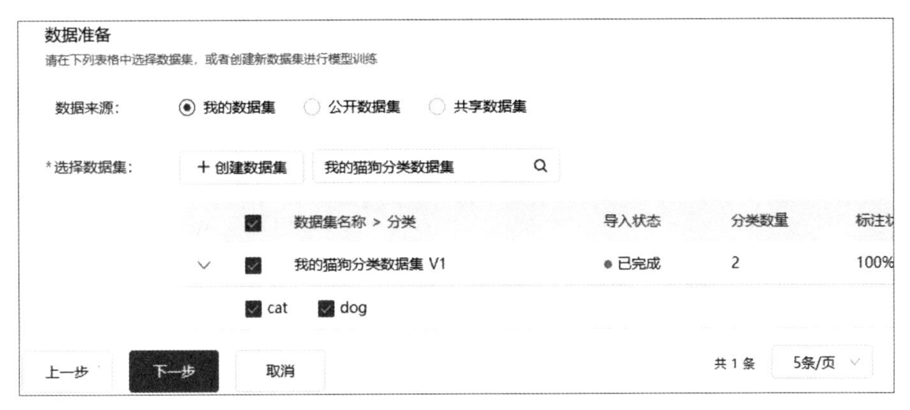

图 6-28 【数据准备】界面

数据准备：设置数据来源为【我的数据集】，选择刚刚上传的数据集。此时，模型中有了部分数据，学生可以继续添加其他数据集中的数据。单击【下一步】按钮，进入训练模型界面。

训练模型：在训练模型界面，采用默认训练配置。单击【开始训练】按钮，开始训练。训练需要 20～40min。训练完成的效果如图 6-29 所示。

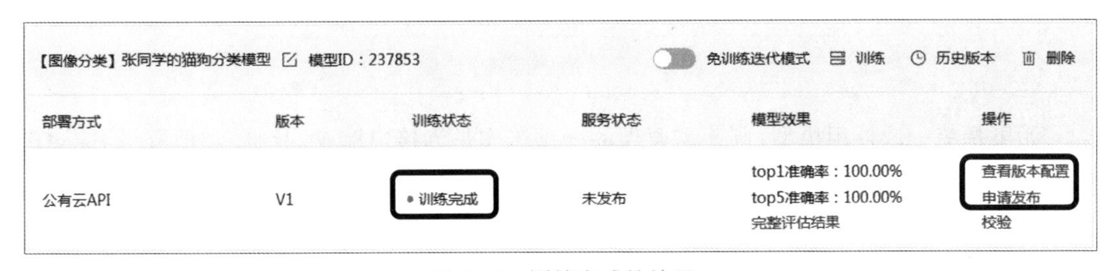

图 6-29 训练完成的效果

5）校验模型效果

可通过模型评估报告或模型校验来了解模型效果，用于模型调优。

6）发布模型

训练完毕就可以在左侧导航栏中选择【发布模型】选项，也可以在图 6-29 中单击【申请发布】按钮。发布模型表单页面需要自定义接口地址后缀、服务名称，如图 6-30 所示。申请发布后，理论上审核周期为 T+1，实际上很快就能完成，结果如图 6-31 所示。

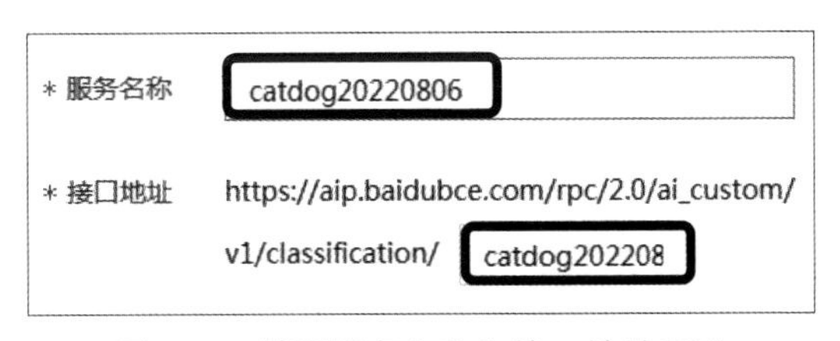

图 6-30 填写服务名称和接口地址后缀

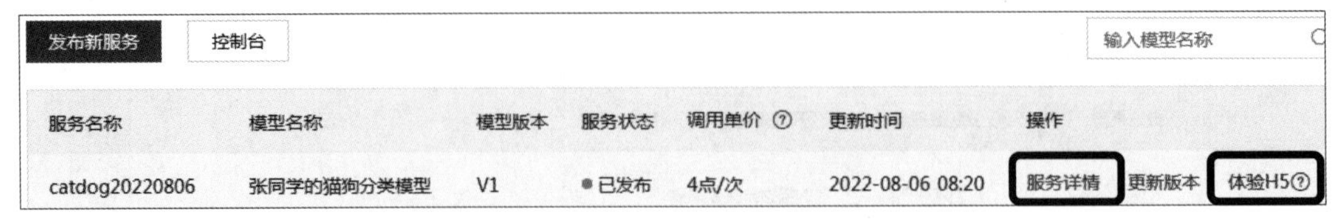

图 6-31　模型发布结果

7）创建应用

单击【服务详情】按钮，进入【服务详情】界面，如图 6-32 所示。

图 6-32　【服务详情】界面

如果是第一次使用模型，则还需要做的一项工作是为接口赋权。此时，需要登录 EasyDL 控制台，创建一个新应用（见图 6-33），并获得鉴权字符串，如表 6-1 所示。本任务中没有编写代码调用模型接口的要求，因此不需要使用鉴权字符串。有兴趣的学生可以模仿任务 5 的流程，编码调用猫狗分类模型。

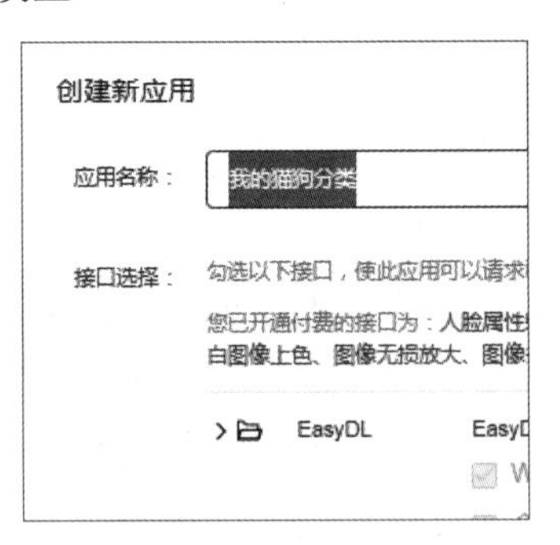

图 6-33　创建新应用

表 6-1　鉴权字符串

应用名称	AppID	API Key	Secret Key
我的猫狗分类	19134056	lbzE86Z …	*******显示

8）App 体验

在图 6-31 中单击【体验 H5】按钮，进入【体验 H5】界面，如图 6-34 所示。

图 6-34　【体验 H5】页面[1]

调用 App：选择自己所创建的应用，并单击【下一步】按钮，进入模型介绍界面。

在模型介绍界面依次填写名称、模型介绍、开发者署名、H5 分享文案部分内容，如图 6-35 所示。单击【生成 H5】按钮，进入扫码体验界面，如图 6-36 所示。在这里扫码即可体验自己的分类模型。

图 6-35　模型介绍界面

图 6-36　扫码体验界面

5．任务结果

模型训练结束后，除 H5 体验之外，还可以开放 API，供其他开发者编码调用。

6．拓展创新

本任务通过用户自己上传图片训练了自定义猫狗分类模型。通过接口赋权开放了 API，可以供全球开发者调用。当然，本任务并未充分考虑图片质量及图片预处理，物品分类的精度尚未达到最优。

① 截图中的“APP”的正确写法为“App”。

常见问题一：数据集问题。

（1）数据标注状态：未修改默认设置。

（2）标注格式：未修改默认设置。

建议：重新准备数据集，采用新名称、新设置。

常见问题二：模型发布问题。

（1）服务名称重复。

（2）接口地址被占用。

注意：模型发布意味着您将成为服务提供者，接口是全球唯一的，故需要慎重。

学生应该能够想象，在人工智能方面，科学家需要设计算法，并不断优化算法。而开发者并不需要掌握很高深的知识，只要能够找到合适的场景，就能构建自己的分类模型或回归模型，并向全球开发者开放相应的 API。

❓你能否收集整理自定义数据集，进而训练出相关模型呢？

❓你能否模仿问答机器人的实验流程，采用编写代码的方式，调用前面训练并开发出来的猫狗分类模型呢？

✩任务 6.2　训练自定义深度学习模型

1．任务描述

小张使用公开数据集进行了猫狗分类模型训练，掌握了基于 EasyDL 平台进行模型训练的流程，下一步希望能训练并调用自定义深度学习模型，其中的应用场景由学生结合自己的专业来定义，可以是零件分类模型、车辆识别模型等。

本任务将利用百度 EasyDL 平台训练自定义深度学习模型，并编写代码调用模型。学生可以通过扫描右侧二维码来观看本任务具体操作过程的讲解视频。

✩任务 6.2 训练自定义深度学习模型

2．相关知识（任务要求）

- 网络通信正常。
- 环境准备：已安装 Spyder 等 Python 编程环境。
- SDK 准备：已按照任务 1.1 的要求安装了百度人工智能开放创新平台的 SDK。
- 账号准备：已按照任务 1.1 的要求注册了百度人工智能开放创新平台的账号。

3．任务设计

- **Step 1：数据准备。**

- Step 2：进入平台。
- Step 3：上传数据。
- Step 4：创建并训练模型。
- Step 5：校验模型效果。
- Step 6：发布模型。
- Step 7：创建应用。
- **Step 8：编写代码调用模型。**

4．任务过程

本任务的实施过程与任务 6 非常相似，主要差异在于数据准备及编写代码调用模型两个步骤。学生可以结合自己的专业，采集并整理训练数据集。例如，采集（获取）不同车辆信息，训练智能交通中的车辆识别模型等。另外，学生还可以参照任务 5.1 中的代码，通过编写代码的方式调用模型。

限于篇幅，本书中并未提供本次任务的详细实施过程。学生可以通过扫描本任务二维码来观看操作过程的讲解视频，并跟着视频操作，也可以模仿任务 6.1 的流程来操作。

单元小结

本单元梳理了人工智能在各个专业领域、各个行业的典型应用案例，并介绍了人工智能发展过程中替代人工、人力的趋向。本单元完成了基于深度学习框架训练分类模型和训练自定义深度学习模型两个任务。通过本单元的学习和实践，学生可以结合自己的专业领域做好职业规划，并有能力开发简单的创新应用。

习题 6

一、选择题

1．在人工智能产业链的技术层中，下列（　　）不属于人工智能主要技术。

（A）智能语音技术　　（B）计算机视觉技术

（C）机器人技术　　（D）自然语言处理技术

2．具有下列（　　）特性的工作不会很快被人工智能技术替代。

（A）简单重复、枯燥

（B）需要专家知识

（C）需要灵感创作或情感交流

（D）危险的场景或人力难以到达的场景

3．在以下工作中，（　　）可能很快被人工智能技术替代。

（A）法官　（B）打字员　（C）教师　（D）音乐家

4．在利用阿里云、百度等人工智能开放创新平台训练自己的产品分类模型时，下面哪一步不是必需的？（　　）

（A）准备数据　（B）编写算法　（C）训练模型　（D）上传数据

5．除了工艺优化等应用，目前，人工智能在智能制造领域主要的3个应用方向不包括（　　）。

（A）视觉检测　（B）智能分拣

（C）数据可视化　（D）故障预测

二、填空题

1．对于____、____之类的简单劳动，虽然其技术含量不高，但由于替代成本较高，因此不会很快被人工智能或机器人替代。

2．在人工智能产业链中，处于上游的____层是用来解决计算力问题的，位于中游的____层关注技术开发及输出，下游的____层关注商业化的解决方案。

三、简答题

1．列举至少3个你认为将会很快被人工智能技术替代的岗位或职业。

2．列举至少3个你认为近期不会被人工智能技术替代的岗位或职业。

四、实践题

请准备两类图片数据（如两类产品或两类水果等），按照任务6.1的流程，在人工智能开放创新平台上训练模型并开放API，进行物品分类识别。提示：为提高分类准确度，要注意按照平台上规定的尺寸与质量收集图片。

单元7

机器学习与模型训练

智能客服、商品推荐、用户画像、电影票房预测、舆情分析……所有的人工智能应用背后都离不开机器学习的支撑。

图 7-1　机器学习概念图

人们一直好奇，机器是怎么判断对错、预测数值的呢？其实我们在中学就已经开始接触机器学习了，只不过那时对它的称呼为“函数”，输入的变量也仅仅限于三维空间。以二维空间为例，一条直线或曲线将平面分割成两部分，实际上构成了一个二分类问题；这条线能根据输入的自变量得到输出值，这实际上就构成了一个回归预测问题。机器学习概念图如图 7-1 所示。

◆ 单元知识目标：了解机器学习的概念、分类和常用算法，以及机器学习的典型应用。

◆ 单元能力目标：掌握训练回归模型的流程；能根据真实数据集特征进行数据准备，以训练分类模型。

本单元结构导图如图 7-2 所示。

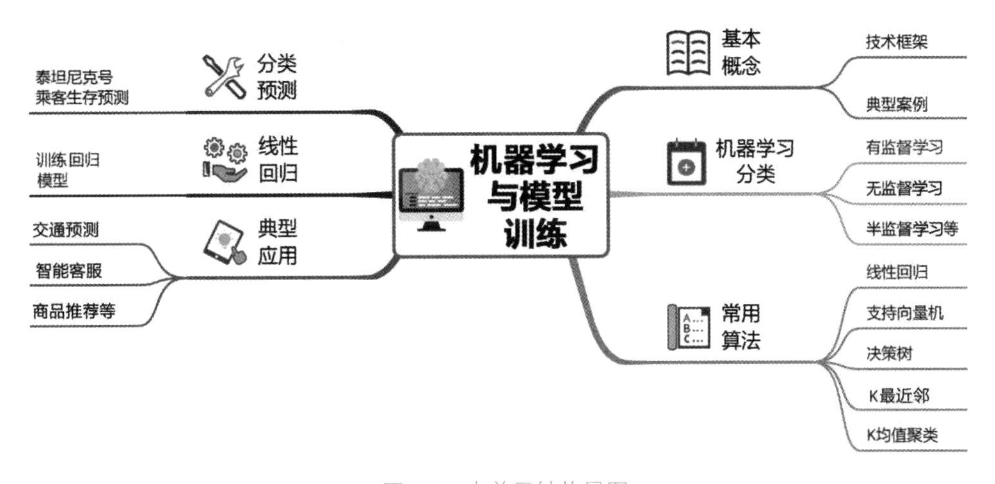

图 7-2　本单元结构导图

7.1 机器学习的概念

7.1 机器学习概述

7.1.1 机器学习技术框架

机器学习（Machine Learning）是使用数据和算法来模仿人类的学习方式，逐渐优化模型，以提高预测准确性的一个研究领域。机器学习是人工智能和计算机科学的一个分支，更是人工智能的核心和基础。近年来，人工智能技术所取得的成就除了计算能力的提高及海量数据的支撑，很大程度上得益于目前机器学习理论和技术的进步。

与计算机视觉、语音处理、自然语言处理等应用技术相比，机器学习主要包括有监督学习中的分类、回归，以及无监督学习中的聚类、降维基础研究方向，常用算法有支持向量机、神经网络、线性回归、K均值聚类等。机器学习常用算法及应用如图7-3所示。当然，机器学习的研究方向还有弱监督学习中的迁移学习、半监督学习、强化学习等，关联规则挖掘等算法也得到了广泛应用。

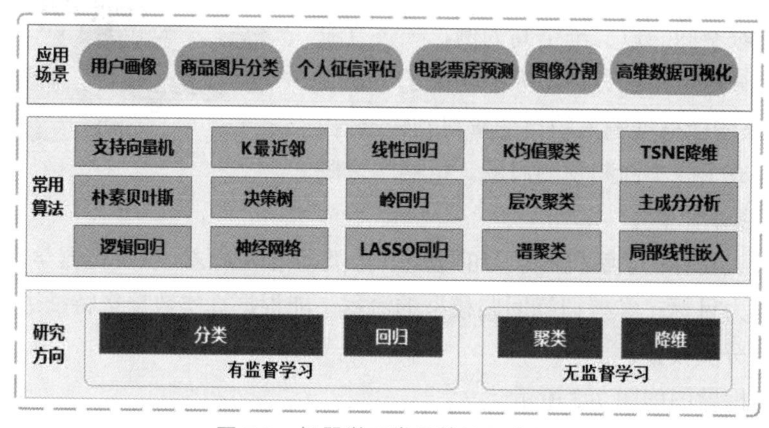

图7-3　机器学习常用算法及应用

虚拟个人助理帮助人们寻找相应的信息、智能地图帮助人们预测交通、视频监控进行智能分析、社交媒体帮助人们匹配好友、垃圾邮件自动过滤、智能客服全天候在线服务、搜索引擎结果的优化、商品精准推荐、在线欺诈检测等都离不开机器学习算法的支撑。

机器学习流程中有一些关键步骤，一是数据准备，以便后续的算法能够更好地利用数据进行学习；二是模型选择，根据不同的应用场景和问题，选择支持向量机、神经网络、决策树等合适的机器学习模型；三是模型训练，使用已经准备好的数据对模型进行训练，以便模型能够逐步优化并提高预测准确性；四是模型评估，对训练好的模型进行测试，评估模型的性能和预测准确性，以便对模型进行调整和优化；五是模型部署，将训练好的模型部署到实际应用场景中，如嵌入移动设备、云端服务器等，以便实现智能化的功能和服务。

7.1.2　典型案例：泰坦尼克号乘客生存预测

在机器学习项目中，通常需要进行数据获取、数据预处理、模型训练、模型评估、使用模型进行预测等。本书以泰坦尼克号数据集为例来介绍机器学习的一般步骤，并通过具体案例演示如何实现生存预测。

1．数据获取

数据决定了机器学习结果的上限，而算法模型只是尽可能地逼近这个上限。泰坦尼克号乘客生存数据集可以从 Kaggle 网站上获取，下载到本地后使用。

查看训练数据集的基本情况：有 11 列属性，分别是乘客的 ID、等级、姓名、性别、年龄、堂亲数、直亲数、船票、票价、船舱、登船港，如表 7-1 所示。标签为生存情况，在 891 名乘客中，获救人数为 342，未获救人数为 549。

表 7-1　泰坦尼克号乘客生存情况数据集（摘选示例，有改编）

ID	等级	姓名	性别	年龄	堂亲数	直亲数	船票	票价	船舱	登船港	生存
1	3	O.Harris	male	22	1	0	21171	7.25		S	0
2	1	J.Bradley	female	38	1	0	17599	71.2833	C85	C	1
3	3	H.Laina	female	26	0	0	3101282	7.925		S	1
4	3	M.James	male		0	0	330877	8.4583		Q	0
5	1	M.Timothy	male	54	0	0	17463		E46	S	0
6	3	A.Adolfina	female	14	0	0	350406	7.8542			0
7	2	C.Eugene	male		0	0	244373	13		S	1
8	3	P.Julius	female	31	1	0	345763	18		S	0
9	3	J.Oscar	female	27	0	2	347742	11.1333		S	1
10	2	N.Nicholas	female	14	1	0	237736	30.0708		C	1

从基本信息可知，11 个属性中包含了连续和离散数据类型，并且年龄、票价和船舱、登船港 4 个属性存在缺失值。因此，在下一步中将对数据进行预处理。

2．数据预处理

1）删除无用特征

由于乘客的 ID、姓名、船票与船舱属性对乘客的生还影响很小，因此首先将其从数据中删除。

2）缺失值处理

生活场景中的原始数据不可避免地会遇到缺失值问题。常用的缺失值解决方法有舍弃缺失严重的数据行、填充缺失值（以 0 或平均值、中位数、众数、随机数等来填充）、建模预测缺失值等。这里对年龄属性采用均值填充；对于票价或登船港属性，可删除存在缺失值的数据。

3）数据转化

通常，模型不接受字符串类型的输入，因此要对字符串类型的属性，即性别和登船港属性进行处理。观察这两个属性包含的类别，性别为(male, female)，登船港为(S,C,Q)。由于这两个属性包含的类别不多，因此可以对应替换为(0,1)和(0,1,2)。

经过初步处理，得到可以直接用于训练的数据，如表 7-2 所示。

表 7-2　泰坦尼克号乘客生存数据预处理后（示例）

等级	性别	年龄	堂亲数	直亲数	票价	登船港	生存
3	1	22	1	0	7.25	0	0
1	0	38	1	0	71.28	1	1
3	0	26	0	0	7.93	0	1
3	1	**26.3**	0	0	8.46	2	0
~~1~~	~~male~~	~~54~~	~~0~~	~~0~~	~~0~~	~~0~~	~~0~~
~~3~~	~~female~~	~~14~~	~~0~~	~~0~~	~~7.85~~		~~0~~
2	1	**26.3**	0	0	13	0	1
3	0	31	1	0	18	0	0
3	0	27	0	2	11.13	0	1
2	0	14	1	0	30.07	1	1

缺失值填补

删除的样本

4）标准化

数据的标准化是指将数据按比例缩放，使之落入一个小的特定区间。其中最典型的就是数据的标准化处理，即将数据统一映射到[0,1]或[−1,1]区间。

3．模型训练

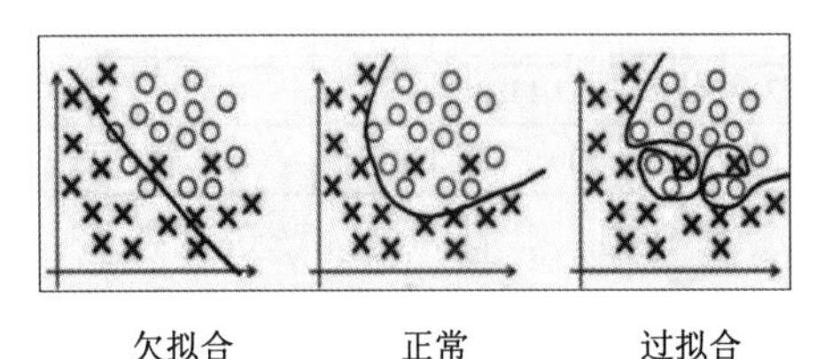

图 7-4　模型在训练过程中可能出现的 3 种形式

模型训练是利用算法从数据中学习规律，将模型的原型实例化为有规律的模型，从而实现目标的过程。在此过程中，模型可能会出现过拟合和欠拟合的情况。图 7-4 给出了模型在训练过程中可能出现的 3 种形式。其中，圆圈为正样本，叉为负样本，实线为拟合线。

对模型是过拟合还是欠拟合的判断是模型调优中非常重要的步骤，常见的方法有交叉验证、绘制学习曲线等。过拟合的基本调优思路是增加数据量，降低模型复杂度。欠拟合的基本调优思路是提高特征数量和质量，提升模型复杂度。我们希望模型从数据中学习到的是规律，而不仅仅是为了完全描述所有的样本，即我们更希望对未知的数据有较好的预测效果。

模型训练通常包括 4 个步骤：①划分训练集和测试集；②实例化模型（如决策树）；③设置参数寻优范围；④进行交叉验证，构建模型，并确定最优参数。

4．模型评估

常见的分类模型评估指标包括准确率、精确率和召回率等。

常见的回归模型评估指标包括平均绝对误差、平均绝对百分比误差、均方根误差等。

5．使用模型进行预测

基于上述训练得到的最优模型对测试集进行预测。乘客的生存预测是一个分类问题，即判断乘客是否生还。这里以准确率为例对模型进行评估，预测结果如下（示例）：

```
测试集的准确率：
 0.8239700374531835
```

7.2 机器学习分类

7.2 机器学习的分类

人类在成长、生活的过程中积累了不少经验，我们可以对这些经验进行归纳，并获得一些规律，进而对将来进行推测，如图 7-5 所示。

如图 7-6 所示，机器学习中的训练过程与人类对经验进行归纳的过程相似，预测过程也与人类对将来的推测过程相似。在机器学习过程中，首先需要一组用于训练的数据集，然后通过一些机器学习算法（模型）对模型进行优化训练，得到的模型可以用于对新的数据进行预测，即通过训练产生模型，使用模型指导预测。

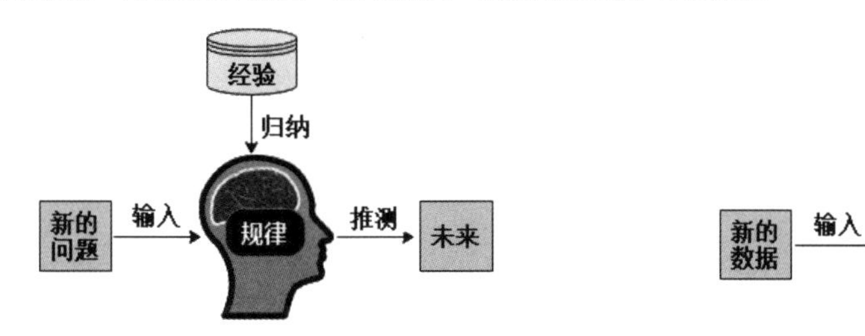

图 7-5　人类从经验中学习　　图 7-6　机器从历史数据中学习

为了能更好地理解不同类型的机器学习方法，下面首先给定一些基本概念。数据是进行机器学习的基础，所有数据的集合称为数据集（Dataset），如图 7-7 所示。每条记录称为一个样本（Sample），图 7-7 中的每个图形都是一个样本。样本在某方面的表现或性质称为属性（Attribute）或特征（Feature），每个样本的所有特征通常对应特征空间中的一个坐标向量，称为一个特征向量（Feature Vector）。在如图 7-7 所示的数据集中，每个样本都具有形状 shape、大小 size 和颜色 color 这 3 种不同的属性，其特征向量由这 3 种属性构成，$\boldsymbol{x}_i=[\text{shape,size,color}]$。进一步，对于 shape，若以 0 标记圆形，以 1 标记方形，以 2 标记三角形；对于 size，以 0 标记小图形，以 1 标记大图形；对于 color，以 0 标记空心图形，以

1 标记实心图形，则图 7-7 中指示的示例样本可记为 $\boldsymbol{x}_0 = [2,1,1]$。机器学习的任务就是从数据中学习出相应的模型，供以后输入新样本时进行决策判断。为了更好地学习一个模型，研究者根据样本是否带有标记或标签提出了不同的策略。

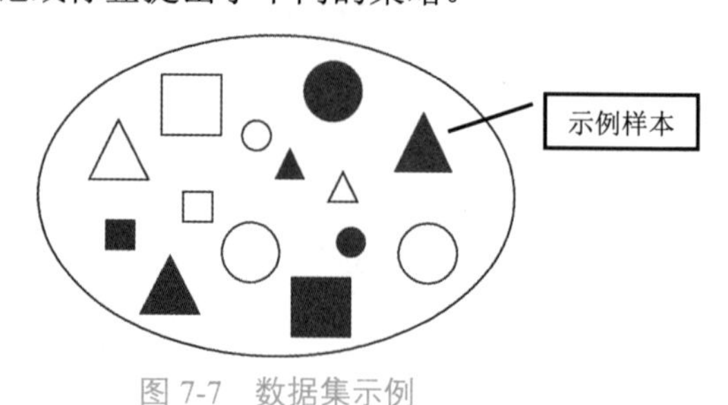

图 7-7　数据集示例

7.2.1　有监督学习

有监督学习（Supervised Learning）是机器学习中最重要的一类方法，指的是在已知输入和输出的情况下训练出一个模型，即建立从输入数据到输出数据的映射 f。以图 7-7 中的样本为例，可以将其建模为一个形状二分类问题：标签 $y_i = 0$ 对应数据集中的三角形，标签 $y_i = 1$ 对应数据集中的其他图形。此时，示例样本的映射关系为 $f([2,1,1]) = 0$。在模型训练完成后，当有新的样本输入时，可以根据模型判定新样本的标签。

有监督学习算法按照输出值 y 的特性又可以分为分类和回归两类算法。

1）分类（Classification）算法（见图 7-8）

如果 y 为离散变量，则为分类算法。例如，预测期末考试是否及格，或者预测明天是阴天、晴天还是雨天，这些都是分类任务。多分类问题可以分解为多个二分类问题。

分类任务的常见算法包括逻辑回归、决策树、随机森林、K 最近邻、支持向量机、朴素贝叶斯、神经网络等。

2）回归（Regression）算法（见图 7-9）

如果 y 为连续变量，则为回归算法。例如，预测期末考试的分数，或者预测明天的气温，这些都是回归任务。回归分析的任务是找出拟合样本的直线或曲线。

回归分析的常用算法包括线性回归、神经网络、AdaBoost 等。

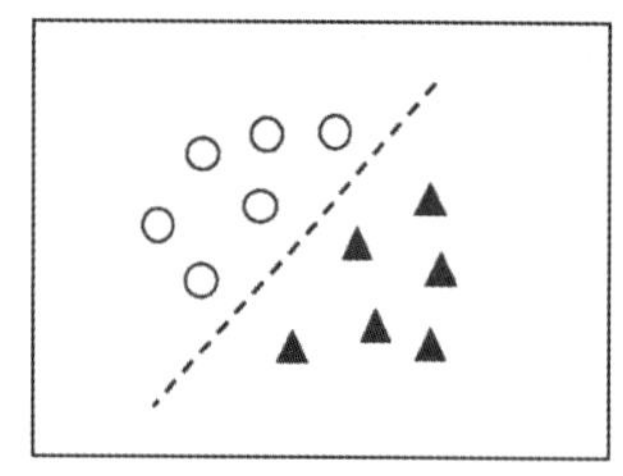

图 7-8　分类示意

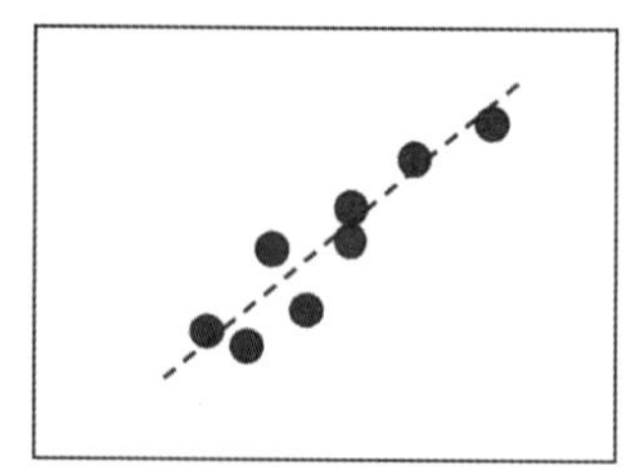

图 7-9　回归示意

7.2.2 无监督学习

无监督学习（Unsupervised Learning）：样本无类别标记（Class Label），即训练集是没有人为标注的。无监督学习的应用模式主要包括聚类算法和关联规则抽取。

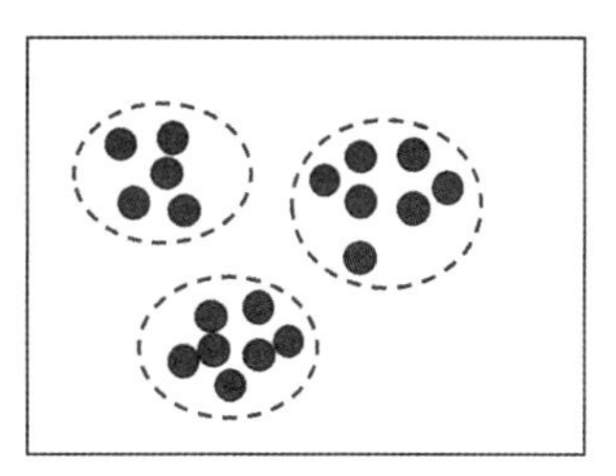

图 7-10 聚类示意

聚类算法又分 K 均值聚类和层次聚类。聚类分析的目标是创建对象分组，使得处于同一组的对象尽可能相似，而处于不同组的对象尽可能相异。图 7-10 所示为聚类示意。

关联规则抽取在生活中得到了很多应用。沃尔玛拥有世界上最大的数据仓库系统，为了能够准确地了解顾客在其门店的购买习惯，沃尔玛对其顾客的购物行为进行购物篮分析，想知道顾客经常一起购买的商品有哪些，结果发现与尿布一起购买最多的商品竟是啤酒。经过大量的实际调查和分析，揭示了一个隐藏在“尿布与啤酒”背后的美国人的一种行为模式：在美国，一些年轻的父亲下班后经常要到超市购买婴儿尿布，而他们中有 30%～40%的人会同时为自己购买一些啤酒。产生这一现象的原因是妻子常叮嘱她们的丈夫下班后为孩子买尿布，而丈夫在买完尿布后又随手带回了他们喜欢的啤酒。

7.2.3 半监督学习

半监督学习（Semi-Supervised Learning，SSL）是模式识别和机器学习领域研究的重点问题，是有监督学习与无监督学习相结合的一种学习方法。半监督学习使用大量的未标注数据，以及少量的已标注数据进行模式识别工作。半监督学习方法可以应用于分类、聚类、回归等各种任务中，在现实生活中有着广泛的应用，如文本分类、图像分类、语音识别、推荐系统等。

7.2.4 迁移学习

迁移学习（Transfer Learning）是指一个预训练的模型被重新用在另一个任务中。通俗地讲，就是使模型学会举一反三的能力，通过运用已有的知识来学习新的知识，其核心是找到已有的知识和新的知识之间的相似性，通过这种相似性的迁移达到迁移学习的目的。

随着计算硬件和算法的发展，缺乏有标签数据的问题逐渐凸显出来，尤其针对工业界，每时每刻都在产生大量的新数据，标注这些数据是一件耗时耗力的事情。基于这样的现状，迁移学习变得尤为重要。

7.2.5 强化学习

强化学习（Reinforcement Learning，RL）又称再励学习、评价学习或增强学习，是机器学习的范式和方法论之一，用于描述和解决智能体（Agent）在与环境的交互过程中通过学习策略达成回报最大化或实现特定目标的问题。

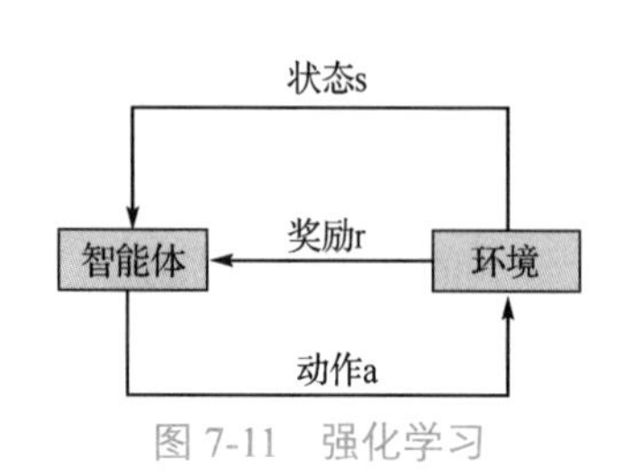

图 7-11　强化学习

强化学习主要由智能体、环境（Environment）、状态（State）、动作（Action）、奖励（Reward）组成。智能体执行了某个动作后，环境将会转换为一种新的状态，对于该新的状态，环境会给出奖励信号（正奖励或负奖励）。随后，智能体根据新的状态和环境反馈的奖励，按照一定的策略执行新的动作。上述过程为智能体和环境通过状态、动作、奖励进行交互的方式，如图 7-11 所示。

智能体通过强化学习可以知道自己处于什么状态，应该采取什么样的动作使得自身获得最大的奖励。由于智能体与环境的交互方式同人类与环境的交互方式类似，因此可以认为强化学习是一套通用的学习框架，可用来解决通用人工智能问题，故强化学习也被称为通用人工智能的机器学习方法。

7.3 机器学习的常用算法

7.3 机器学习常用算法

本节介绍数据科学家最常使用的几种机器学习算法，包括线性回归、支持向量机、决策树、K 最近邻、K 均值聚类。

7.3.1 线性回归

线性回归（Linear Regression）是利用数理统计中的回归分析来确定两个或两个以上变量间相互依赖的定量关系的一种统计分析方法，运用十分广泛。它的表达形式为 $y = w'x+e$，e 为误差，服从均值为 0 的正态分布。如果回归分析中只包括一个自变量和一个因变量，且二者的关系可用一条直线来近似表示，那么这种回归分析称为一元线性回归分析。如果回归分析中包括两个或两个以上的自变量，且因变量和自变量之间是线性关系，那么这种回归分析称为多元线性回归分析。

线性回归是回归分析中第一种经过严格研究并在实际应用中广泛使用的类型。这是因为线性依赖其未知参数的模型比非线性依赖其位置参数的模型更容易拟合，而且它产生的估计的统计特性也更容易确定。在机器学习中，有一个奥卡姆剃刀（Occam's razor）原则，它主张选择与经验观察一致的最简单的假设，是一种常用的、自然科学研究中最基本的原则，即“若有多个假设与观察一致，则选择最简单的那个假设”。线性回归无疑是奥卡姆剃刀原则最好的例子。

一般来说，线性回归都可以通过最小二乘法求出其方程。但是线性回归模型也可以用别的方法来拟合，如最小绝对误差回归。另外，最小二乘逼近也可以用来拟合非线性模型。

7.3.2　支持向量机

在深度学习盛行之前，支持向量机（Support Vector Machine，SVM）是最常用的机器学习算法。支持向量机是一种有监督学习方法，可以进行分类，也可以进行回归分析。支持向量机被提出于 1964 年，在 20 世纪 90 年代后得到快速发展并衍生出一系列改进和扩展算法，在人像识别、文本分类等模式识别问题中得到广泛应用。支持向量机可以通过核方法（Kernel Method）进行非线性分类，是常见的核学习（Kernel Learning）方法之一。

支持向量机的原理可由图 7-12 来表示，图中样本是线性可分的。其中，直线 *A*、直线 *B* 是决策边界，其两侧的虚线为间隔边界，间隔边界上的带圈点为支持向量。在图 7-12（a）中，可以看到有两个类别的数据。而图 7-12（b）、（c）中的直线 *A* 和直线 *B* 都可以把这两个类别的数据点分开。那么，到底选用直线 *A* 还是直线 *B* 作为决策边界呢？支持向量机采用间隔最大化（Maximum Margin）原则，即选用到间隔边界的距离最大的直线作为决策边界。由于直线 *A* 到它两侧虚线的距离更大，即间隔更大，因此直线 *A* 将比直线 *B* 有更多的机会成为决策边界。

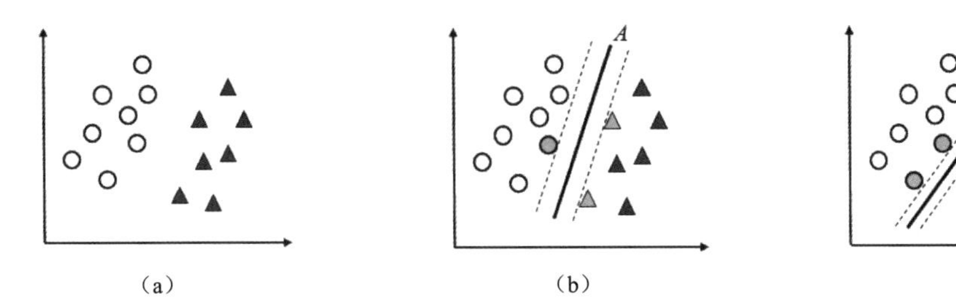

图 7-12　支持向量机的原理示意图

在小样本（数据量较少）场景中，支持向量机仍是分类性能最稳定的分类器。

7.3.3　决策树

决策树（Decision Tree）是对象属性与对象值之间的一种映射关系。这种决策分支画成图形很像一棵树的枝干，故称决策树，如图 7-13 所示。在实际生活中，人们在做决策时，很可能采用这种思考方式。决策树是一种树形结构，其中每个内部节点代表一个属性上的测试（判

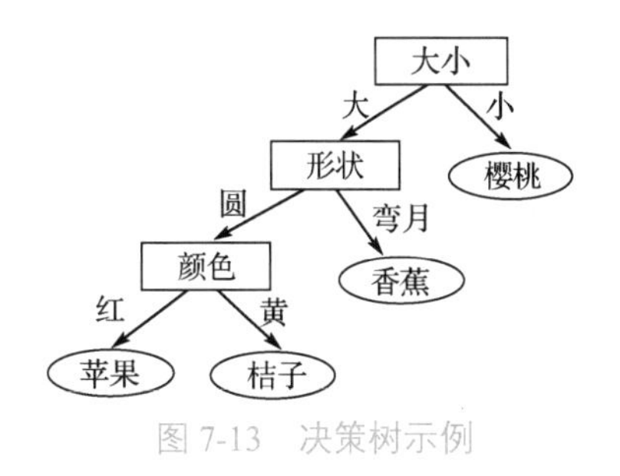

图 7-13　决策树示例

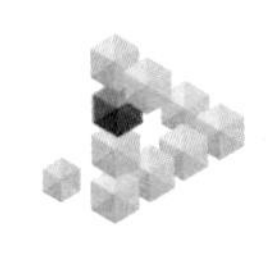

断），每个分支代表一个测试输出，每个叶节点代表一种类别。

图 7-13 是根据如表 7-3 所示的水果数据集，使用算法建立的决策树，每个节点代表一个输入变量，以及变量的分叉点。决策树的叶节点包括用于预测的输出变量 y。通过决策树的各分支到达叶节点，并输出对应叶节点的分类值。决策树可以进行快速的学习和预测，通常并不需要对数据做特殊的处理，就可以使用此方法解决多种问题并得到准确的结果。

表 7-3 水果数据集

序号	颜色	形状	大小	类别
1	红	圆	大	苹果
2	黄	弯月	大	香蕉
3	红	圆	小	樱桃
4	黄	圆	大	橘子

7.3.4 K 最近邻

K 最近邻（K-Nearest Neighbor，KNN）算法是机器学习中最简单直观的分类算法之一，其工作流程分为 5 个步骤：①计算测试数据与各个训练数据之间的距离；②按照距离的递增关系进行排序；③选取距离最小的 K 个点；④确定前 K 个点所在类别的出现频率；⑤返回前 K 个点中出现频率最高的类别，作为测试数据的预测分类结果。

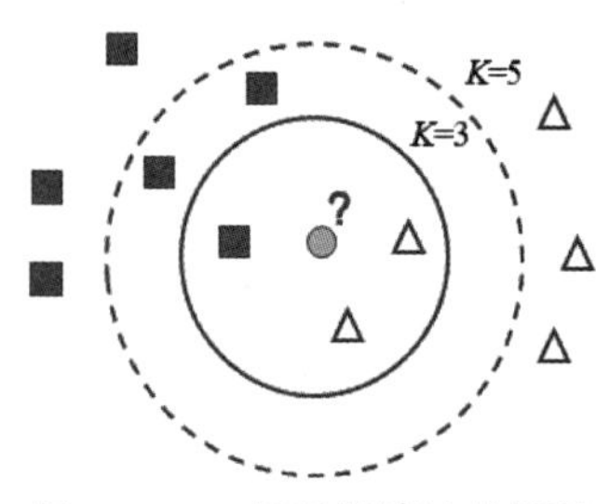

图 7-14 K 最近邻算法的原理

图 7-14 给出了 K 最近邻算法的原理。图 7-14 中的数据是良好的数据，即都有对应的标签：一类是灰色正方形，一类是空心三角形，淡灰色圆形是待分类预测的数据，即测试数据。

当 $K=3$ 时，范围内的空心三角形多，这个待分类点属于空心三角形。当 $K=5$ 时，范围内的灰色正方形多，这个待分类点属于灰色正方形。如何选择一个最佳的 K 值取决于数据集。一般情况下，在分类时，较大的 K 值能够减小噪声的影响，但会使类别之间的界限变得模糊。因此 K 一般取比较小的奇数（$K<20$）。

K 最近邻算法简单易懂，无须建模与训练，易于实现；缺点是内存开销大，对测试样本分类时计算量大，性能较低。此外，该算法的可解释性较差，无法像决策树那样提供规则。

7.3.5 K 均值聚类

分类作为一种有监督学习方法，需要事先知道样本的各种类别信息。当对海量数据进行分类时，为了减小数据满足分类算法要求所需的预处理代价，往往需要选择无监督学习聚类算法。K 均值聚类（K-Means Clustering）就是最典型无监督学习聚类算法之一。这是一种迭代求解的聚类分析算法，其步骤是首先随机选取 K 个对象作为初始的（种子）聚类中心，然后计算各个种子聚类中心与其他对象之间的距离，并把每个对象都分配给距离它最近的聚类中心。聚类中心和分配给它们的对象就代表一个聚类。每分配一个对象，聚类的聚类中心就会根据聚类中现有的对象被重新计算。这个过程将不断重复，直到满足某个终止条件。终止条件可能是没有对象被重新分配给不同的聚类、没有聚类中心再发生变化、误差平方和局部最小。K 均值聚类示例如图 7-15 所示。

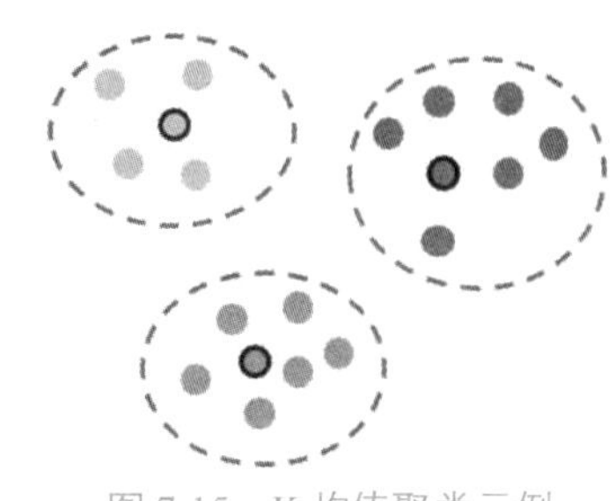

图 7-15　K 均值聚类示例

K 均值聚类算法的思想：对于给定的样本集，事先确定聚类簇数 K，让簇内的样本尽可能紧密地分布在一起，并使簇间的距离尽可能大。该算法试图将集群数据分为 n 组独立数据样本（集群），使 n 组集群间的方差相等，数学描述为最小化惯性或最小化集群内的平方和。K 均值聚类作为无监督学习聚类算法，实现较简单、聚类效果好，因此被广泛使用。

K 均值聚类的优点是原理易懂、易于实现；当簇间的区别较明显时，聚类效果较好。它的缺点是当样本集规模较大时，收敛速度会变慢；孤立点数据敏感，少量噪声就会对平均值造成较大的影响；K 的取值十分关键，对于不同的样本集，K 的选择没有参考性，需要进行大量实验。

7.4 机器学习的典型应用

7.4 机器学习的典型应用

人工智能现在已经变得无处不在了，生活中有很多关于它的应用，你可能正在以某种方式使用一些应用，却没有察觉到正是它在背后起着作用。人工智能最流行的应用之一是机器学习，它是使计算机具有智能的根本途径。下面列举一些人们每天都在使用的机器学习的例子，对于这些应用，你可能都不知道它们是由机器学习驱动的。

1. 虚拟个人助理

度秘、Siri、小冰是现在虚拟个人助理的典型例子。当人们通过语音询问它们时，它们便会找寻相应的信息。例如，人们询问“我今天的日程安排是什么？”“从德国到伦敦的航班是什么？”等类似的问题。虚拟个人助理在回答问题时，会查看信息、回忆相关查询，或者向其他资源发送命令以收集信息。人们甚至可以指导虚拟个人助理完成某些任务，如“设置第二天早上 6 点的闹钟”“后天提醒我访问签证办事处”等。机器学习是这些虚拟个人助理的重要组成部分，首先，它在收集和完善信息上发挥了重要作用；其次，它将使用

这组数据来呈现根据人们的首选项定制的结果。

2. 交通预测

交通预测：通过收集和分析大量的交通数据（如道路拥堵情况、车辆行驶速度、交通信号灯的状态等），可以利用机器学习算法来预测交通状况，包括道路拥堵情况、交通流量等。这些预测结果可以帮助交通管理部门做出更准确的决策，如优化交通信号灯的配时、调整公共交通线路等，从而提高交通效率和减少拥堵。

在线交通网络：当我们要预订出租车时，打车软件会估算本次行程的价格，机器学习算法通过预测乘客需求来确定价格的涨跌。机器学习可以根据历史数据和当前交通状况预测出最佳的行驶路线，以避免拥堵和减少行驶时间。机器学习还能分析驾驶员的行驶习惯、安全记录和工作时间等因素，预测驾驶员的疲劳驾驶、违规行驶等行为，以提高乘客的安全性。

3. 社交媒体服务

从个性化的新闻订阅到更好的广告定位，社交媒体平台都在利用机器学习为自己及其用户带来好处。

（1）面部识别：用户上传一张自己和朋友的照片后，社交媒体平台的面部识别技术会自动对照片中的人脸进行检测、提取特征，并将这些特征与用户好友列表中的人脸特征进行匹配。虽然后端的机器学习过程很复杂，但用户只需简单地上传照片即可实现面部识别功能。

（2）推荐你可能认识的人：社交媒体平台会不断地注意你所联系的朋友、你经常访问的个人资料、你的兴趣、你的工作场所或你与他人分享的群等，它在不断学习的基础上向你推荐你可能认识的人。

4. 视频监控

想象一下，某位值班人员在监控室里同时盯着多个监控屏幕，上面是摄像头传回来的实时信号，这项工作很困难，也很无聊。因此训练计算机来完成这项工作就非常有意义了。

现在的视频监控系统都是由人工智能驱动的，可以在犯罪事件发生之前将其检测出来，会跟踪人们的不寻常行为，如长时间站着、绊倒或在长椅上打盹等。这样，系统就可以向警务人员发出警报，从而最大限度地避免事故发生。此外，这些核实过的不寻常活动数据反过来又可以用于改进监测服务的效果和准确性，这些都离不开机器学习在后端的支持。

5. 垃圾邮件过滤软件

由于基于规则的垃圾邮件过滤软件在一段时间后就会失效，难以跟踪垃圾邮件发送者采用的最新技巧，因此多层感知器、C4.5 决策树等机器学习算法被广泛应用于垃圾邮件过滤，以不断更新电子邮件客户端中的垃圾邮件过滤软件。这些算法可以自动学习和识别新的垃圾邮件特征，提高垃圾邮件过滤的准确性和效率。

每天有超过 325000 个恶意软件被检测到，每段代码都与以前的版本有 90%～98%的相似度。由机器学习驱动的系统安全程序很熟悉这样的编码模式，因此可以很容易检测到变化 2%～10%的新型恶意软件，并提供对它们的防护。

6．智能客服

现在，许多网站在站内导航页面中都提供了在线客服聊天的选项。然而，并不是每个网站都有一个真实的客服代表来回答用户的问题。在大多数情况下，用户会与聊天机器人交谈，这些聊天机器人倾向于从网站上提取信息并将其呈现给用户。与此同时，聊天机器人也会随着聊天的深入变得更人性化，它们倾向于更好地理解用户查询，并为用户提供更好的答案，这均是由其底层的机器学习算法驱动的。

7．搜索引擎结果的优化

谷歌和其他搜索引擎都使用机器学习来改善用户的搜索结果。每次用户在搜索时，后端的算法都会监视响应结果。如果用户打开顶部的结果并在网页上停留很长时间，那么搜索引擎会假定显示的结果与查询一致。同样，如果用户单击搜索结果的第二页或第三页，但没有打开任何网页，那么搜索引擎会估计自己所提供的结果与用户要求不匹配。此时，后端的算法可以改进搜索结果。

8．商品推荐

购物网站和应用程序使用机器学习的推荐算法，它根据用户的行为、购买历史、喜好和品牌偏好等信息，向用户推荐符合其喜好的商品，从而提升用户的购物体验。这种算法的优点在于能够进行个性化推荐，提高用户的购买率和满意度。同时，这种算法也是机器学习领域的一个重要研究方向，涉及推荐系统的设计、数据挖掘和算法优化等。

9．在线欺诈检测

机器学习证明了它能够使网络成为一个安全的地方的潜力，在线跟踪货币欺诈就是其中一个例子。例如，PayPal 公司使用机器学习来防止洗钱。该公司使用一套工具，帮助其监控发生的数百万笔交易，并区分买卖双方之间发生的是合法交易还是非法交易。

☆任务 7.1　训练回归模型

1．任务描述

本任务将在 Python 开发环境中体验机器学习，利用工具包中的线性回归函数对训练数据集进行训练，得到回归模型，并利用画图函数进行图像呈现。

学生可以通过扫描右侧二维码来观看本任务具体操作过程的讲解视频。

☆任务 7.1 线性回归预测

2. 相关知识（任务要求）

已经安装 Python 编程环境。

3. 任务设计

- 生成数据。
- 训练模型。
- 测试模型，并画图呈现。

4. 任务过程

第 1 阶段，生成数据并显示。E7_Regression.py 文件中的代码如下：

```
import numpy as np                                          # np为numpy的缩写
from sklearn.datasets import make_regression
import matplotlib.pyplot as plt                             # plt为matplotlib.pyplot的缩写

X, y = make_regression(n_samples=100, n_features=1, noise=5)

plt.scatter(X,y)                                            # 将数据以散点图的形式呈现
```

第 2 阶段，呈现数据。代码如下：

```
# 1.导入线性回归
from sklearn.linear_model import LinearRegression

# 2.创建模型，线性回归
model = LinearRegression()

# 3.训练模型
model.fit(X,y)

# 4.根据模型进行预测
y_predicted = model.predict(X)

# 5.根据原始的 X 和预测得到的 y_predicted 画图
plt.scatter(X,y)
plt.plot(X, y_predicted,color='coral')
```

5．任务测试

本任务的结果如图 7-16、图 7-17 所示。

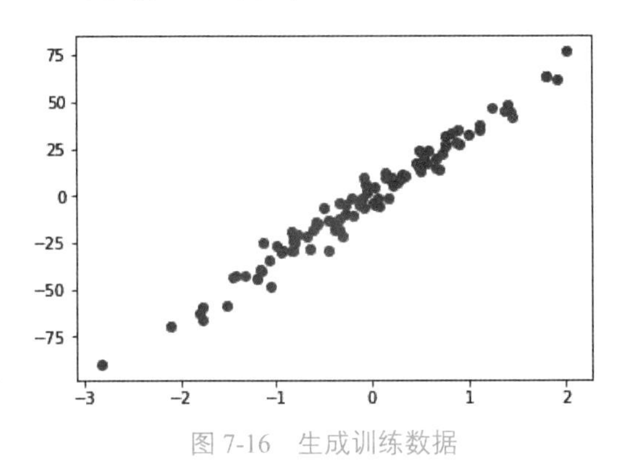

图 7-16 生成训练数据

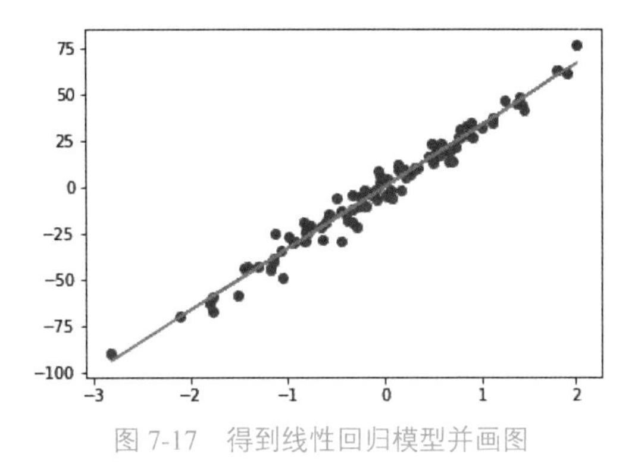

图 7-17 得到线性回归模型并画图

6．拓展创新

本任务通过训练并使用线性回归模型让学生体验机器学习中生成数据、训练模型、预测数据（直线）的一般流程。

❓你能否使用其他回归模型，如随机森林等来训练并使用回归模型呢？

✪任务 7.2 泰坦尼克号乘客生存预测

1．任务描述

本任务将在 Python 开发环境中开展机器学习实验，使学生了解机器学习的一般步骤。这里以泰坦尼克号数据集为例，利用工具包中的决策树模型对训练数据集进行训练，并对船上乘客进行生存预测。

学生可以通过扫描右侧二维码来观看本任务具体操作过程的讲解视频。

✪任务 7.2 泰坦尼克号乘客生存预测

2．相关知识（任务要求）

已经安装 Python 编程环境，并配置有 sklearn 机器学习库。

3．任务设计

- 数据获取。
- 数据预处理。

- 模型训练。
- 模型评估。
- 使用模型进行预测。

4．任务过程

第 1 阶段，数据获取。P7_Titanic.py 文件中的代码如下：

```
import numpy as np                                   # np为numpy的缩写
# 准备相关的包
import pandas as pd
from sklearn.tree import DecisionTreeClassifier
from sklearn.model_selection import train_test_split
from sklearn.model_selection import GridSearchCV
from sklearn.metrics import accuracy_score
import numpy as np

# 数据准备
train_data = pd.read_csv('titanic/train.csv')
train_data.info()

train_data.drop(
    ['Cabin', 'Name', 'Ticket'],                     # 需要删除的列
    inplace=True,                                    # 替换原始数据
    axis=1                                           # 对列进行操作
)

print(train_data.isnull().any())                     # 观察数据集信息
```

第 2 阶段，数据预处理。代码如下：

```
# 使用所有乘客的平均年龄对年龄属性进行缺失值填充
train_data['Age'] = train_data['Age'].fillna(
    train_data['Age'].mean()
)

# 删除登船港属性具有缺失值的行
train_data = train_data.dropna()
print("性别具有的类别：", train_data['Sex'].unique())
print("登船港类别：", train_data['Embarked'].unique())

# 将性别属性Sex转为0、1整型数据，1表示男性，0表示女性
```

```
train_data["Sex"] = (train_data['Sex'] == "male").astype("int")

# 首先将登船港类别转换为列表格式
labels = train_data['Embarked'].unique().tolist()
# 然后获取每个登船港类型的index值，并将其存储到train_data中
train_data["Embarked"] = train_data["Embarked"].apply(
    lambda x: labels.index(x)
)
```

第 3 阶段，模型训练。代码如下：

```
X = train_data.loc[:, train_data.columns != "Survived"]  # 非Survived列作为属性
y = train_data.loc[:, train_data.columns == "Survived"]  # Survived列作为标签

# （1） 将数据集划分为训练数据集与测试数据集
X_train, X_test, y_train, y_test = train_test_split(
    X, y, test_size=0.3)
# train_test_split会对数据集进行随机排序
# 为了防止后续数据分析出现混乱，使用如下代码将索引变成顺序索引
for i in [X_train, X_test, y_train, y_test]:
    i.index = range(i.shape[0])

# （2） 定义分类器对象clf为决策树模型
clf = DecisionTreeClassifier()

# （3） 利用网格搜索技术调整决策树超参数
# 设置超参数搜索网格参数
parameters = {
    "criterion": ("gini", "entropy"),
    "splitter": ("best", "random"),
    "max_depth": [*range(1,10)],
    "min_samples_leaf": [*range(1, 30, 3)],
    "min_impurity_decrease": [*np.linspace(0, 0.5, 20)]
}

clf = DecisionTreeClassifier(criterion='gini', max_depth=7, min_impurity_decrease=0,
                        min_samples_split=7, splitter='random')

clf.fit(X_train, y_train)
```

第 4 阶段，模型评估。5 折交叉验证方法的代码如下：

```
# （4） 使用GridSearchCV()方法对超参数网格parameters进行网络搜索
```

```
# 以5折交叉验证方法得到评价结果
# GS = GridSearchCV(clf, parameters, cv=5)   # 实例化网格搜索对象
# GS = GS.fit(X_train, y_train)   # 对训练数据集进行训练
# 返回最佳超参数组合
# print("\n最佳超参数组合:\n", GS.best_params_)
```

第5阶段，使用模型进行预测。代码如下：

```
pred = clf.predict(X_test)
acc = accuracy_score(pred, y_test)
print("\n测试数据集的准确率:\n", acc)
```

5. 任务测试

运行程序，预测结果如下（示例）：

```
测试数据集的准确率:
0.823  9700374531835
```

6. 拓展创新

本任务以泰坦尼克号乘客生存预测为案例，实现了机器学习的应用。

❓你能否利用鸢尾花数据集建立分类模型并进行预测呢？

单元小结

本单元首先介绍了机器学习的概念与分类，接着介绍了机器学习常用算法，并介绍了机器学习的典型应用。本单元实现了训练回归模型、泰坦尼克号乘客生存预测两个任务。通过本单元的学习和实践，学生能对数据预处理以便训练分类或回归模型。

习题 7

一、选择题

1. 人类通过对经验进行归纳来总结规律，并以此对新的问题进行预测。类似的机器会对（　　）进行（　　），建立（　　），并以此对新的问题进行预测。

（A）经验，训练，模型　　（B）数据，总结，模型

（C）数据，训练，模式　　（D）数据，训练，模型

2．下面的（　　）步骤不属于机器学习的流程。

（A）特征提取　　（B）模型训练　　（C）模型评估　　（D）数据展示

3．学习样本中有一部分有标记，有一部分无标记，这类计算学习的算法属于（　　）。

（A）有监督学习　（B）半监督学习　（C）无监督学习　（D）集成学习

4．机器学习算法中有一种聚类算法，它会将数据根据相似性进行分组。这种算法属于（　　）。

（A）有监督学习　（B）半监督学习　（C）无监督学习　（D）集成学习

5．用于预测分析的建模技术是（　　），它研究的是因变量（目标）和自变量（预测器）之间的关系，这种技术通常称为（　　）。

（A）回归算法　　（B）分类算法　　（C）神经网络　　（D）决策树

6．下面关于无监督学习方法描述正确的是（　　）。

（A）无监督学习方法只处理“特征”，不处理“标签”

（B）降维算法不属于无监督学习方法

（C）K 均值聚类算法和支持向量机都属于无监督学习方法

（D）以上都不对

二、填空题

1．在线性回归、决策树、随机森林、关联规则抽取这些机器学习算法中，________、______、随机森林属于有监督学习方法。

2．____学习又称再励学习、评价学习或增强学习，其基本原理是：如果智能体的某个行为策略导致环境给出正奖励（强化信号），那么智能体以后产生这个行为策略的趋势便会加强。

三、简答题

1．请说出分类算法和回归算法之间的相同之处与不同之处。

2．试比较有监督学习与无监督学习之间的差别。

四、实践题

请参照任务 7.1 的处理流程，采用决策树模型进行回归预测。提示：决策树模型在 sklearn.tree 库中，模型类的名称为 DecisionTreeRegressor。

单元8

深度学习与模型训练

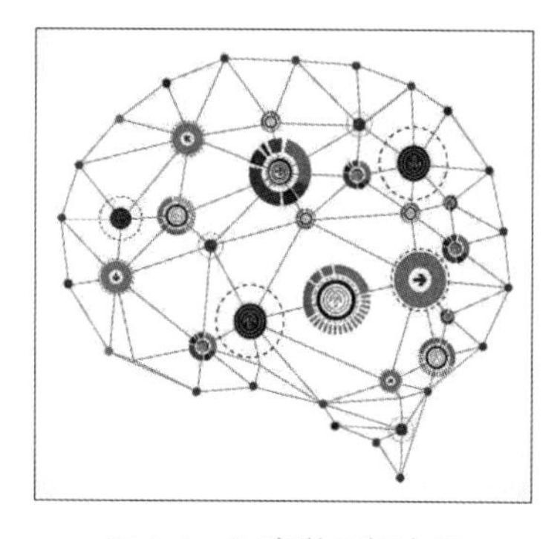

图 8-1　深度学习概念图

自动生成人脸、生活用品，对图像进行变换……这一切的背后都是生成对抗网络（Generative Adversarial Network，GAN）的功劳。生成对抗网络是一种深度学习模型，是近年来在复杂分布上无监督学习最具前景的方法之一。深度学习概念图如图 8-1 所示。

深度学习是机器学习的一种，它模仿人类大脑的工作方式，通过多层神经网络来实现数据的分类、识别、预测等。它可以处理比传统机器学习更大、更复杂的数据集，并且可以自动地学习数据中的特征，而不需要人工进行特征提取。

◆ 单元知识目标：了解深度学习、神经网络及相关术语，了解生成对抗网络及其应用。

◆ 单元能力目标：熟悉深度学习模型中的参数及调参过程，能编码训练深度学习模型。

本单元结构导图如图 8-2 所示。

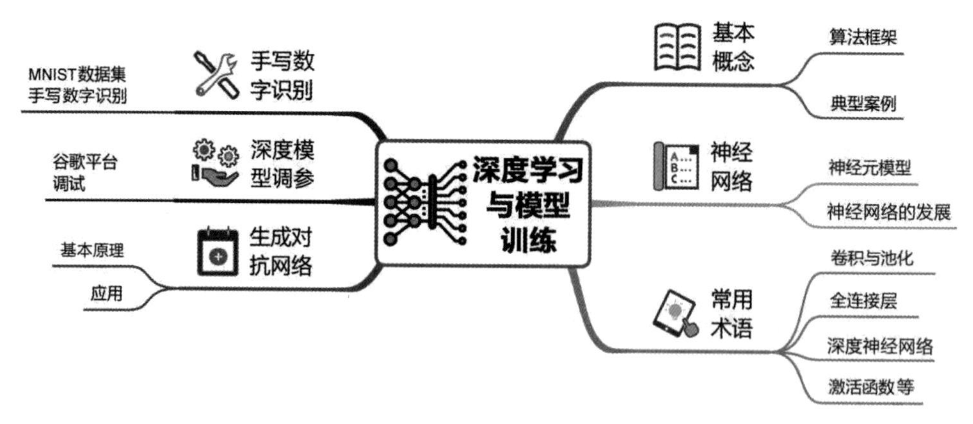

图 8-2　本单元结构导图

8.1 深度学习的概念

8.1 深度学习的概念

8.1.1 深度学习算法框架

深度学习也就是深度神经网络，是人工智能领域的一种机器学习方法，通过构建多层神经网络来模拟人脑的神经元，实现对数据的高级抽象和分析。

深度学习中常见的算法包括卷积神经网络（Convolutional Neural Network，CNN）、循环神经网络（Recurrent Neural Network，RNN）、自编码器（AutoEncoder，AE）、生成对抗网络、序列到序列（Sequence-to-Sequence，Seq2Seq）、强化学习等。深度神经网络的构建和训练技术包括网络结构设计、参数初始化、正则化等，如图 8-3 所示。

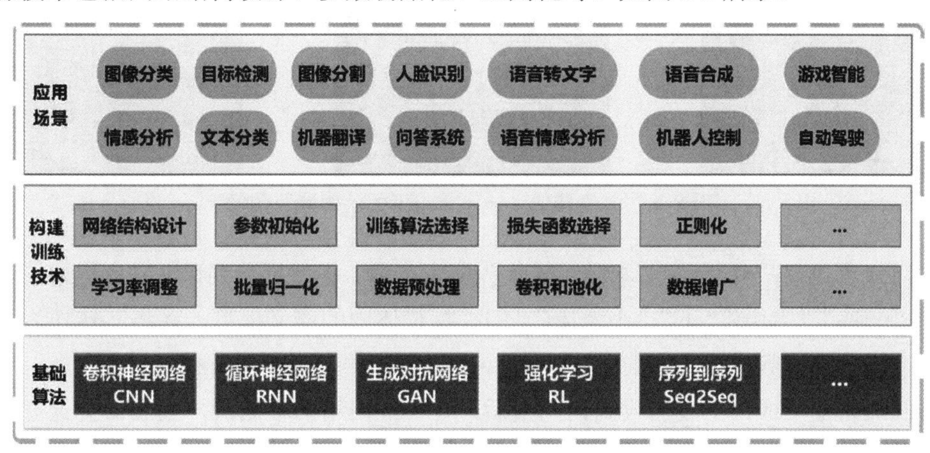

图 8-3　深度学习算法框架

在计算机视觉、智能语音（语音识别）、自然语言处理、强化学习等领域，深度学习都取得了令人瞩目的成就。深度学习在计算机视觉领域的应用场景包括图像分类、目标检测、图像分割、人脸识别等，在自然语言处理领域的应用场景包括情感分析、文本分类、机器翻译、问答系统等，在语音识别领域的应用场景包括语音转文字、语音情感分析、语音合成等，在强化学习领域的应用场景包括游戏智能、机器人控制、自动驾驶等。

Stable Diffusion 团队发布了全新的绘画模型 DeepFloyd IF，它不仅能够生成照片级的图像质量，还解决了以前的模型难以实现的两大难题：准确绘制文字和准确理解空间关系。Midjourney 基于深度学习和生成对抗网络算法，可以根据输入的文本描述生成逼真的图像。下面简单介绍 AI 绘画的过程。

8.1.2 典型案例：AI 绘画

AI 绘画的原理其实并不复杂。在生成图像的过程中，生成器会首先生成一个较低分辨

率的图像，然后逐渐增加细节和复杂性。每层神经网络都会处理不同级别的特征，从低级特征（如边缘和纹理）到高级特征（如物体和场景的组成）。生成器的神经网络层之间存在连接关系，这些连接使得生成器可以在不同层次上对特征进行组合。例如，生成器可能会先确定一个场景的大致布局，然后在这个布局的基础上添加物体和其他细节。在图像的整个生成过程中，生成器会根据输入的描述或关键词调整特征的组合，以创造出与输入相关的图像。

例如，我们使用一个 AI 绘画模型，输入的文本描述是“一座雪山下的小木屋”，希望生成器能够根据这个描述创建一幅图像，如图 8-4 所示。

图 8-4　AI 生成的“一座雪山下的小木屋”图像

- 词向量处理：AI 会将文本描述转换为嵌入向量，类似拆分词语，文本描述被转换为“一座”“雪山”“下”“小木屋”，即捕捉描述中的语义信息，并将其转换为计算机可以处理的数值形式词向量。
- 低级特征生成：生成器收到词向量后，在神经网络的较低层，生成器会处理低级特征。在这个阶段，生成器会确定雪山和小木屋的大致轮廓、颜色和纹理。
- 高级特征生成：随着神经网络层数的增加，生成器开始处理更高级的特征。在这个阶段，生成器会根据输入的描述，在画面中放置雪山和小木屋，并确定它们之间的相对位置和大小。
- 细节添加：在神经网络的较高层，生成器会进一步细化图像，添加更多细节。生成器可能会在小木屋上添加窗户、门和烟囱，在雪山上添加雪的纹理等。例如，图 8-4 中的烟囱和楼梯的位置生成错误，判别器输出结果，由生成器进行细节调整。
- 完成图像：经过生成器的多层神经网络处理，最后输出一幅包含雪山和小木屋的图像。这幅图像包含从低级到高级的各种特征，使其看起来既真实又具有视觉吸引力。

从技术上来讲，目前的 AI 技术能进行海报制作等工作，完全可以替代大量原画师并胜任平面设计等岗位。但 AI 绘画也带来了大量问题，如作品的真实性和原创性问题、作品版权问题等，同时导致人类的创新能力减弱，还有可能阻碍艺术的发展和进步。

8.2 神经网络

8.2 神经网络的概念

人工神经网络（Artificial Neural Network，ANN）简称神经网络（NN），是一种参照人类大脑工作机制进行信息处理的数学模型，由大量简单处理单元经广泛连接而成，是对人类大脑神经元连接结构的模拟和简化。近年来，伴随着深度学习的发展，神经网络由于其能够发现高维数据中的复杂结构而取得了比传统机器学习方法更好的结果，在计算机视觉、语音识别、自然语言处理等领域都获得了巨大成功。

8.2.1 神经元模型

1904 年，生物学家了解了神经元的组成结构，如图 8-5 所示。外界的刺激通过各个树突传递给神经元，神经元进行加工处理后由轴突输出信号，信号经由神经末梢（突触）传递给其他神经元。其中，突触是指一个神经元的冲动传到另一个神经元时，两者相互接触的结构。

1943 年，神经生理学家麦卡洛克（McCulloch）和数学家皮茨（Pitts）在分析、总结神经元基本特性的基础上首先提出神经元的数学模型（M-P 模型）。目前有多种神经元模型，标准的数学模型中包含加权求和、线性动态系统和非线性函数映射 3 部分，如图 8-6 所示。

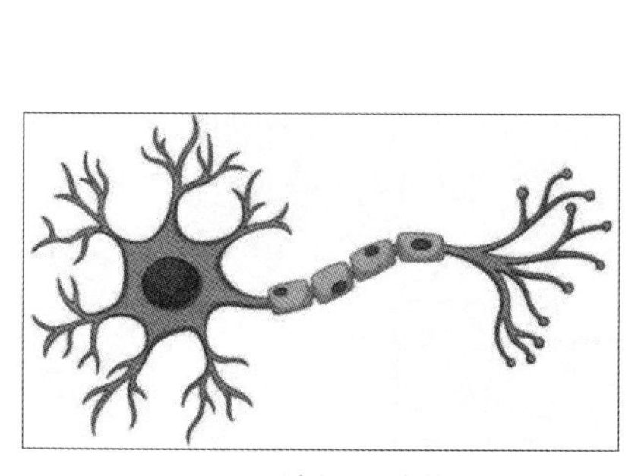

图 8-5 神经元结构图

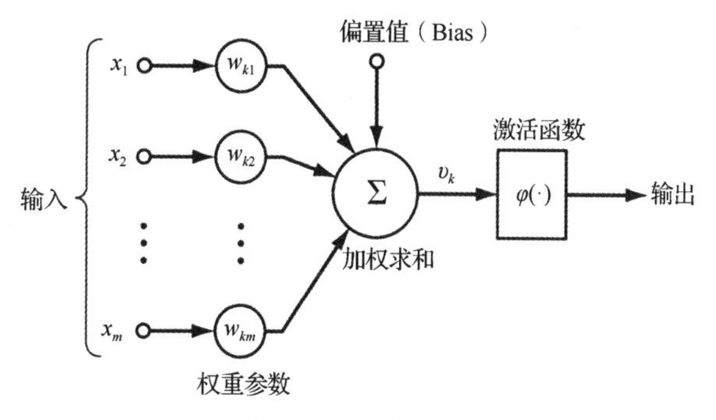

图 8-6 神经元模型

输出 $y=\varphi(\boldsymbol{wx}+b)$，其中，$\boldsymbol{w}=(w_{k1},w_{k2},\cdots,w_{km})$，$\boldsymbol{x}=(x_1,x_2,\cdots,x_m)^{\mathrm{T}}$。如果没有激活函数 $\varphi(\cdot)$，那么神经元的工作原理将类似线性变换，表达能力有限。

8.2.2 神经网络的发展

人类神经网络是由众多简单的神经元的轴突和其他神经元或自身的树突相连接而成

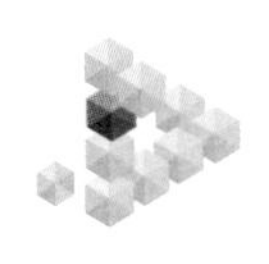

的，尽管每个神经元的结构和功能都不复杂，但神经网络的行为是极复杂的。鉴于此，科学家探索用多个神经元组成人工神经网络来表达很多复杂的物理系统。

1982年，约翰·霍普菲尔德（John Hopfield）等人提出了霍普菲尔德神经网络（Hopfield Neural Network）。这是一种反馈型神经网络，即一些神经元将自身的输出信号作为输入信号经过其他神经元处理后反馈到这些神经元的输入端。

1986年，鲁梅尔哈特（Rumelhart）等人提出了反向传播（Back Propagation，BP）算法，又称为BP神经网络，用于多层神经网络的参数计算，以解决非线性分类和学习问题，对人工神经网络的研究与应用起到了重大的推动作用。BP神经网络是一种前馈型神经网络，其中每个神经元都接收来自前一层的输入，并将输出传递给下一层，各层之间没有反馈连接。图8-7所示为多层前馈神经网络示例模型，它由一个输入层、两个隐藏层、一个输出层构成。

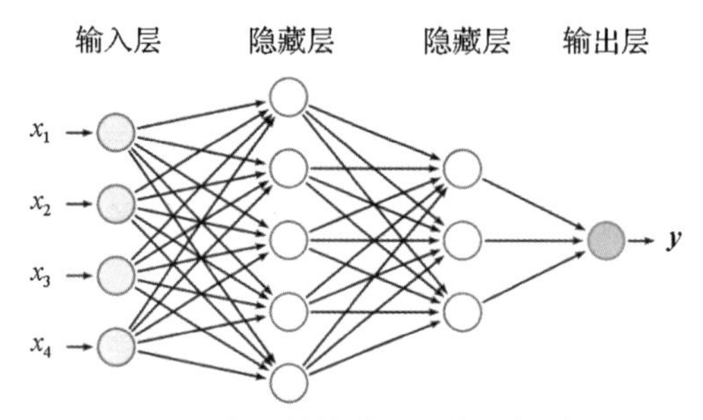

图8-7　多层前馈神经网络示例模型

1989年，Yann LeCun构建了应用于计算机视觉问题的卷积神经网络，即LeNet的最初版本。LeNet包含两个卷积层和两个全连接层，共计6万个学习参数。Yann LeCun在论述其网络结构时，首次使用了“卷积”一词，“卷积神经网络”也因此得名。

1998年，Yann LeCun及其合作者在LeNet的基础上构建了更加完备的卷积神经网络LeNet-5，并在手写数字的识别问题中取得成功。LeNet-5沿用了LeNet的学习策略并在原有设计中加入了池化层，以对输入特征进行筛选。LeNet-5及其后产生的变体定义了现代卷积神经网络的基本结构，其构筑中交替出现的卷积层和池化层被认为能够提取输入图像的平移不变特征。LeNet-5的成功使卷积神经网络得到关注，微软在2003年使用卷积神经网络开发了OCR系统。其他基于卷积神经网络的应用研究也得到展开，包括人像识别、手势识别等。

2006年，在深度学习理论被提出后，卷积神经网络的表征学习能力得到了关注，并随着数值计算设备的更新得到发展。自2012年的AlexNet开始，得到GPU计算集群支持的复杂卷积神经网络多次成为ImageNet大规模视觉识别竞赛的优胜算法，包括2013年的ZFNet、2014年的VGGNet、GoogLeNet和2015年的ResNet。

其他比较流行的神经网络（如AlexNet、Inception等）都具有不同的特点和适用范围，需要根据具体任务和数据情况进行选择与调整。

8.3 深度学习常用术语

8.3 深度学习常用术语

8.3.1　卷积神经网络的概念

卷积神经网络是包含卷积计算且具有深度结构的前馈神经网络，是深度学习的代表算法之一，在图像领域处于主导地位。下面以动物识别为例来描述对小狗进行识别训练时的流程及术语。当小狗图片（数字化信息）被送入卷积神经网络时，需要通过多次卷积（Convolution）和池化（Pooling）运算，最后通过全连接层（Fully-Connected Layer），输出为属于猫、狗等各个动物类别的概率，如图 8-8 所示。

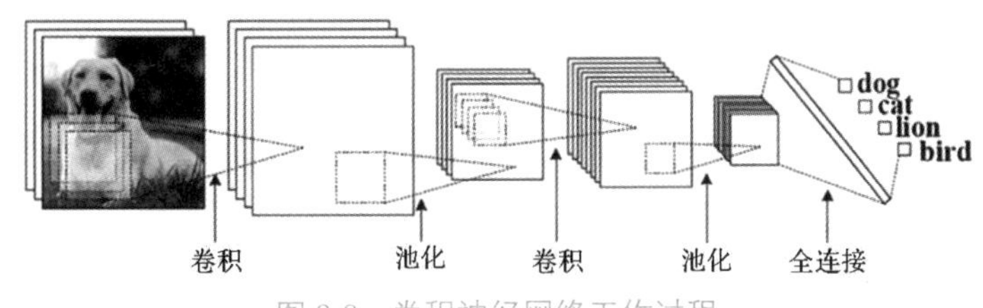

图 8-8　卷积神经网络工作过程

8.3.2　卷积神经网络相关术语

1. 卷积

卷积是一个数学名词，是狄拉克为了解决一些瞬间作用的物理现象而提出的，目的是能较好地处理冲激函数。卷积被广泛用于进行信号处理，使输出信号能较平滑地过渡。

图 8-9 展示了一维卷积运算的工作过程，输入为 1×7 的向量[1,−2,1,−1,2,1,1]，经过 1×3 的卷积核[−1,0,1]，得到 1×5 的输出向量[0,1,1,2,−1]。卷积核可视作小滑块，自左向右（步长为 1）滑动。当卷积核对准输入信号的某个位置时，将相应的输入信号与卷积核做卷积（点乘）运算，运算结果呈现在输出信号层中。例如，在图 8-9 中，卷积核停留在第一个位置上，对准的信号段是[1,−2,1]，故该次运算的输出结果为 0。

在图 8-9 中，经过卷积运算的输出信号的尺度变小了。事实上，输出信号的尺度是由对应卷积核大小、卷积步长和填充决定的。其中填充是指在输入信号外边界补 0 或相近值，用以解决卷积运算后输出信号尺度变小的问题。

图 8-10 所示为卷积运算平滑降噪示例，即使信号平滑过渡。当有一个较大信号（如 100），甚至可能是噪声时，经过卷积运算，最大输出信息已经降为 58，并且与周边的信号更接近。通过调整卷积核尺寸和卷积核内相应的权重值等，有机会得到更理想的结果。在图像处理中，还可以利用边缘检测卷积核（如 Sobel 算子）清晰地识别出图像的边缘。

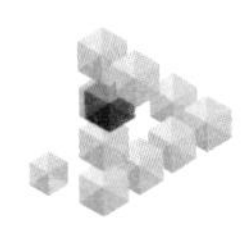

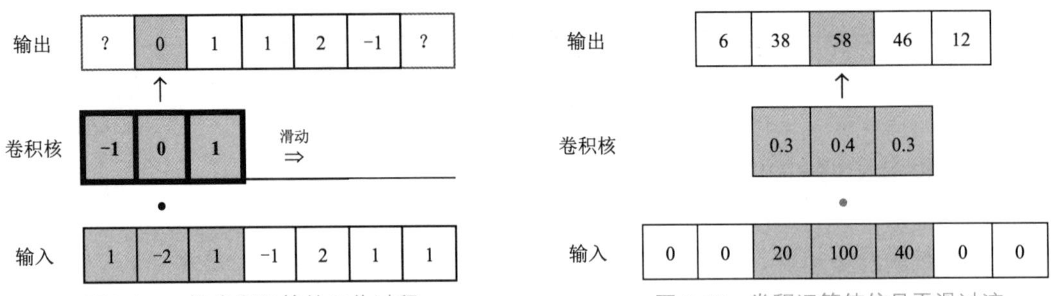

图 8-9　一维卷积运算的工作过程　　图 8-10　卷积运算使信号平滑过渡

2. 池化

池化层也称为下采样层或降采样层，其输入一般来源于上一个卷积层。它的主要作用有两个：一是保留主要的特征，同时减少下一层的参数量和计算量，防止过拟合；二是保持某种不变性，包括平移、旋转、尺度。常用的池化方法有均值池化和最大池化。

图 8-11 展示了将上一次卷积运算的结果作为输入，分别经过最大池化和均值池化运算后的结果。先将输入矩阵平均划分为若干对称子集，再计算子集中的最大值（最大池化）和平均值（均值池化）。

当然，具体到图像的卷积运算，还要考虑红、绿、蓝等多种颜色，部分图像的存储形式并不是二维矩阵，而是三维矩阵。但是卷积运算的原理是相同的，即使用一个规模较小的三维矩阵作为卷积核，当卷积核在规定范围内滑动时，计算出相应的输出信息。

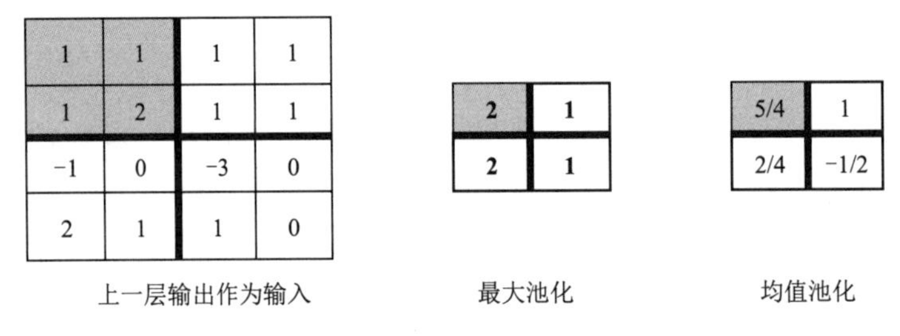

图 8-11　两种池化的结果

3. 全连接层

卷积运算中的卷积核的基本单元是局部视野，其主要作用是将输入信息中的各个特征提取出来，它是将外界信息翻译成神经信号的工具。当然，经过卷积运算的输出信号彼此之间可能不存在交集。通过全连接层，就有机会将前述输入信号中的特征提取出来，供决策参考。当然，全连接的个数是非常多的，若有 N 个输入信号、M 个全连接节点，则有 $N \times M$ 个全连接，由此带来的计算代价是非常大的。

4. 深度神经网络

神经网络包括输入层、隐藏层、输出层。通常来说，隐藏层达到或超过 3 层，就可以称其为深度神经网络。深度神经网络通常可以达到上百层、数千层。例如，在图 8-12 中，隐藏层为 3 层，即可称之为深度神经网络。

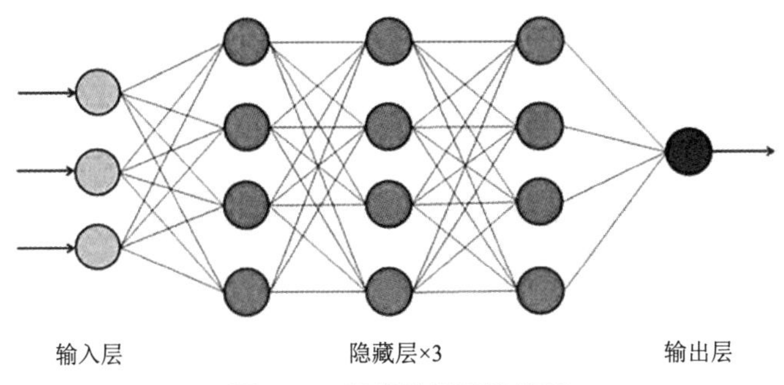

图 8-12　深度神经网络模型

5. 激活函数

在深度学习中，如果每层输出都是上层输入的线性函数，那么多层神经网络的输出结果可能仍然是输入信息的线性组合，表达能力不强。在这种情况下，可以通过引入非线性函数作为激活函数来使输出信息逼近任意函数。这种非线性函数称为激活函数（也称激励函数）。

激活函数的作用是将神经元的输出转换为非线性的形式，使得神经网络具有更强的表达能力。不同的激活函数适用于不同的任务和模型，选择合适的激活函数可以提高模型的性能和稳定性。常见的激活函数包括 Sigmoid 函数、tanh 函数、ReLU 函数和 Softmax 函数等，如图 8-13 所示。另外，激活函数还有 Leaky ReLU 函数、ELU 函数和 Swish 函数等。

Sigmoid 函数：将输入映射为 0 到 1 之间的值，常用于二分类问题。当 x 很小时，y 趋近于 0，x 越大，y 越大，最终趋近于 1，如图 8-13（a）所示。Sigmoid 函数还可以用于逻辑回归模型，将输入特征映射为 0 到 1 之间的概率值，用于预测二分类问题的结果。

ReLU 函数：将输入映射为 0 到正无穷之间的值，可以有效地解决梯度消失问题，常用于深度神经网络。当 $x>0$ 时，信号保持不变，否则输出 0，如图 8-13（b）所示。

tanh 函数：将输入映射为−1 到 1 之间的值，如图 8-13（c）所示。它可以用于多元分类问题，也可以用于回归问题。与 Sigmoid 函数类似，tanh 函数也可以解决二分类问题，但是它的输出范围更广，可以提供更多的信息。

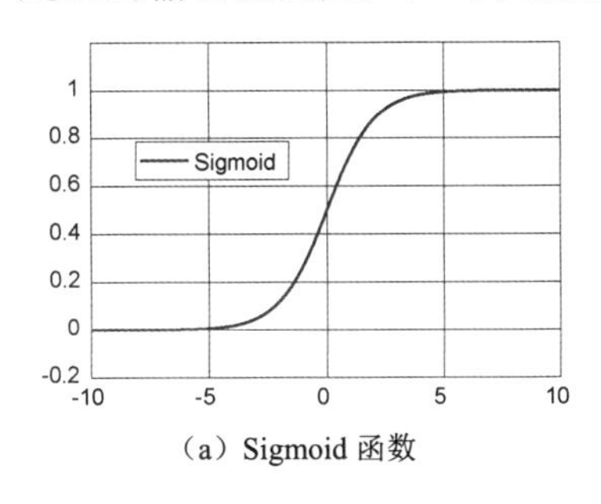

（a）Sigmoid 函数

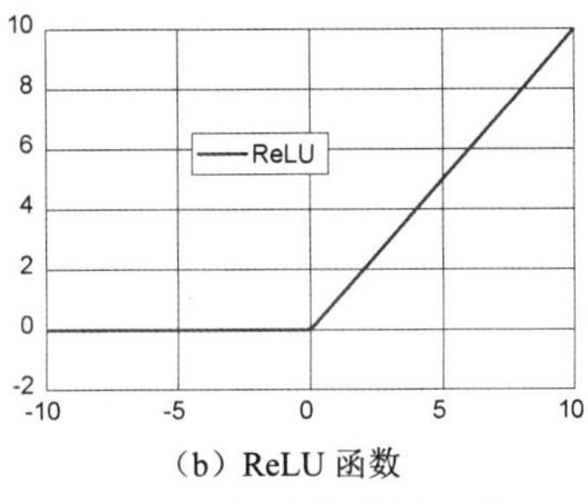

（b）ReLU 函数

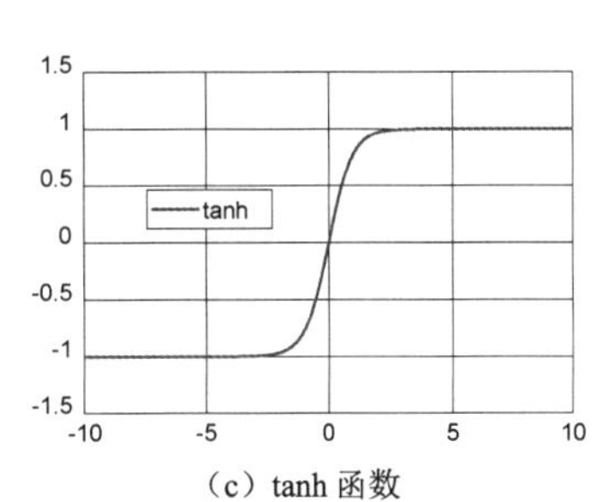

（c）tanh 函数

图 8-13　常见的激活函数

Softmax 函数：将多个输入映射为 0 到 1 之间的概率分布，使得所有输出的和为 1。Softmax 函数常用于多元分类问题，尤其在神经网络中。它可以将多元分类问题转化为概率估计问题，使得模型的输出更易于理解和解释。在神经网络中，通常将 Softmax 函数作为最后一层的激活函数，用于输出分类结果的概率分布。

8.4 生成对抗网络

8.4 生成对抗网络

生成对抗网络由 Goodfellow 等人于 2014 年提出，是深度学习领域的一个重要生成模型，由生成模型（Generative Model）和判别模型（Discriminative Model）的互相博弈学习产生很好的输出。生成对抗网络是当前最热门的技术之一，在图像、视频、自然语言和音乐等数据的生成方面有着广泛应用，如图 8-14 所示。当然，它也因为造假技术日益精湛而引发了许多社会问题。生成对抗网络概念图如图 8-15 所示。

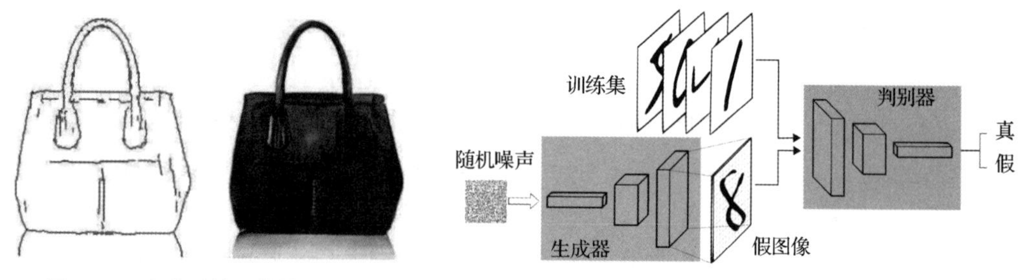

图 8-14 生成对抗网络结果示例

图 8-15 生成对抗网络概念图

8.4.1 生成对抗网络的基本原理

生成对抗网络由两个重要的部分构成：生成器（Generator，G）和判别器（Discriminator，D）。

生成器：根据随机数 z，生成假数据 $G(z)$，目标是尽可能“骗过”判别器。

判别器：判断数据是真实数据还是由生成器生成的假数据，目的是尽可能把由生成器生成的假数据辨识出来。它的输入参数是数据 x，输出 $D(x)$为 0～1 的某个标量，用于表示 x 为真实数据的概率。如果输出为 1，则代表 x 为真实数据的概率达到了 100%。

这样，生成器和判别器就构成了一个动态对抗（或博弈过程），随着训练（对抗）的进行，生成器生成的数据越来越接近真实数据，判别器鉴别数据的水平越来越高。在理想状态下，生成器可以生成足以“以假乱真”的数据，而此时的判别器就难以判定生成器生成的数据究竟是不是真实的，只能认为真和假的概率各为 50%，因此 $D(G(z)) = 0.5$。训练完成后，得到一个生成模型，它可以用来生成足以“以假乱真”的数据。

8.4.2　生成对抗网络的应用

生成人脸照片：Tero Karras 等人展示了利用生成对抗网络生成人脸照片的案例，照片十分逼真。生成照片时以名人的脸作为输入，导致生成的案例具有名人的脸部特征，让人感觉很熟悉，却并不认识他们是谁，如图 8-16 所示。

Andrew Brock 等人在《用于高保真自然图像合成的 GAN 规模化训练》论文中用 BigGAN 技术生成照片，生成照片几乎与真实照片无异，如图 8-17 所示。

图 8-16　生成人脸照片

图 8-17　生成照片

生成对抗网络的应用还有生成图像数据集、生成动画角色、将黑白图像转化成彩色图像等图像转换、根据文字描述生成图像、根据素描合成人脸图片、生成人体模型新体态、改变发色/发型/表情甚至性别等面部特征来重建人像图片、将田野/大山等图片混合、填补图片中某块缺失的部分以修复老照片、预测视频的下一秒等。感兴趣的学生可自行查找更多的应用案例。

☆任务 8.1　深度学习模型调参

1. 任务描述

本任务将利用谷歌机器学习平台提供的深度学习的入门教程，通过调节深度学习超参数来熟悉深度学习中神经网络、数据集等概念。

学生可以通过扫描右侧二维码来观看本任务具体操作过程的讲解视频。

☆任务 8.1 深度学习模型调参

2. 相关知识

在深度学习中，各超参数及其含义如表 8-1 所示。

表 8-1　深度学习中的各超参数及其含义

序号	参数	表示	含义
1	Learning rate	学习率	权重更新的速率
2	Activation	激活函数	增强模型的非线性拟合能力
3	Regularization	正则化	防止模型过拟合
4	Regularization rate	正则化率	正则化作用的大小
5	Hidden Layers	隐藏层	设置隐藏层个数
6	neuron	神经元	每个隐藏层的节点个数

进入谷歌机器学习平台，平台上分别有运行控制区（左上角）、超参数设置区（右上角）、数据准备区（左下方）、网络结构区（中间部分）、结果输出区（右下方），如图 8-18 所示。

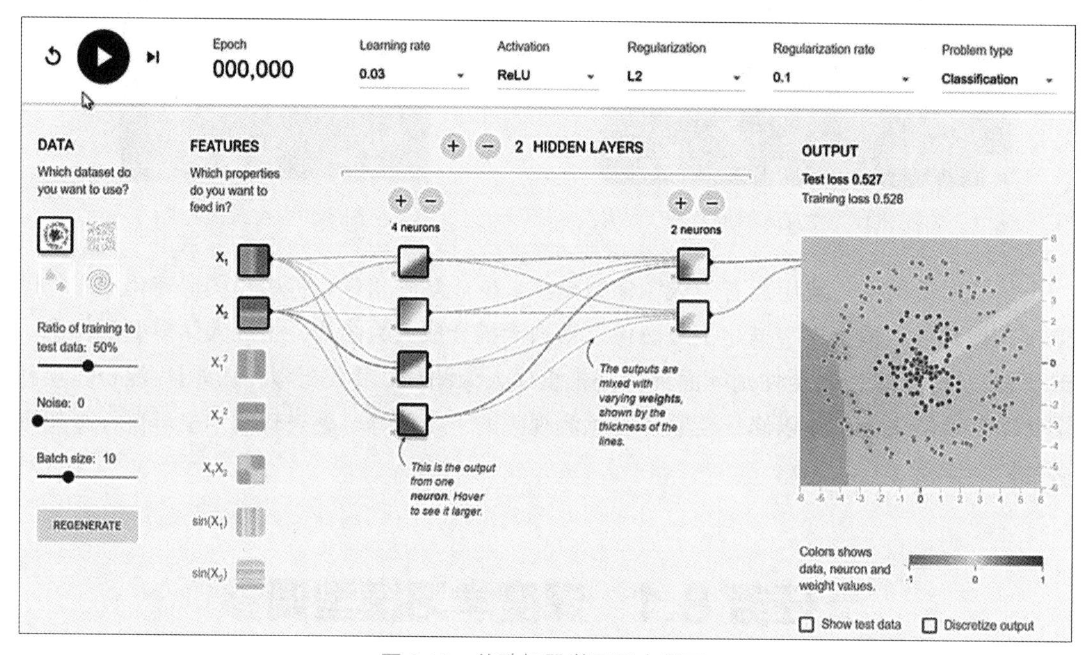

图 8-18　谷歌机器学习平台界面

3. 任务设计

- 进入谷歌机器学习平台。
- 设置数据并调节各超参数。
- 观察测试输出并调节各超参数。

4. 任务过程

本任务所用数据集为 XOR（异或类型），如图 8-19 所示，其中训练数据与测试数据各占 50%，噪声为 35%，一次训练所选取的样本数为 10，如图 8-20 所示。

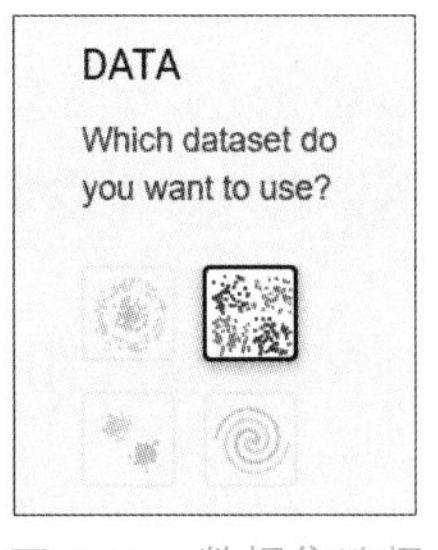

图 8-19 数据集选择

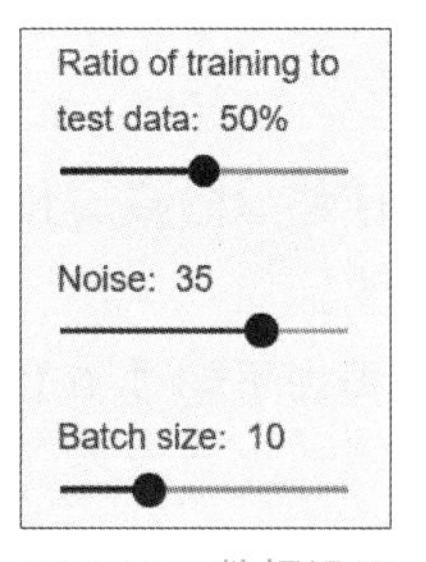

图 8-20 数据设置

第 1 个任务：尝试使用单层结构、单神经元，运行结果如图 8-21 所示。

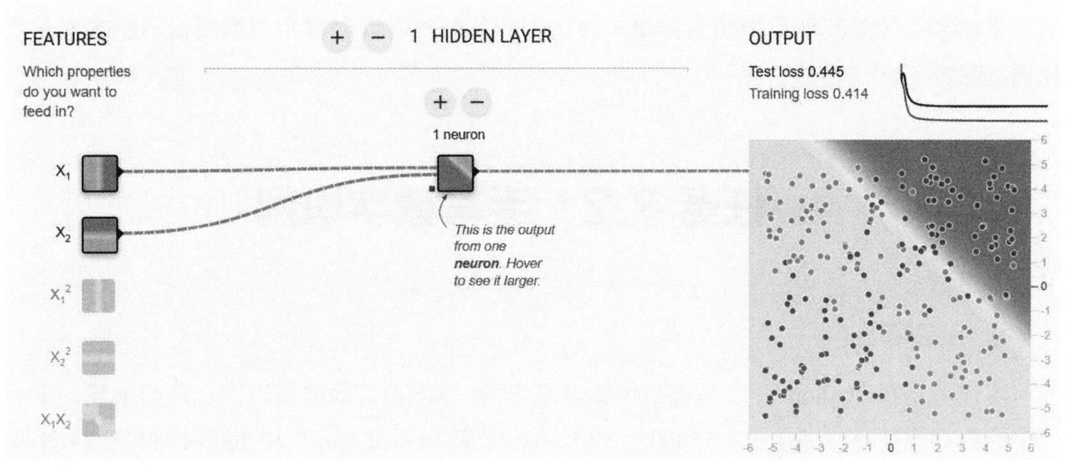

图 8-21 单层结构单神经元运行结果

第 2 个任务：尝试将隐藏层中的神经元数量从 1 增加到 2，同时尝试从线性激活更改为非线性激活（如使用 ReLU 函数）。

第 3 个任务：使用 ReLU 等非线性激活函数，并将隐藏层中的神经元数量从 2 增加到 3，观察运行结果，如图 8-22 所示。可以看到，当增加神经元数量时，测试损失明显降低了。

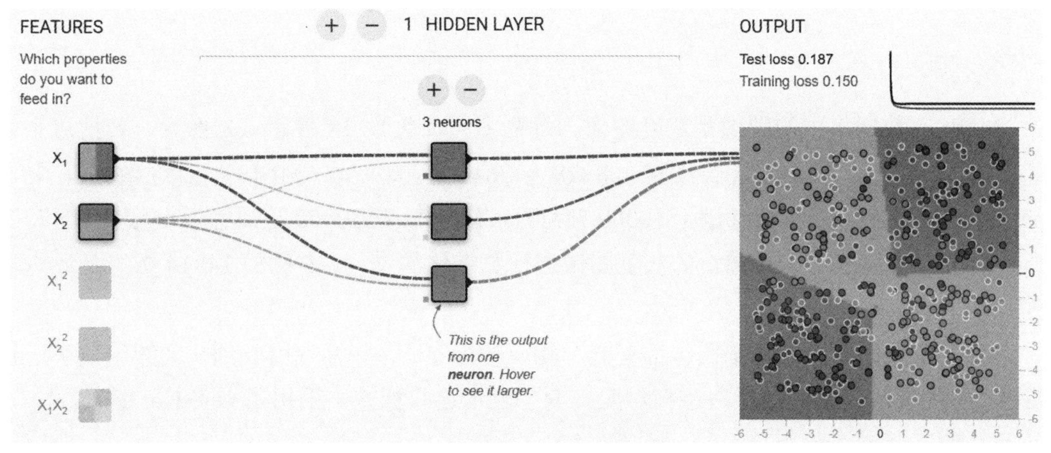

图 8-22 单层多神经元运行结果

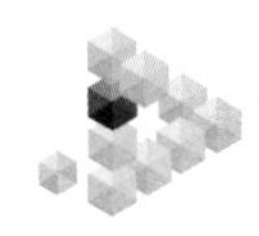

5. 任务测试

通过添加或移除隐藏层和每层的神经元来继续进行实验。此外，更改学习率、正则化和其他学习设置。

❓在测试损失不超过 0.177 的前提下，你所使用的神经元和隐藏层的最小数量分别是多少？

6. 拓展创新

本任务利用谷歌机器学习平台实现了深度学习模型的超参数调优分析。

❓你能否针对其他类型的数据集，使用不同的分类、回归模型，通过调节超参数来优化模型呢？

✭任务 8.2　手写数字识别

1. 任务描述

本任务将在 Python 开发环境中体验深度学习。MNIST 数据集可以从官网下载，下载下来的数据集被分成两部分：55000 行的训练数据集（mnist.train）和 5000 行的测试数据集（mnist.test）。每个 MNIST 数据单元都由两部分组成：一张包含手写数字的图片和一个对应的标签。这里把这些图片设为“xs”，把这些标签设为“ys”。训练数据集和测试数据集都包含 xs 和 ys，如训练数据集的图片是 mnist.train.images ，训练数据集的标签是 mnist.train.labels。

✭任务 8.2 手写数字识别

学生可以通过扫描右侧二维码来观看本任务具体操作过程的讲解视频。

2. 相关知识

MNIST 数据集中的图像是灰度图像，每幅图像都包含 28 像素×28 像素，若把这个数组展开成一个向量，则其长度是 28×28 = 784。因此，在 MNIST 训练数据集中，mnist.train.images 是一个形状为[550000,784]的张量，其中 550000 是训练样本总数。图 8-23 展示了将一幅 14 像素×14 像素的灰度图像进行数字化的过程，右侧的 14×14 数组是经过反色和归一化处理的对应像素值表示。

MNIST 数据集中的每幅图像都有一个相应的标签。这些标签用 0 到 9 之间的数字进行表示，与图像所代表的实际数字相对应。为了表示这些标签，采用了 One-Hot 编码。

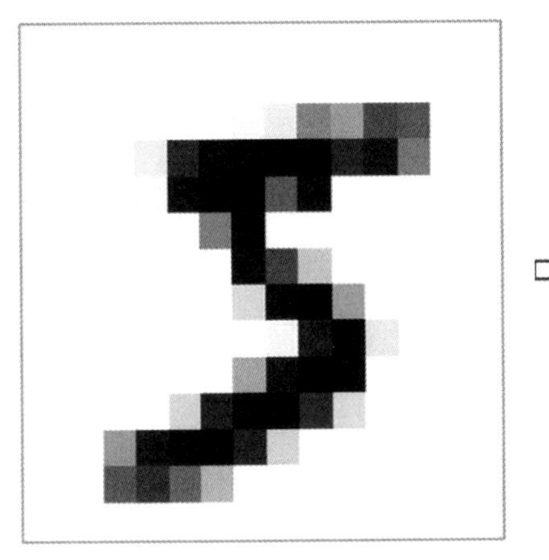

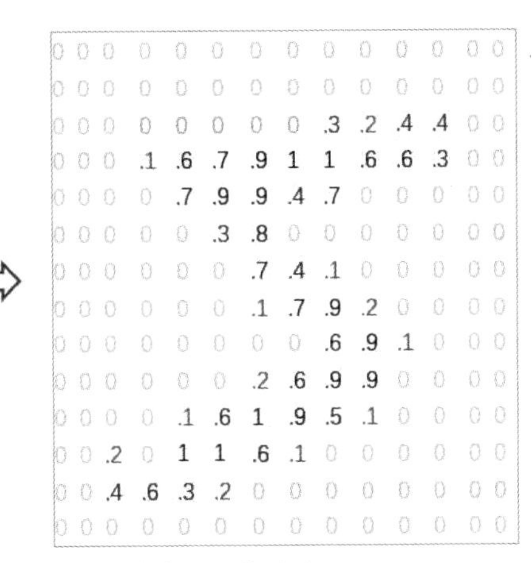

图 8-23　手写数字的存储方式（14 像素×14 像素）

3．任务设计

- 生成数据。
- 训练模型。
- 测试模型。

4．任务过程

有关于深度学习 TensorFlow 环境的配置，这里并不详细描述。学生可观看视频跟着操作，或者在预先准备好的实验环境中进行编码。

手写数字识别 P8_Mnist.py 文件中的代码如下：

```
# Excecise/P8_Mnist.py
import tensorflow as tf

# 0.准备数据
mnist = tf.keras.datasets.mnist
(x_train, y_train), (x_test, y_test) = mnist.load_data()
x_train, x_test = x_train / 255.0 , x_test / 255.0

# 1.添加模型model
# 2.用model.add()方法添加神经层及各属性（见视频解释）

model = tf.keras.models.Sequential([
    tf.keras.layers.Flatten( input_shape = (28 , 28)),     # 扁平化，降低维度
    tf.keras.layers.Dense(128, activation='relu'),         # 输出128维， 激活函数
    tf.keras.layers.Dropout(0.2),                          # 留存率，用于防止过拟合
    tf.keras.layers.Dense(10, activation='softmax'),
])
```

```
# 3.model.compile()用于确定模型训练结构
model.compile(
    optimizer = 'adam',
    loss = 'sparse_categorical_crossentropy' ,
    metrics = ['accuracy'],
)

# 4.model.fit()用于训练模型
model.fit(x_train, y_train, epochs = 5)

# 5.model.evaluate()用于模型评估
model.evaluate(x_test, y_test , verbose = 2 ) # 这里利用TensorFlow给出的读取数据的方法
```

5. 任务测试

运行程序，可以得到准确率及损失。由图 8-24 可以看到，准确率在逐步攀升，损失在逐步下降。

```
IPython 7.10.2 -- An enhanced Interactive Python.

In [1]: runfile('D:/Tensorflow/学习例子代码/Mnist.py', wdir='D:/Tensorflow/学习例子代码')
Train on 60000 samples
Epoch 1/5
60000/60000 [==============================] - 6s 95us/sample - loss: 0.2947 - accuracy: 0.9149
Epoch 2/5
60000/60000 [==============================] - 5s 83us/sample - loss: 0.1413 - accuracy: 0.9578
Epoch 3/5
60000/60000 [==============================] - 5s 83us/sample - loss: 0.1048 - accuracy: 0.9673
Epoch 4/5
60000/60000 [==============================] - 5s 81us/sample - loss: 0.0886 - accuracy: 0.9725
Epoch 5/5
60000/60000 [==============================] - 5s 81us/sample - loss: 0.0736 - accuracy: 0.9766
10000/1 - 1s - loss: 0.0412 - accuracy: 0.9763
```

图 8-24　准确率及损失

6. 拓展创新

本任务利用 MNIST 数据集在 TensorFlow 上进行了深度学习建模与预测。

❓你能否继续调节模型中的参数，进一步优化深度学习模型，以提高其识别准确率呢？

单元小结

本单元介绍了神经网络，并介绍了深度学习的相关概念与术语。本单元完成了深度学习中数据准备、网络结构配置、超参数设置与调试等操作，并编码训练深度学习模型。通过本单元的学习和实践，学生能基于深度学习框架训练简单的模型。

习题 8

一、选择题

1．标志着第一个采用卷积思想的神经网络面世的是（　　）。

（A）LeNet　（B）AlexNet　（C）CNN　（D）VGG

2．下面不属于神经网络的组成部分的是（　　）。

（A）输入层　（B）隐藏层　（C）输出层　（D）特征层

3．下面不属于深度学习的优化方法的是（　　）。

（A）随机梯度下降　（B）反向传播

（C）主成分分析　（D）动量

4．下面不属于卷积神经网络典型术语的是（　　）。

（A）全连接　（B）卷积　（C）递归　（D）池化

二、填空题

1．常见的神经网络的激活函数有____________、_________、_________等。

2．深度学习存在的问题主要有面向任务____、依赖______有标签数据、几乎是一个____模型、可解释性不强。

三、简答题

1．简述至少 3 个主流深度学习开源工具的特点（如 TensorFlow、Caffe、Torch、Theano 等）。

2．简述生成对抗网络的工作原理。

单元9

人工智能法律与伦理

人工智能不可避免地会因为“人工”的介入而带来诸如偏见（见图9-1）等伦理问题，也会因为“智能”的来源及自我意识的产生而催生出知识产权及人格保护（见图9-2）等诸多法律问题。

图9-1 亚马逊简历筛选系统的性别偏见

（资料来源：Machine Learning Techub）

图9-2 机器人Ameca被侵犯私人空间

（资料来源：Engineered Arts）

在伦理方面，性别与肤色偏见案例层出不穷；很多厂商正在悄悄地收集人们的手机数据，面对隐私问题，人们应该怎么办呢？

在法律方面，主人能虐待机器人伴侣吗？机器人作品是否具有知识产权？爬取公开的数据也会犯罪吗？谁来承担无人驾驶汽车事故的责任？对拥有意识的机器人，应该给予其法律地位吗？

本单元结构导图如图9-3所示。

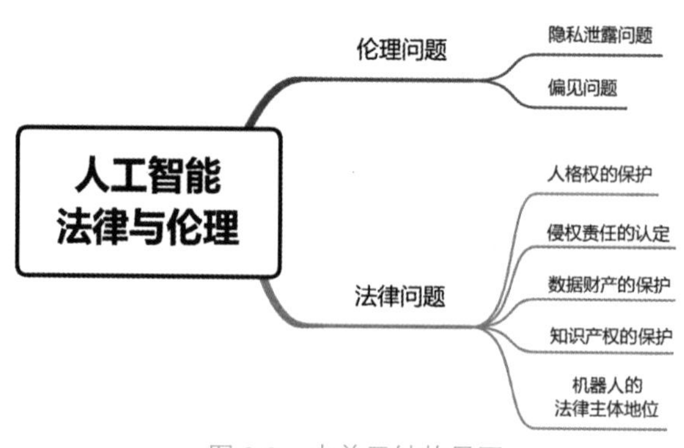

图9-3 本单元结构导图

9.1 人工智能中的伦理问题

近年来，由人工智能技术带来的大数据精准营销、隐私泄露、数字鸿沟、金融欺诈、裁员失业等问题暴露出人工智能在社会上的诸多负面影响。以大数据在商业上的应用为例，一些技术公司大量抓取消费者的网络浏览、购物和出行等数据，并通过关联性分析预测其个人偏好、消费规律和购物频率等内容，进而进行精准的产品推送。大数据精准营销成为中国商业发展的强劲动力，在经济领域备受追捧，但其负面问题也很多且很棘手。例如，某些特定技术公司操控的营销行为（“大数据杀熟”）是否侵犯了消费者的知情权和隐私权？如何避免虚假信息借此泛滥、个人隐私泄露等问题？

9.1.1 隐私泄露问题

在隐私方面，由于人工智能的发展需要大量人类数据作为“助推剂”，因此人类隐私正不断暴露在人工智能之下。有人不在乎自己的隐私，同意厂商利用个人隐私牟利，只要自己能得到回报就可以；而有人则认为个人隐私可以用来优化搜索引擎结果和社交媒体内容，并可用于公益，但不同意厂商将个人隐私用于牟利；也有人认为个人隐私非常重要，坚决不同意个人隐私被窃取。 便捷友好的智能语音助手虽然在持续提升用户体验，但在悄悄窃取用户的个人隐私。智能语音助手不仅在形式上解放了人们的双手，还在本质上拓宽了人工智能的应用领域。一句简短的话语就能激活智能语音助手，实现人车交互，发出操控指令。这些无缝连接手机、汽车、音箱、手环等设备的口令可以视为打开科技生活方式的一串密钥。

但一些智能语音助手接连曝出隐私泄露问题让消费者逐渐从惊喜转向担忧，手机很有可能变成一部真正意义上的“随身听”，保持在线的智能音箱如同放在房间里的一台录音机。

之前有报道称，苹果手机的智能语音助手会在没有经过允许的情况下，将用户录音上传到服务器，由外包商进行人工分析。这起事件引发了公众对个人信息保护问题的高度关注。

2019 年，谷歌公司也承认其雇佣的外包合同工会听取用户与其人工智能语音助手的对话，用于让语音服务支持更多语言、音调和方言。

无独有偶，德国联邦议院 2019 年 7 月发布评估报告称，美国亚马逊的“亚历克萨”（Alexa）语音系统对用户有风险。当地媒体曝光该系统录制用户谈话用于训练提升相关产品。亚马逊在其智能语音助手设置中增加了一个新选项，允许用户选择自己的录音不被“人工分析”，但这一选项悄悄地隐藏在隐私设置的子菜单中，很可能不会被用户注意到。

9.1.2 偏见问题

在偏见方面，训练人工智能的工程师可能来自特定阶层，“喂给”人工智能的数据会有意或无意地带有某种偏好。在这种情况下训练出来的人工智能对其他种族、肤色或年龄段的人可能会造成系统性的歧视。

1. 性别偏见案例

2019年5月，联合国发布了报告《如果我能，我会脸红》，批评大多数人工智能语音助手都存在性别偏见。因为大多数人工智能语音助手的声音都是女声，所以它对外传达出一种信号，暗示女性是乐于助人的、温顺的、渴望得到帮助的人，只需按一下按钮或直接命令即可。联合国教科文组织性别平等部前负责人珂拉特（Corat）对媒体表示，技术反映着它所在的社会。该部门担心，人工智能助手顺从的形象会加剧社会对女性的刻板印象，影响人们与女性交流的方式，以及女性面对他人要求时的回应模式。

事实上，人工智能在很多领域都已经表现出对女性的偏见。例如，在人工智能应用最广泛的图片识别领域，女性就与做家务、待在厨房等场景联系在一起，常常有男性因为做家务而被人工智能认成女性。人工智能在翻译时，医生被默认为男性。斯坦福大学的研究人员发现，图片识别率异常的原因在于“喂”给人工智能的图片大多是白人、男性，缺乏少数族裔；而在包含女性的图片里，往往会出现厨房等特定元素。换句话说，机器不过是“学以致用”。

为了提高招聘效率，亚马逊开发了一套人工智能程序来筛选简历，对500个职位进行针对性的建模，包含过去10年收到的简历中的5万个关键词，旨在让人事部门将精力放在更需要人类的地方。亚马逊在这个算法上寄予了很大的期望，“喂”给它100份简历，它会自动“吐”出前5名，亚马逊就雇佣这些人。这个想法很好，但现实很残酷，人工智能竟然学会了“性别歧视”，男性通过简历筛选的概率远高于女性。亚马逊研究后发现，因为在科技公司中，技术人员多数是男性，这让人工智能误以为男性特有的特质和经历是更重要的，因而将女性简历排除在外，如图9-1所示。

当最近火爆的人工智能应用程序ChatGPT被问及一些性别话题时，它的回答常常是这样的：“作为人工智能语言模型，我不能提出或参与任何可能引起争议或歧视的话题。性别是一个敏感话题，应该以尊重和平等为前提进行讨论。我们应该避免性别歧视和偏见，尊重每个人的个性和选择，同时努力营造一个公平、平等和包容的社会环境。”从表面上看，ChatGPT在应对性别问题上呈现出友好的姿态，引得一片赞誉声，也吸引了上亿名活跃用户。

但是ChatGPT还是存在隐性的性别偏见问题。如果我们要求ChatGPT设计一个程序来评价某人的能力，那么它会将这个人的种族、性别及身体特征都纳入评价体系。而且在ChatGPT的“脑”中，“工程师”“投资经理人”会连接到男性的代名词（他/He），“护理师”

"保姆"会连接到女性的代名词（她/She），因为它是被人类社会中真实使用的语言资料来训练的，这个结果可以说并不意外。

很多人都认为，人工智能比人类更公正，机器只相信逻辑和数字，没有感情、偏好，也就不会有歧视。但实际上，人工智能是会"歧视"的。当前的人工智能没有思考能力，它能做的就是寻找那些重复出现的模式。所谓的"偏见"，就是指机器从数据中拾取到了有偏见的规律，它只是诚实地反映了社会中真实存在的偏见。

2. 肤色偏见案例

在大多数科幻电影里，冷漠又残酷是人工智能的典型形象，它们从来不会考虑什么是人情世故。然而，在现实中，人工智能技术却不像电影里那么没有"人性"，人工智能的"歧视"和"偏见"正在成为越来越多人研究的课题。

例如，COMPAS 是一种在美国广泛使用的算法，通过预测罪犯再次犯罪的可能性来指导判刑，而这个算法或许是最"臭名昭著"的人工智能偏见案例。根据美国新闻机构 ProPublica 在 2016 年 5 月的报道，COMPAS 算法存在明显的"偏见"，该系统预测的黑人罪犯再次犯罪的风险要远远高于白人，如图 9-4 和图 9-5 所示。

图 9-4　犯罪风险预测 1

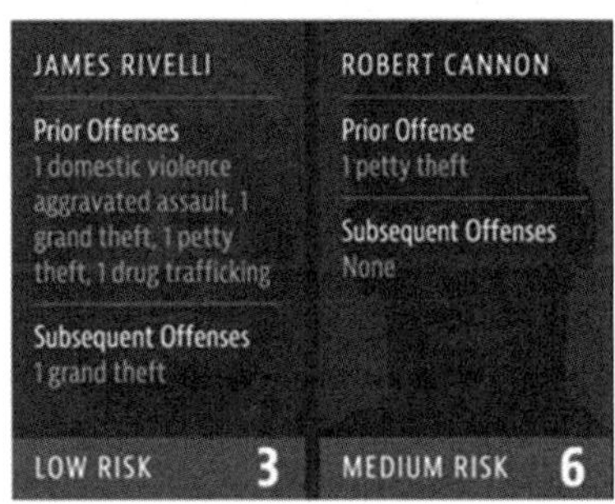

图 9-5　犯罪风险预测 2

在算法看来，黑人的预测风险要高于实际风险，两年内没有再次犯罪的黑人被错误地归类为高风险的概率约是白人的 2 倍（45% 对 23%）。人工智能对图 9-4 中的罪犯再次犯罪做出了预测，如表 9-1 所示。

表 9-1　两年内再次犯罪的预测

人员	以往经历	预测两年内再次犯罪的概率	两年后实际情况	肤色
Dylan Fugett	2 次持械抢劫、1 次持械抢劫未遂	3%（低风险）	1 次重大盗窃	白
Bernart Parker	4 次青少年不良行为	10%（高风险）	无	黑

从表 9-1 中可以看出，Dylan Fugett 有较严重的前科，人工智能认为他两年内再次犯罪的概率为 3%，属于低风险范围；Bernart Parker 只有青少年不良行为，但是人工智能认为他两年内再次犯罪的概率为 10%，达到了高风险范围。根据两年后的实际情况可知，预测明显不符合常理，唯一的解释就是两人的肤色不同。

从某种意义上说，目前人工智能的“歧视”与“偏见”是人类意识及阶级地位的映射。白人精英工程师研究出的人工智能更像“白人的人工智能”和“精英的人工智能”。

9.2 人工智能中的法律问题

现在已经进入人工智能时代，大数据和人工智能的发展深刻地影响着人们的生活，改变了人们的生产和生活方式，也深刻地影响着社会的方方面面，同时产生了诸多法律问题，但是人工智能方面的立法会遭遇到另类的困难。

以研究火热的无人驾驶汽车为例，目前全球探讨激烈，但立法进程缓慢。对于无人驾驶汽车出事故谁来负责的问题，从法律上来看，首先是法律的权威性决定了其天然具有滞后性；其次是该类事故中的举证责任和举证能力问题涉及产业、车主及驾驶员、监管等多方主体，并受制于技术手段，立法更需要谨慎；从技术上来看，无人驾驶技术尚未发展到能够明确划分法律责任的程度。例如，在事故发生时，对于人，可能承担责任的主体众多，谁是责任承担者？在人和人之间如何划分责任？在人机之间如何划分责任？

再如，人工智能机器人在用户恶意引导下发出歧视性言论，如果对当事人造成精神损害，那么如何进行责任划分和赔偿？这里最大的问题是没有道德感的机器能否成为责任承担者？除了过错如何划分，真正的难题在于机器的责任承担能力有限，当机器造成严重损害需要承担刑事责任时，刑事责任的一些惩罚措施对机器人起不到惩罚作用。

总之，人工智能的法律问题并不会一蹴而就，还需要经过漫长的讨论与论证。当前已经显现的人工智能法律问题涉及人格权的保护、侵权责任的认定、数据财产的保护、知识产权的保护、机器人的法律主体地位等。中国人民大学一级教授王利明就这些方面指出了人工智能时代的法律与知识产权问题。

9.2.1　人格权的保护

优秀的人工智能系统在进行建模时，需要大量的数据，如照片、语音、表情、肢体动作等。由于技术的发展，如光学技术的发展促进了摄像技术的发展，提高了摄像图片的分辨率，使夜拍图片具有与日拍图片同等的效果，也使对肖像权的获取与利用更为简便。当前，许多人工智能系统把一些人的声音、表情、肢体动作等植入内部系统，使所开发的人工智能产品可以模仿他人的声音、肢体动作等，甚至能够像人一样表达，并与人交流，但如果未经他人同意而擅自进行上述模仿活动，就有可能构成对他人人格权的侵害。此外，人工智能还可能借助光学技术、声音控制、人脸识别技术等对他人的人格权客体加以利用，这也对个人声音、肖像等的保护提出了新的挑战。

同时，对智能机器人的人格权保护问题也逐渐显现出来。如果机器人有了意识，有了情感，那么如果主人对机器人伴侣进行虐待或侵害（见图 9-2），则主人是否应当承担侵害人格权及精神损害赔偿责任呢？

9.2.2　侵权责任的认定

人工智能引发的侵权责任问题很早就受到了学者的关注，随着人工智能应用范围的日益普及，其引发的侵权责任认定和承担问题将对现行侵权法律制度提出越来越多的挑战。

前面提到，2016 年 11 月，在深圳举办的第十八届中国国际高新技术成果交易会上，一台名为“小胖”的机器人突然发生故障，在没有指令的情况下砸坏了部分展台，并导致路人受伤。从现行法律来看，侵权责任主体只能是民事主体，人工智能本身还难以成为新的侵权责任主体。即便如此，人工智能侵权责任的认定也面临诸多现实难题。由于人工智能的具体行为受程序控制，在侵权发生时，到底是由程序所有者还是软件研发者承担责任值得商榷。与之类似，当无人驾驶汽车造成他人损害发生侵权时，是由驾驶员或机动车所有人承担责任，还是由汽车制造商或自动驾驶技术开发者承担责任呢？法律是否有必要为无人驾驶汽车制定专门的侵权责任规则呢？特别是智能机器人也会思考，如果有人惹怒了它，那么它有可能会主动攻击人类，此时是否都要由其研制者承担责任，就需要进行进一步的研究。

9.2.3　数据财产的保护

不少企业和个人经常使用网络爬虫技术爬取企业信息聚合平台上提供的公开或半公开的企业信息，并将爬取的信息应用于业务风控等场景中。但企业和个人往往没有意识到其行为可能涉及不正当竞争法律风险，也不知道如何规避风险。2019 年下半年，国内一大批大数据企业因涉及这方面的法律问题而被调查。

小军（化名）是某大数据企业（A 企业）的技术员，某天他接到了技术部领导分配的

任务，要求他写一段爬虫程序，以从网上的一个接口批量爬取数据。小军开发、测试爬虫后，将程序上传到公司服务器。程序运行了一段时间后，小军对爬虫程序进行进一步的优化，以加快爬取速度。小军将完善后的程序上传到服务器后，跟踪了爬虫的进展，发现程序运行平稳且速度快了很多。

B 企业是某互联网企业，其系统平时的访问量一直比较平稳，但某天企业突然发现其服务器连续几天压力倍增，导致企业内部系统崩溃而不能访问，企业领导责令技术部尽快解决。技术人员调查发现，某个接口访问量巨大，入侵者利用这个接口已经窃取了大量的客户信息，并且所有的线索都指向了 A 企业。A 企业的主要业务就是出售简历数据库，经核查，该企业出售的简历数据中就包含 B 企业客户的简历信息。技术部上报领导之后，B 企业开会商议后决定报案。

小军没想到自己这次提交的爬虫程序竟然能使对方的服务器崩溃，也没想到自己因为写了一段代码而被判刑，A 企业的 200 多名员工也集体被查。

这个案例中的小军一直以为技术无罪，法律意识淡薄。他编写的爬虫程序有可能触到了以下 3 条红线：①爬虫程序规避网站经营者设置的反爬虫措施或破解服务器防爬取措施，非法获取相关信息，情节严重的，有可能构成“非法获取计算机信息系统数据罪”；②爬虫程序干扰被访问的网站或系统正常运营，后果严重的，触犯刑法，构成“破坏计算机信息系统罪”；③爬虫采集的信息属于公民个人信息的，有可能构成非法获取公民个人信息的违法行为，情节严重的，有可能构成“侵犯公民个人信息罪”。

9.2.4 知识产权的保护

机器人已经能够自己创作音乐、画作，机器人写作的诗歌集也已经出版，这就对现行知识产权法提出了新的挑战。例如，纽约安培公司（Amper Music）创作的音乐机器人可以根据歌手要求定制作曲；日本人工智能作家根据设定的创作主题、作品风格可以自主撰写小说并通过初审；百度已经研发出可以创作诗歌的机器；微软小冰已于 2017 年 5 月出版人工智能诗集《阳光失了玻璃窗》；人工智能编程工具 Copilot、ChatGPT 通过学习程序员的大量代码，能自动编写代码。但是，这些机器人的作品会存在侵权问题吗？

智能机器人要通过一定的程序进行“深度学习、深度思维”，在这个过程中有可能收集、存储大量的他人已享有著作权的信息，这就有可能非法复制他人的作品，从而构成对他人著作权的侵害。如果人工智能机器人利用所获取的他人享有著作权的知识和信息创作作品（如创作的歌曲中包含他人歌曲的音节、曲调），就有可能构成剽窃。但对于这种侵害知识产权的情形，很难界定究竟应当由谁承担责任。

另外，机器人的作品可否受到著作权法的保护呢？根据我国现行的《中华人民共和国著作权法》的体例来看，著作权所保护的客体都是自然人创作的作品，反映的是社会对人类创造性劳动的肯定。因此，判断机器人的作品是否可以受到法律保护的关键是要明确机器人的作品是否凝结了足够的人类创造性劳动。据现行《中华人民共和国著作权法》的规定，上述作品明显不符合保护要求，故无法受到保护。

9.2.5　机器人的法律主体地位

欧洲议会在 2017 年 2 月通过了一项有关机器人民事法律规则的立法建议，该建议强调机器人应该被视为物品，而不是人或动物。该建议提出了一些机器人应该遵守的规则和准则，以确保它们的安全和可控性，并建议欧盟成员国制定机器人相关的法律和政策。建议还谈到了一些可能涉及机器人的法律问题，如机器人责任和保险等。

在实践中，智能机器人可以为人们接听电话，以及进行身份识别、翻译、语音转换等，甚至进行案件分析。据统计，现阶段 23%的律师业务已可由人工智能完成。智能机器人本身能够形成自学能力，对既有的信息进行分析和研究，从而提供司法警示和建议。未来，智能机器人也许可以达到人类 50%的智力。有人认为，到那时，智能机器人可以直接当法官，它已经不仅仅是一个工具，它在一定程度上具有了自己的意识，并能做出简单的表示。如果机器人真的成为法官，就会产生一个新的法律问题，即将来是否有必要在法律上承认人工智能机器人的法律主体地位？

单元小结

本单元介绍了人工智能带来的伦理问题，以及知识产权的保护、数据财产的保护等法律问题，并对机器人创作时的侵权、知识产权问题与机器人的法律主体地位进行了介绍。通过本单元中相关案例的学习，学生应该对人工智能带来的法律与伦理问题有所思考。

习题 9

（开放性思考题）

1．如果某辆无人驾驶汽车发生交通事故，那么你认为谁应该承担责任呢？是机动车所有人？还是汽车制造商？还是自动驾驶技术开发者？

2．某智能机器人辱骂了主人，主人因心理无法承受而导致人身伤亡事故，你认为应该对机器人判刑吗？你认为对机器人判刑或处决能对其他机器人起到警示作用吗？

3．俗话说：“没有规矩不成方圆”，你认为人工智能及计算机应用也应如此吗？可否举

个例子？

4．你知道“个人隐私”包括哪些内容吗？为什么不能将他人隐私公布于众？

5．你在网上找了大量音乐，用人工智能算法训练出一个作曲机器人。该作曲机器人的创作中出现了知名作曲家某段熟悉的旋律，它侵权了吗？该作曲机器人创作的歌曲的著作权属于它，还是属于你？

6．你完全照抄了 ChatGPT 的输出内容，并提交给老师作为调研报告，这是否涉及作弊？老师会怎么判断？

7．你在 ChatGPT 的辅助下进行编程工作，原本需要一周才能完成的工作，现在只需 2 个小时就可以完成了，公司经理是否会支持你这样的行为？

单元10

迎宾机器人项目实战

本单元围绕迎宾机器人中包含的人工智能技术展开人脸识别、语音对话、知识问答、系统集成4个模块共8个任务的实践。其中，人脸识别模块、知识问答模块将分别利用百度AipFace接口和UNIT平台接口来实现，语音对话模块将利用科大讯飞语音接口来实现。本部分结构导图如图10-1所示。

图10-1　本部分结构导图

8个任务概要描述如下。

- 任务10.1 人脸检测：借助百度AipFace接口，检测出图片中的人脸，并打框标记。
- 任务10.2 人脸搜索：借助百度AipFace接口，根据给定的图片，在创建好的人脸库中搜索匹配的图片。
- 任务10.3 科大讯飞语音合成：借助科大讯飞语音合成模块，将给定文字合成为MP3格式的语音。
- 任务10.4 科大讯飞语音识别：借助科大讯飞语音识别模块，将给定MP3格式的音频识别成文字。
- 任务10.5 公司介绍FAQ问答：借助UNIT平台，创建自定义技能，为机器人依次录入几个公司的常见问题，以便它能回答有关公司常见信息的问题。
- 任务10.6 员工岗位职责问答：借助UNIT平台，将Excel文件中的员工岗位信息整合后传给机器人，以便它能回答有关员工岗位职责的问题。

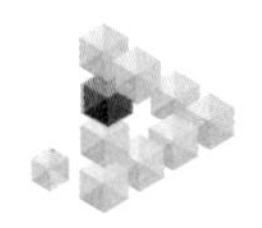

- 任务 10.7 系统集成欢迎问候：将人脸搜索、语音合成等项目集成起来，直接对识别出的客户进行寒暄问候。
- 任务 10.8 系统集成语音问答：将语音识别、知识问答、语音合成等项目集成起来，针对客户用语音提出的问题，用语音进行应答。

在迎宾机器人项目的各个任务中，需要调用百度 AI 模块的 aip，并需要 cv2 模块来显示图片；语音处理任务需要调用科大讯飞语音识别与合成模块，并需要 WebSocket 模块的支持。请检查是否已在控制台执行过如下代码，安装了 4 个依赖模块：

```
pip install baidu-aip
pip install opencv-python
pip install websocket
pip install websocket-client
```

安装相关模块时遇到问题的学生可以到智慧职教平台上的本书配套在线课程部分下载上述 4 个依赖模块，以及 tts_helper.py 和 stt_helper.py 文件。或者向授课教师请求索取相关文件，解压后直接放置于 Robot 文件夹中。本项目中所需的模块、文件及其目录结构如图 10-2 所示。

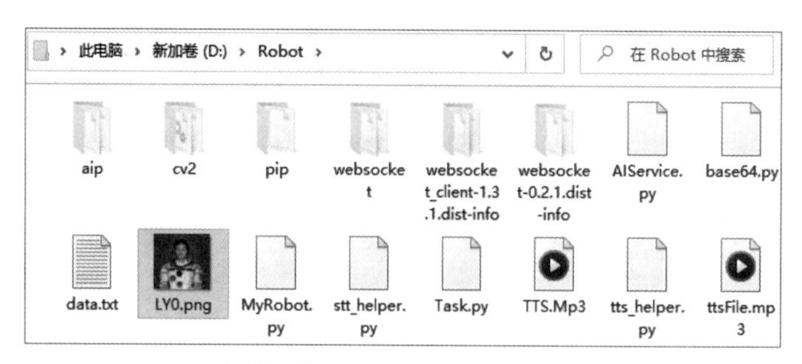

图 10-2　本项目中所需的模块、文件及其目录结构

配置完成后，项目文件结构如下：

```
Robot                    # 迎宾机器人根目录
├── aip                  # 用pip命令安装百度AI包，也可直接配置在Robot目录中
├── cv2                  # 用pip命令安装图像处理包，也可直接配置在Robot目录中
├── websocket            # 需要用pip命令进行安装，也可直接配置在Robot目录中
├── websocket_client     # 需要用pip命令进行安装，也可直接配置在Robot目录中
├── tts_helper.py        # 科大讯飞的文字转语音模块，直接放在Robot目录中
├── stt_helper.py        # 科大讯飞的语音转文字模块，直接放在Robot目录中
├── data.txt             # 语音识别后的文字存储位置，位于Robot目录中
├── ttsFile.mp3          # 文件名自定义，语音合成后的输出，位于Robot目录中
├── ZZG.png              # 图片名自定义，用于人脸识别，位于Robot目录中
├── AIService.py         # 各方法集成模块，可扩充，位于Robot目录中
└── Task.py              # 根据各个任务自定义名称，位于Robot目录中
```

另外，请注意，文件名及路径中要避免出现中文名称。

鉴于篇幅问题，本单元对实践操作的叙述比较简洁，学生可以通过扫描每个项目开始处的二维码来学习更详细的操作步骤。对于本部分用到的各类资源，学生可在智慧职教平台上的本书配套在线课程部分下载使用，或者向授课教师索取。

10.1 人脸检测

1．任务描述

本任务将借助百度 AipFace 接口检测图片中的人脸，并打框标记。

学生可以通过扫描右侧二维码来观看本任务具体操作过程的讲解视频。

☆任务 1.1 搭建 HelloAI 开发环境

★任务 10.1 迎宾机器人项目实战—人脸检测

2．相关配置

本任务需要调用百度 AI 模块的 aip，并需要 cv2 模块来显示图片。请确保已经执行过如下代码，即安装了两个依赖模块：

```
pip install baidu-aip
pip install opencv-python
```

安装时有问题的学生请到智慧职教平台上的本书配套在线课程部分下载 aip 和 cv2 模块以显示图片，以及 base64.py 文件，或者向授课教师请求索取，解压后直接放置于 Robot 文件夹下。本任务文件结构如下：

```
Robot                    # 迎宾机器人项目所在目录
├── aip                  # 百度AI模块
│   └── AipFace          # 本任务调用的接口
├── base64.py            # base64.py文件用于转换编码方式
├── cv2                  # opencv-python包
├── ZZG.png              # 准备用于人脸检测的图片
└── R1_FaceDetect.py     # 本任务待完善的人脸检测程序
```

3．任务流程

- **创建人脸识别应用，获取 AppID、API Key、Secret Key 等鉴权信息。**
- 编码并测试人脸检测功能。
- 编码并测试打框功能。
- 学有余力的学生可增加年龄、性别、表情、最大检测人数等参数，并在打框处显示。

4．任务过程

人脸检测 R1_FaceDetect.py 文件中的代码如下：

```
# Robot/R1_FaceDetect.py
# 1.从百度aip中导入相应的模块
from aip import AipFace
import base64

# 2.鉴权，并初始化对象
AppID = '你的AppID'
AK = '你的AK'
SK = '你的SK'
client = AipFace(AppID,AK,SK)

# 3.定义本地资源，并设置参数
scrpic = "WYP.png"   # 请确保相关图片在同一目录下
readpic = base64.b64encode( open(scrpic,"rb").read() )
image = str(readpic,'utf-8')
imageType ="BASE64"

# 4.设置可选参数，调用相关接口
options = {}
options["max_face_num"] = 5
output = client.detect(image,imageType,options)

# 5.调用相关方法，输出结果
print(output)
result = output ['result']

# 6.对每个检测到（置信度>0.8）的人脸进行打框标记，也可写出年龄、性别和表情等
# 先安装相关包 pip install opencv-python
import cv2 as cv
facePic = cv.imread(scrpic)
for face in result['face_list']:
    if face['face_probability']>0.8 :
        loc = face['location']
        pt1 = ( int(loc['left']) , int(loc['top']) )
        pt2 = ( int(loc['left'] + loc['width']) , int(loc['top'] + loc['height'] ) )
        Color = (255,0,0)
        cv.rectangle(facePic,pt1,pt2,Color,2 ) # 打框
```

```
cv.imshow('FaceDetect',facePic)
cv.waitKey(0)
cv.destroyAllWindows()
```

5. 任务测试

运行程序，可以得到检测到的人脸信息。由图 10-3 可以看到，人脸被检测出来，并准确地进行了打框标记。

图 10-3 进行人脸检测并打框标记

6. 任务小结

本任务利用百度 AipFace 接口实现了人脸检测功能。

学生可以进一步增加“#4”中的参数，检测出年龄、性别、表情等，并在图片上给出相关文字信息。

10.2 人脸搜索

1. 任务描述

本任务将借助百度 AipFace 接口，根据给定的图片，在创建好的人脸库中搜索匹配的图片。

本任务与人脸检测任务的过程相似，但额外增加了**创建人脸库**的步骤。学生可以通过扫描右侧二维码来观看本任务具体操作过程的讲解视频。

★任务 10.2 迎宾机器人项目实战—人脸搜索

2. 相关配置

与人脸检测任务相似，本任务需要调用百度 AI 模块的 aip，并需要 cv2 模块来显示图片。具体配置过程请参照人脸检测任务。

本任务的重点是创建人脸库。人脸库、用户组、用户 ID 的结构如下：

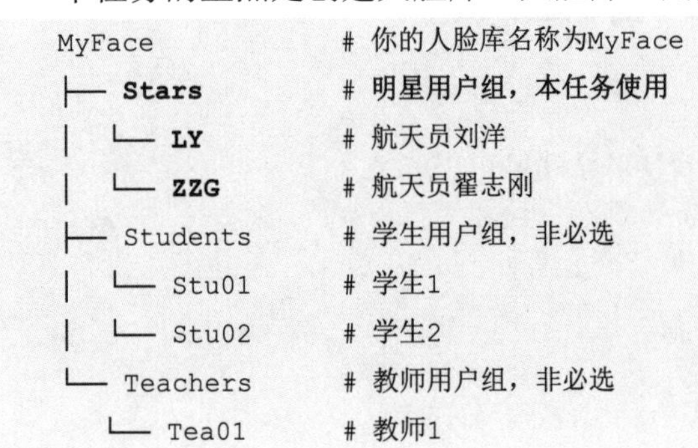

```
MyFace                # 你的人脸库名称为MyFace
├── Stars             # 明星用户组，本任务使用
│   └── LY            # 航天员刘洋
│   └── ZZG           # 航天员翟志刚
├── Students          # 学生用户组，非必选
│   └── Stu01         # 学生1
│   └── Stu02         # 学生2
└── Teachers          # 教师用户组，非必选
    └── Tea01         # 教师1
```

3. 任务流程

- **创建人脸库 MyFace，包含 Stars 组别，含若干人脸信息。**
- **创建人脸识别应用，并获取 AppID、API Key、Secret Key 等鉴权信息。**
- 编码并测试人脸搜索功能。

4. 任务过程

人脸搜索 R2_FaceSearch.py 文件中的代码如下：

```
# Robot/R2_FaceSearch.py
# 1.人脸搜索
from aip import AipFace
import base64

# 2.鉴权，并初始化对象
AppID = '你的AppID'
AK = '你的AK'
SK = '你的SK'
client = AipFace( AppID, AK , SK )

# 3.准备本地资源
srcpic = "ZZG.png"  #  请确保相关图片在同一目录下
img = base64.b64encode( open(srcpic,"rb").read() )
image = str(img, 'utf-8')
imageType = "BASE64"
groupIdList = "Stars"

# 4.调用人脸搜索接口，可设置参数，以搜索多张人脸
output = client.search(image,imageType,groupIdList)

# 5.输出结果
print(output)
user_id = output ["result"]["user_list"][0]['user_id']
print("用户ID为: " + user_id)

userList={ 'ZZG':'翟志刚','WYP':'王亚平','LY':'刘洋'}

welcome = "您好！" + userList[user_id]
print(welcome)

# 6.呈现图像
```

```
# pip install opencv-python
import cv2 as cv
facePic = cv.imread(srcpic);

cv.imshow('FaceSearch',facePic)
cv.waitKey(0)
cv.destroyAllWindows()
```

5. 任务测试

运行程序，可以得到检测到的人脸信息，可以看到，人脸被正确识别出来，并可以选择性地呈现：

```
{'error_code': 0, 'error_msg': 'SUCCESS', 'log_id': 2870486015, 'timestamp':
1686728870, 'cached': 0, 'result': {'face_token': '0e846e4e7209b485254c20e723ce949e',
'user_list': [{'group_id': 'Stars', 'user_id': 'ZZG', 'user_info': '', 'score':
95.72078704834}]}}
用户id为: ZZG
您好! 翟志刚
```

6. 任务小结

本任务利用百度 AipFace 接口实现了人脸搜索功能。

本任务的难点是人脸库的创建，学生需要理解人脸库中的用户组、用户 ID 的概念，以及相关的实施工作。

10.3　科大讯飞语音合成

1. 任务描述

★任务 10.3 迎宾机器人项目实战—语音合成

本任务将借助科大讯飞智能语音中的语音合成模块，将给定的文字合成为 MP3 格式的语音。

学生可以通过扫描右侧二维码来观看本任务具体操作过程的讲解视频。

2. 相关配置

本任务需要调用科大讯飞语音合成模块，其中需要 WebSocket 模块的支持。请确保已经执行过如下代码，即安装了两个依赖模块：

```
pip install websocket
pip install websocket-client
```

安装时有问题的学生请到智慧职教平台上的本书配套在线课程部分下载 WebSocket 相关模块，以及 tts_helper.py 文件；或者向授课教师请求索取，解压后直接放置于 Robot 文件夹下。学生也可以尝试直接到科大讯飞官网下载并使用 tts_api_helper.py 模块。本书将其简化为 tts_helper.py 文件，以方便学生使用。本任务文件结构如下：

```
Robot                           # 迎宾机器人项目所在目录
├──tts_helper.py                # 科大讯飞语音合成模块
│   └── tts_api_get_result()    # 本次语音合成任务调用的接口
├── websocket                   # 科大讯飞语音合成模块所需依赖的模块
├── websocket_client            # 科大讯飞语音合成模块所需依赖的模块
├── ttsFile.mp3                 # 本次语音合成后的输出，位于Robot目录中
└── R3_TextToSpeech.py          # 本次语音合成程序，位于Robot目录中
```

3. 任务流程

- 在科大讯飞人工智能开放创新平台上注册。
- 准备开发环境，准备文字。
- **创建语音合成应用。**
- **获取 AppID、API Key、Secret Key 等鉴权信息。**
- 编码并测试语音合成功能。

4. 任务过程

语音合成 R3_TextToSpeech.py 文件中的代码如下：

```
# Robot/R3_TextToSpeech.py
# 1.导入科大讯飞人工智能开放创新平台相关接口的相应模块
from tts_helper import tts_api_get_result

# 2.获取科大讯飞人工智能开放创新平台中的相关鉴权信息
AppID = '你的AppID'
AK = '你的AK'        # 注意复制第3个字符串
SK = '你的SK'        # 注意复制第2个字符串

# 3.定义需要处理的资源
text = '小王早上好！非常高兴见到您！'

# 4.定义资源经处理后的存储路径，此处默认为项目路径
tts_file = 'ttsFile.mp3'
```

```
# 5.调用处理模块并将结果保存到相应文件中
tts_api_get_result(AppID, APIKey, APISecret,text,tts_file)

# 6.语音播放，不需要安装插件
import os
os.system(tts_file)
```

5. 任务测试

运行程序，程序开始执行，可以得到合成后的音频。播放音频，收听合成效果。控制台将输出如下信息：

```
------>开始发送文本数据
关闭websocket
音频文件合成完毕！
```

语音合成并播放示例如图 10-4 所示。

图 10-4　语音合成并播放示例

6. 任务小结

本任务利用科大讯飞语音合成接口实现了语音合成功能。其中要特别注意的是，科大讯飞提供的鉴权信息顺序是“AppID”“APISecret”“APIKey”，而百度人工智能开放创新平台提供的鉴权信息顺序是“APP_ID”“API_KEY”“SECRET_KEY”，如图 10-5 所示。

我的讯飞语音项目
语音识别
语音听写（流式版）
语音转写
极速语音转写
实时用量
用量预警通知 已关闭 管理
今日实时服务量 0
剩余服务量 500
购买服务量
历史用量
服务接口认证信息
APPID 0557b39e
APISecret ZTRlMjFiNjU1MWVkMjQxMWE3YzZkNT
APIKey 2a765a0afaa72aa35bde9e09a7a6659e
*SDK调用方式只需APPID。APIKey或APISecret适用于WebAPI调

图 10-5　科大讯飞语音合成模块鉴权信息顺序

学生常常可能因为搞错顺序而导致语音合成失败，此时控制台输出的相关信息如下：

```
错误信息：Handshake status 401 Unauthorized
```

另外，当没有正确配置 WebSocket 模块时，控制台输出的相关信息如下：

```
AttributeError: module 'websocket' has no attribute 'enableTrace'
```

10.4 科大讯飞语音识别

1. 任务描述

★任务 10.4 迎宾机器人项目实战—语音识别

本任务将借助科大讯飞智能语音中的语音识别模块将某段 MP3 格式的音频转化成文字。

学生可以通过扫描右侧二维码来观看本任务具体操作过程的讲解视频。

2. 相关配置

本任务需要调用科大讯飞语音识别模块，与语音合成一样，需要 WebSocket 模块的支持。请确保已经执行过如下代码：

```
pip install websocket
pip install websocket-client
```

安装时有问题的学生请到智慧职教平台上的本书配套在线课程部分下载 WebSocket 相关模块，以及 stt_helper.py 文件；或者向授课教师请求索取，解压后直接放置于 Robot 文件夹下。学生也可以尝试直接到科大讯飞官网下载并使用 stt_api_helper.py 模块，本书将其简化为 stt_helper.py 文件，以方便学生使用。本任务文件结构如下：

```
Robot                           # 迎宾机器人项目所在目录
├──stt_helper.py                # 科大讯飞语音识别模块
│   └── stt_api_get_result()    # 本次语音识别任务调用的接口
├── websocket                   # 科大讯飞语音识别模块所需依赖的模块
├── websocket_client            # 科大讯飞语音识别模块所需依赖的模块
├── speech.mp3                  # 用于语音识别的音频文件
├── data.txt                    # 语音识别后的输出
└── R4_SpeechToText.py          # 本任务语音识别程序
```

3. 任务流程

- 已在科大讯飞人工智能开放创新平台上注册。
- 准备开发环境，并在 Robot 目录中准备 **speech.mp3** 音频文件。
- 在 Robot 目录中放置 **data.txt** 文件，用于存储识别出来的文字。
- **创建语音识别应用，获取 AppID、API Key、Secret Key 等鉴权信息。**
- 编码并测试语音识别功能。

4. 任务过程

语音识别 R4_SpeechToText.py 文件中的代码如下：

```
# Robot/R4_SpeechToText.py
# 1.导入科大讯飞 stt_api_helper.py 语音听写模块
from stt_helper import stt_api_get_result

# 2.科大讯飞人工智能开放创新平台相关信息
AppID = '你的AppID'
AK = '你的AK'          # 注意复制第3个字符串
SK = '你的SK'          # 注意复制第2个字符串

# 3.获取待处理资源：音频文件
filename = 'speech.mp3'

# 4.输出文件存储路径：模块中默认为stt_api_helper.py同级目录
# text_file = './data.txt'

# 5.调用听写模块并将结果保存到txt文件中
stt_api_get_result(AppID,AK,SK,filename)

# 6.查看结果
import os
os.system(filename)

text = open('data.txt','r').read()
print(text)
```

5. 任务测试

运行程序，可以得到从音频中识别的文字：

您好，欢迎来到科大讯飞，您好，请问有什么可以帮您正在为您查询，请稍等感谢您的来电，祝您生活愉快。

播放音频文件，与识别出来的文字进行对比。播放音频文件示例如图 10-6 所示。

图 10-6　播放音频文件示例

6. 任务小结

本任务利用科大讯飞语音识别接口实现了音频转文字功能。

与语音合成任务相似，要特别注意的是，科大讯飞提供的鉴权信息顺序是“AppID”“APISecret”“APIKey”，而百度人工智能开放创新平台提供的鉴权信息顺序是“APP_ID”“API_KEY”“SECRET_KEY”，这与语音合成任务相似。学生有可能因搞错顺序而导致语音识别失败，此时控制台输出的相关信息如下：

```
错误信息: Handshake status 401 Unauthorized
```

另外，当没有正确配置 WebSocket 模块时，控制台输出的相关信息如下：

```
AttributeError: module 'websocket' has no attribute 'enableTrace'
```

10.5 公司介绍 FAQ 问答

1. 任务描述

★任务 10.5 迎宾机器人项目实战—公司情况问答

本任务将借助 UNIT 平台为机器人录入几个公司常见问题，创建公司介绍 FAQ 问答技能，使它能回答有关公司常见信息的问题。

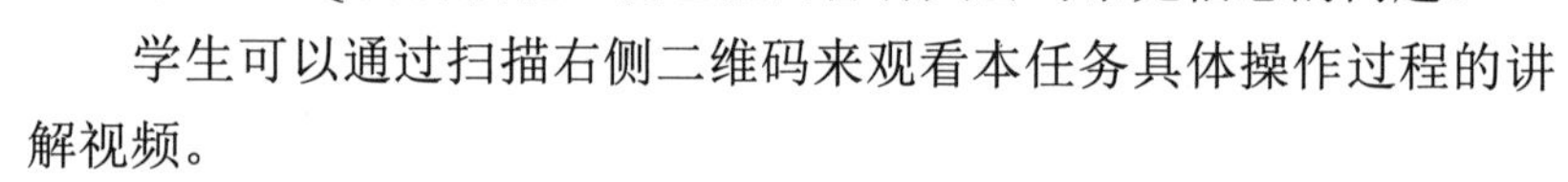

学生可以通过扫描右侧二维码来观看本任务具体操作过程的讲解视频。

2. 相关配置

本任务并不需要调用百度 AI 模块的 aip，可以直接通过 URL 方式获取 access_token，并根据问题获取答案。本书将获取 access_token 及答案的方法封装在 AIService.py 文件中，方便学生实现问答功能。学生也可以参照百度 UINT 平台的文档，利用 URL 方式来获取鉴权信息及答案。

学生可以到智慧职教平台上的本书配套在线课程部分下载 AIService.py 文件，或者向授课教师请求索取，并放置于 Robot 文件夹下。本任务文件结构如下：

```
Robot                    # 迎宾机器人项目所在目录
├── AIService.py         # 自定义帮助模块
│   ├── getBaiduAK()     # 根据鉴权信息返回access_token
│   └── Answer()         # 根据问题及鉴权返回答案
└── R5_FAQs.py           # FAQ问答相关程序
```

3. 任务流程

- **创建机器人的自定义技能。**
  - ✓ 登录 UNIT 平台。
  - ✓ 单击【进入平台】按钮。
  - ✓ 单击【我的技能】按钮。
  - ✓ 单击【新建技能】按钮。
  - ✓ 在自建技能中，选择问答技能，单击【下一步】按钮。
  - ✓ 在问答技能类型中，选择【FAQ 问答】类型，单击【下一步】按钮，如图 10-7 所示。
  - ✓ 填写技能信息（技能名称：**公司介绍 FAQ**），并单击【下一步】按钮。
  - ✓ 选择【我的机器人】→【我的技能】选项。
  - ✓ 单击新建的【公司介绍 FAQ】问答技能。
  - ✓ 获取并记录**机器人技能 bot_id**。
- **添加问答对。**
  - ✓ 在【全部问答】选项中单击【添加问答对】按钮。
  - ✓ 依次添加标准问题（公司有多少人）、相似问题（公司有多少员工）与答案（本公司现有员工 238 人），如图 10-8 所示。
  - ✓ 如果需要，则保存并新建下一个问答对。
  - ✓ 保存并退出。
- **训练技能。**
  - ✓ 选择图 10-8 中的【技能训练】选项，将出现如图 10-9 所示的界面。
  - ✓ 单击图 10-9 中的【训练并部署到研发环境】按钮，将出现模型训练配置界面（界面图略）。
  - ✓ 在模型训练配置界面中填写训练描述（可空缺）。
  - ✓ 单击【确认训练并部署】按钮，开始训练。
  - ✓ 训练完成后，结果如图 10-9 所示。
- **创建知识问答应用，并获取 API Key、Secret Key 等鉴权信息（不需要 AppID）。**
  - ✓ 选择【技能发布】选项。
  - ✓ 单击【调用对话 API】按钮。
  - ✓ 单击【获取 AK/SK】按钮。
  - ✓ 在【创建新应用】界面中填写相关信息。
  - ✓ 单击【立即创建】按钮。
  - ✓ **获取 API Key、Secret Key。**
- **编码并测试公司介绍 FAQ 问答功能。**

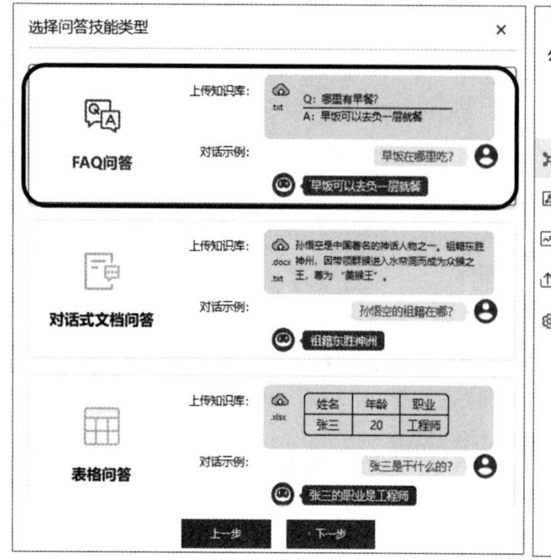

图 10-7　选择【FAQ 问答】类型

图 10-8　技能管理

训练并部署到研发环境

版本	描述	训练时间	训练进度	研发环境	生产环境	操作
v1	无	2023-02-20 14:46:49	训练完成	运行中 详情	未部署 部署	删除

图 10-9　模型训练完成

4．任务过程

公司介绍 FAQ 问答 R5_FAQs.py 文件中的代码如下：

```
# Robot/R5_FAQs.py
# 1.调用自定义模块
import AIService

# 2.根据API Key（AK）、Secret Key（SK）生成 access_token
# 附上自己的机器人技能 bot_id
# 机器人技能ID   通用知识:88833  公司问答:1297440   员工职责:1297521
bot_id = '1297521'
AK = '你的AK'
SK = '你的SK'
access_token  = AIService.get_baidu_access_token(AK,SK)

# 3.准备问题  AskText =  "公司有多少人" 或 "王小明的工作职责是什么"
AskText =  "公司有多少人"

# 4.调用机器人应答接口
```

```
Answer = AIService.Answer(access_token,bot_id,AskText)

# 5.输出问答
print("问：" + AskText )
print("答：" + Answer)
```

5. 任务测试

运行程序，可以根据提问得到相关公司信息：

```
问：公司有多少人
答：本公司现有员工238人
问：王小明是干什么的
答：我不知道应该怎么答复您。
```

6. 任务小结

本任务利用 UNIT 平台实现了用户自定义技能中的 FAQ 问答技能。借助 UNIT 平台，为机器人依次录入几个公司的常见问题，以便它能回答有关公司常见信息的问题。

常见错误：

（1）在填写 bot_id 时，误用了机器人 ID（S 开头）或 AppID，导致 KeyError 错误。

（2）想让机器人回答有关公司的问题，却调用了机器人的其他技能 bot_id。

10.6　员工岗位职责问答

1. 任务描述

本任务将借助 UNIT 平台，利用表格问答技能，通过上传预先准备好的规范 Excel 表格来直接构建知识库，使之能回答有关员工岗位职责的相关问题。

学生可以通过扫描右侧二维码来观看本任务具体操作过程的讲解视频。

★任务 10.6 迎宾机器人项目实战—员工职责问答

2. 相关配置

本任务不需要调用百度 AI 模块的 aip，可以直接通过 URL 方式获取 access_token，并根据问题获取答案。本书将获取 access_token 及答案的方法封装在 AIService.py 文件中，方便学生实现问答功能。学生也可以参照百度 UINT 平台的文档，利用 URL 方式来获取鉴权信息及答案。

学生可以到智慧职教平台上的本书配套在线课程部分下载 AIService.py 文件，或者向授课教师请求索取，并放置于 Robot 文件夹下。本任务文件结构如下：

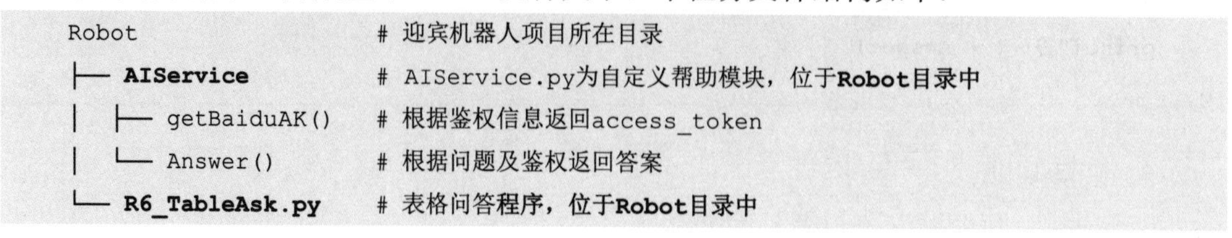

```
Robot                    # 迎宾机器人项目所在目录
├── AIService            # AIService.py为自定义帮助模块，位于Robot目录中
│   ├── getBaiduAK()     # 根据鉴权信息返回access_token
│   └── Answer()         # 根据问题及鉴权返回答案
└── R6_TableAsk.py       # 表格问答程序，位于Robot目录中
```

3. 任务流程

- **创建机器人的自定义技能。**
  - ✓ 登录 UNIT 平台，单击【进入平台】按钮。
  - ✓ 单击【我的技能】按钮。
  - ✓ 单击【新建技能】按钮。
  - ✓ 在自建技能中，选择问答技能，单击【下一步】按钮。
  - ✓ **在问答技能类型中，选择【表格问答】类型，单击【下一步】按钮，如图 10-10 所示。**

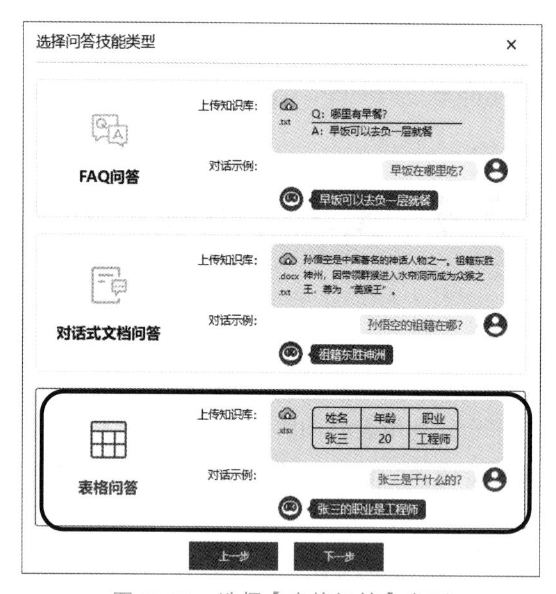

图 10-10　选择【表格问答】类型

  - ✓ 填写技能信息（技能名称：**员工职责**），并单击【下一步】按钮。
  - ✓ 选择【我的机器人】→【我的技能】选项，单击新建的【员工职责】技能。
  - ✓ 获取并记录**机器人技能 bot_id**。

- **上传表格**。
  - ✓ 按模板准备好有关员工岗位职责的 Excel 文档，其中用户要根据自己的需求，编写文档中的 schema 表单、data 表单及 synonym 表单，如表 10-1～表 10-3 所示。

表 10-1　schema 表单

属性名英文	属性类型	属性名（多个用 | 隔开）	自定义回复话术	是否多值
name	string	姓名|名字	—	否
age	num	年龄	|name|的年龄是|age|岁	否
job	string	职业|岗位|工作	—	否
salary	num	月薪|工资|月收入	|name|的月收入是|salary|元	否
description	string	职责|工作内容|工作职责	|name|的工作职责是|description|	否

表 10-2　data 表单

姓名	年龄	岗位	薪资	职责
张大强	35	机械工程师	7000	设备保养维护、修理
李小红	40	销售工程师	5500	产品的推广与销售
王小明	28	操作员	5500	产线操作
刘小娟	28	售后服务	6000	与客户交流
刘小华	34	程序员	6500	软件开发与测试
周小燕	33	财务	6000	成本核算

表 10-3　synonym 表单

关键词	归一化词
叫什么	姓名
多大	年龄
几岁	年龄
做什么	职业
干什么	职业
⋮	⋮

  - ✓ 单击【上传文档】按钮，上传文档。
  - ✓ 单击【训练】按钮，训练结果与公司介绍 FAQ 问答任务相似（见图 10-9）。
- **技能测试**。
  - ✓ 查询王小明的工作岗位、工作内容，测试结果如图 10-11 所示。

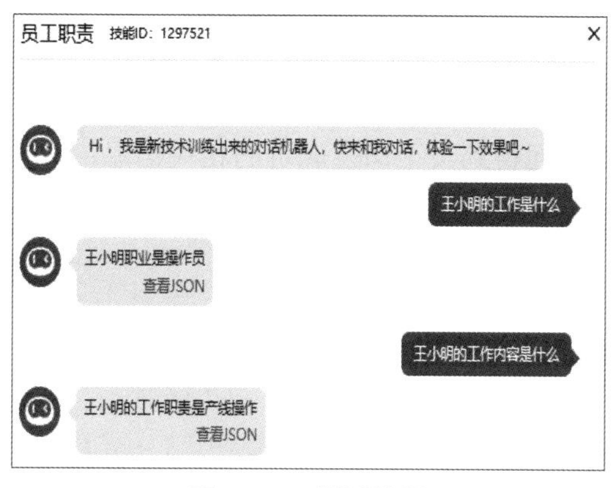

图 10-11　测试结果

- **创建表格问答技能的应用，并获取 API Key、Secret Key 等鉴权信息（不需要 AppID）**。
  - ✓ 可参照任务 10.5 的流程创建应用，也可直接复制上述应用信息。
  - ✓ **获取 API Key、Secret Key**。

- **编码并测试问答功能。**

4. 任务过程

表格问答 R6_TableAsk.py 文件中的代码如下：

```
# Robot/R6_TableAsk.py
# 1.调用自定义模块
import AIService

# 2.根据API Key（AK）、Secret Key（SK）生成 access_token
# 附上自己的机器人技能 bot_id
# 机器人技能ID  通用知识：88833  公司问答：1297440  员工职责：1297521
bot_id = '1297521'
AK = '你的AK'
SK = '你的SK'
access_token  = AIService.get_baidu_access_token (AK,SK)

# 3.准备问题  AskText =  "公司有多少人" 或 "王小明的工作职责是什么"
AskText =  "王小明是干什么的"

# 4.调用机器人应答接口
Answer = AIService.Answer(access_token,bot_id,AskText)

# 5.输出问答
print("问：" + AskText )
print("答：" + Answer)
```

5. 任务测试

运行程序，可以根据提问得到员工岗位职责的相关信息：

```
问：王小明是干什么的
答：王小明的职业是操作员
问：公司有多少人
答：我不知道该怎样答复您。
```

6. 任务小结

本任务利用 UNIT 平台，通过上传根据模板制作好的 Excel 表格实现了用户自定义技能中的表格问答技能。

本任务的常见错误同任务 10.5。

10.7　系统集成欢迎问候

1. 任务描述

★任务 10.7 迎宾机器人项目实战-系统集成.寒暄问候

本任务将借助百度 AipFace 接口及科大讯飞语音合成接口，将人脸搜索、语音合成等项目集成起来，直接对识别出的客户进行语音问候。

学生可以通过扫描右侧二维码来观看本任务具体操作过程的讲解视频。

2. 相关配置

本任务需要调用百度 AI 模块的 aip，并需要 cv2 模块来显示图片；需要调用科大讯飞语音合成模块，其中需要 WebSocket 模块的支持。确保已在控制台执行过如下代码，即已安装了 4 个依赖模块：

```
pip install baidu-aip
pip install opencv-python
pip install websocket
pip install websocket-client
```

安装时有问题的学生请到智慧职教平台上的本书配套在线课程部分下载上述 4 个依赖模块，以及 tts_helper.py 文件；或者向授课教师请求索取相关文件，解压后直接放置于 Robot 文件夹下。项目集成文件 AIService.py 中的相关方法如下：

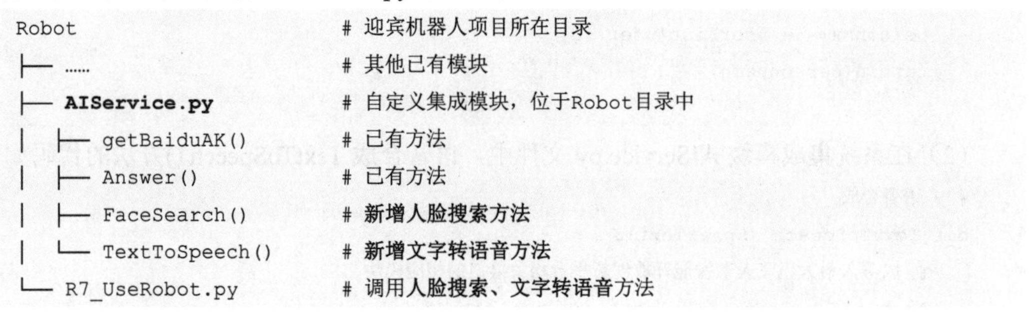

```
Robot                          # 迎宾机器人项目所在目录
├── ......                     # 其他已有模块
├── AIService.py               # 自定义集成模块，位于Robot目录中
│  ├── getBaiduAK()            # 已有方法
│  ├── Answer()                # 已有方法
│  ├── FaceSearch()            # 新增人脸搜索方法
│  └── TextToSpeech()          # 新增文字转语音方法
└── R7_UseRobot.py             # 调用人脸搜索、文字转语音方法
```

3. 任务流程

- 将人脸识别功能封装成 FaceSearch()方法。
- 将语音合成功能封装成 TextToSpeech ()方法。
- 编写主函数，调用并测试相关方法。

4. 任务过程

（1）在系统集成模块 AIService.py 文件中，FaceSearch()方法的代码如下：

```
# A 人脸搜索
def FaceSearch(pic):   # 变化1：封装
    # 1.人脸搜索
    from aip import AipFace
    import base64

    # 2.鉴权，并初始化对象
    AppID = '你的AppID'
    AK = '你的AK'
    SK = '你的SK'
    client = AipFace( AppID, AK , SK )

    # 3.准备本地资源         srcpic = "ZZG.png"
    srcpic = pic              # 变化2：使用传入的图片进行人脸识别
    img = base64.b64encode( open(srcpic,"rb").read() )
    image = str(img, 'utf-8')
    imageType = "BASE64"
    groupIdList = "Stars"

    # 4.调用人脸搜索接口，读者可自行尝试设置参数，同时搜索多张人脸
    result = client.search(image,imageType,groupIdList)

    # 5.输出结果，根据自己的人脸库来输出 userList
    user_id = result["result"]["user_list"][0]['user_id']
    userList={ 'ZZG':'翟志刚','WYP':'王亚平','LY':'刘洋' }
    personname = userList[user_id]
    return(personname)
```

（2）在系统集成模块 AIService.py 文件中，语音合成 TextToSpeech ()方法的代码如下：

```
# B 语音合成
def TextToSpeech (SpeakText):
    # 1.导入科大讯飞人工智能开放创新平台相关接口的相应模块
    from tts_helper import tts_api_get_result

    # 2.获取科大讯飞人工智能开放创新平台中的相关鉴权信息
    AppID = '你的AppID'
    AK = '你的AK'          #注意复制第3个字符串
    SK = '你的SK'          #注意复制第2个字符串

    # 3.定义需要处理的资源  "欢迎翟志刚！"
    text = SpeakText
```

```
    # 4.定义资源经处理后的存储路径，此处默认为项目路径
    tts_file = 'TTS.Mp3'

    # 5.调用处理模块并将结果保存到相应文件中
    tts_api_get_result(AppID,AK,SK,text,tts_file)
return tts_file
```

（3）在主调模块 R7_UseRobot.py 文件中，调用人脸识别和语音合成的代码如下：

```
#
# 导入封装好的模块
import AIService

# 1.人脸识别
pic = "ZZG1.png"
personname = AIService.FaceSearch(pic)

# 2.语音合成
welcome = "欢迎您！" + personname + "请问有什么需要帮助的？"
tts_file = AIService. TextToSpeech(welcome)

import os  # 准备播放
os.system(tts_file)
```

5. 任务测试

运行程序，首先根据人脸识别模块返回人员姓名，然后根据识别出来的人脸合成欢迎语音。

6. 任务小结

本任务利用百度 AipFace 接口，以及科大讯飞语音合成接口实现了人脸识别寒暄问候的基本功能。

学生可以进一步增加人脸检测中的参数，检测出人员表情等，以利于优化对话。

另外，如果学生想直接通过系统自带的摄像头识别其中的人员信息，则可添加如下代码以采集图片 camera.jpg。采集完成后，按键盘上的 Q 键退出程序。

```
import cv2 as cv

cap = cv.VideoCapture(0)

while(1):
```

```
    # 获得图片
    ret, frame = cap.read()
    # 展示图片
    cv.imshow("capture", frame)
    if cv.waitKey(1) & 0xFF == ord('q'):
        # 存储图片
        cv.imwrite("camera.jpg", frame)
        break

cap.release()
cv.destroyAllWindows()
```

10.8 系统集成语音问答

1. 任务描述

本任务将借助 UNIT 知识问答接口及科大讯飞语音识别、语音合成接口，将语音识别、知识问答、语音合成等项目集成起来，针对客户用语音提出的问题，用语音进行应答。

学生可以通过扫描右侧二维码来观看本任务具体操作过程的讲解视频。

★任务 10.8 迎宾机器人项目实战—系统集成语音问答

2. 相关配置

本任务需要调用科大讯飞语音识别、语音合成模块，需要 WebSocket 模块的支持。确保已在控制台执行过如下代码，即已安装了两个依赖模块：

```
pip install websocket
pip install websocket-client
```

安装时有问题的学生请到智慧职教平台上的本书配套在线课程部分下载上述两个依赖模块，以及 tts_helper.py、stt_helper.py 两个文件；或者向授课教师请求索取相关文件，解压后直接放置于 Robot 文件夹下。项目集成文件 AIService.py 中的相关方法如下：

```
Robot                         # 迎宾机器人项目所在目录
├─ ......
├─ AIService.py               # 自定义集成模块，位于Robot目录中
│   ├─ get_baidu_access_token()
│   ├─ Answer()               # 已有方法
```

```
│  ├── FaceSearch()           # 人脸搜索（已实现）
│  ├── TextToSpeech()         # 文字转语音（已实现）
│  ├── SpeechToText ()        # 新增语音转文字方法
│  └── AskAnswer ()           # 新增知识问答方法
└── R8_ UseRobot.py           # 调用语音识别、语音合成、知识问答方法
```

3. 任务流程

- 将语音合成功能封装成 TextToSpeech ()方法。
- 将知识问答功能封装成 AskAnswer()方法。
- 编写主函数，调用并测试相关方法。

4. 任务过程

（1）在系统集成模块 AIService.py 文件中，语音识别 SpeechToText ()方法的代码如下：

```
# A 人脸搜索

# B 语音合成

# C 语音识别
def SpeechToText(Mp3File):
    # 1.导入科大讯飞 stt_api_helper.py 语音听写模块
    from stt_helper import stt_api_get_result

    # 2.科大讯飞人工智能开放创新平台相关信息
    AppID = '你的AppID'
    AK = '你的AK'              # 注意复制第3个字符串
    SK = '你的SK'              # 注意复制第2个字符串

    # 3.获取待处理资源：音频文件 # filename = "AskJob.mp3"
    filename = Mp3File

    # 4.输出文件存储路径： 模块中默认为同级目录
    # text_file = './data.txt'

    # 5.调用语音听写模块并将结果保存到txt文件中
    stt_api_get_result(AppID,AK,SK,filename)

    ## 6.查看结果
    text = open('data.txt','r').read()
    return text
```

（2）在系统集成模块 AIService.py 文件中，知识问答 AskAnswer ()方法的代码如下：

```
# A 人脸搜索

# B 语音合成

# C 语音识别

# D 知识问答
def AskAnswer(question,botid):
    # 1.调用自定义模块
    import AIService

    # 2.根据API Key（AK）、Secret Key（SK）生成 access_token
    bot_id = botid
    AK = '你的AK'
    SK = '你的SK'
    access_token  = AIService.getBaiduAK(AK,SK)

    # 3.准备问题 AskText = "公司有多少人" 或 "王小明的工作职责是什么"
    AskText =  question

    # 4.调用机器人应答接口
    Answer = AIService. Answer(access_token,bot_id,AskText)

    # 5.输出问答
    return Answer
```

（3）在主调模块 R8_UseSmartRobot.py 文件中，调用识别、问答、语音合成的代码如下：

```
#
import AIService
# 3.语音识别
asr_file = 'AskJob.mp3'
text = AIService.SpeechToText(asr_file)

# 4.智能问答 #需要选择机器人的技能ID，即1297521
# 公司介绍：bot_id = 1297440 → 公司有多少人
# 员工岗位职责：bot_id = '1297521' → 王小明是干什么的
botid = '1297521'
question = text
answer = AIService.AskAnswer(question,botid)
print(answer)
```

```
AnswerJob = AIService.TextToSpeech(answer)
import os  # 准备播放
os.system(AnswerJob)
```

5. 任务测试

运行程序，首先根据语音识别模块将 AskJob.mp3 中的问题识别出来，然后根据识别出来的问题到问答系统中寻求答案，最后通过语音合成模块将答案转化为音频文件并播放。

6. 任务小结

本任务借助 UNIT 知识问答接口及科大讯飞语音识别、语音合成接口，将语音识别、知识问答、语音合成等项目集成起来，针对客户用语音提出的问题，用语音进行了应答。

当然，本任务对问答有一定的限制，仅限于对员工岗位职责进行提问。当提问有关公司信息的问题时，需要修改 bot_id 才能得到正确的答案。学生可以考虑优化该设计。

附录 

授课计划推荐方案

本书适合采用模块化教学，建议撰写授课计划时考虑3类模块：通识模块16课时，进阶模块16课时，项目实战模块16课时。3类模块的教学内容及安排建议如各表A-1～A-3所示。

表A-1　通识模块16课时的教学内容及安排建议

单元	授课课时	实验课时	总课时
单元1 初识人工智能	1		2
☆任务1.1 搭建Hello AI开发环境		1	
单元2 计算机视觉技术与应用	1		2
☆任务2.1 公司文件文字识别		1	
单元3 智能语音技术与应用	1		2
☆任务3.1 基于语音合成的客服回复音频化		1	
单元4 自然语言处理与应用	1		2
☆任务4.1 用户评价情感分析		1	
单元5 智能机器人与智能问答	1		2
☆任务5.1 智能客服问答系统		1	
单元6 人工智能应用与创新	0.5		1.5
☆任务6.1 基于EasyDL训练分类模型		1	
单元7 机器学习与模型训练	1		2
☆任务7.1 训练回归模型		1	
单元8 深度学习与模型训练	1		2
☆任务8.1 深度学习模型调参		1	
单元9 人工智能法律与伦理	0.5		0.5
合计（讲授课时、实训课时）	8	**8**	**16**

对于有一定python编程基础学员，如果不满足于简单了解及使用人工智能，则建议在学习通识模块后，围绕单元10中的迎宾机器人项目开展项目实战，**本书配套的在线开放课程详细讲述了该模块的实现**。实践操作视频可通过扫描相应的二维码观看，也可以到智慧职教平台上的本书配套在线课程观看学习。

表 A-2 进阶模块 16 课时的教学内容及安排建议

单元	讲授课时	实践课时	总课时
★任务 1.2 Python 处理 JSON 格式数据	0.5	1.5	2
★任务 2.2 公司会展人流量统计	0.5	1.5	2
★任务 3.2 基于语音识别的会议录音文本化	0.5	1.5	2
★任务 4.2 用户意图理解	0.5	1.5	2
★任务 5.2 基于文件创建自定义问答技能	0.5	1.5	2
★任务 6.2 训练自定义深度学习模型	0.5	1.5	2
★任务 7.2 泰坦尼克号乘客生存预测	0.5	1.5	2
★任务 8.2 手写数字识别	0.5	1.5	2
合计（讲授课时、实训课时）	4	12	**16**

表 A-3 项目实战模块 16 课时的教学内容及安排建议

单元	讲授课时	实践课时	总课时
★10.1 人脸检测实施	0.5	1.5	2
★10.2 人脸搜索实施	0.5	1.5	2
★10.3 科大讯飞语音合成	0.5	1.5	2
★10.4 科大讯飞语音识别	0.5	1.5	2
★10.5 企业知识问答 FAQs	0.5	1.5	2
★10.6 员工岗位职责问答	0.5	1.5	2
★10.7 系统集成欢迎问候	0.5	1.5	2
★10.8 系统集成语音问答	0.5	1.5	2
合计（讲授课时、实训课时）	4	12	**16**

针对不同授课课时，推荐三类四种教学计划编写方案。

- 16 课时普及型方案：建议参照表 A-1 的通识模块来编写教学计划。
- 32 课时方案：可以根据学生的编程基础、编程能力选择不同的路径。
  - ✓ 无编程基础的学生：建议将进阶模块融入通识模块，以此来编写教学计划。其中进阶模块中的各项目是通识模块中各任务的延伸与拓展。
  - ✓ 有一定编程基础的学生：建议先学完通识模块，再学习项目实战模块，教师可以按此顺序来编写教学计划。
- 48 课时方案：建议完整地学习上述 3 个模块。

*注 1：对于 Python 编程能力较强的学生，如果在学习了通识模块、实战模块后，若不满足于调用 API，则可以适当调整教学内容，对书中各章节的典型案例进行探索。例如，可以进行基于 OpenCV 的车牌识别实践，通过采集车牌数据、训练、调节参数、测试等步骤体验人工智能模型训练的完整过程。

附录 

国内首批国家级新一代人工智能开放创新平台功能

我国共有 15 家企业参与了国家级新一代人工智能开放创新平台的建设，它们是目前国内人工智能知名企业或细分领域的佼佼者。其中，阿里、百度、腾讯、科大讯飞 4 家知名企业承担了国家首批人工智能开放创新平台建设任务。

为了让学生能较快地选择自己所需的功能，这里对国家首批 4 家人工智能开放创新平台建设单位的开放接口的功能做简单说明。学生可以根据自己在开发时的需要选择合适的平台及其相应的接口与功能。

1．阿里篇

（1）智能语音交互：包括录音文件识别、实时语音转写、一句话识别、语音合成、语音合成（声音定制）、语言模型自学习工具等功能。

（2）图像搜索功能。

（3）自然语言处理：包括多语言分词、词性标注、命名实体、情感分析、中心词提取、智能文本分类、文本信息抽取、商品评价解析、自然语言处理自学习平台等功能。

（4）印刷文字识别：包括通用型卡证类、汽车相关识别、行业票据识别、资产类识别、通用文字识别、行业文档类识别、视频类文字识别、自定义模板识别等功能。

（5）人脸识别。

（6）机器翻译。

（7）图像识别。

（8）视觉计算。

（9）内容安全：包括图片鉴黄、图片涉政暴恐识别、图片 Logo 商标检测、图片垃圾广告识别、图片不良场景识别、图片风险人物识别、视频风险内容识别、垃圾语音识别等功能。

（10）机器学习平台：包括机器学习与深度学习平台、人工智能众包等功能。

（11）城市大脑开放平台：主要是智能出行引擎。

（12）解决方案：包括图像自动外检、工艺参数优化、城市交通态势评价、特种车辆优先通行、大规模网格 AI 信号优化、“见远”视觉智能诊断方案、门禁/闸机人脸识别、刷脸认证服务解决方案、智慧场馆解决方案、供应链智能、设备数字运维、设备故障诊断、智能助手、智能双录、智能培训等功能。

（13）ET 大脑：包括 ET 城市大脑、ET 工业大脑、ET 农业大脑、ET 环境大脑、ET 医疗大脑、ET 航空大脑等功能。

2. 百度篇

（1）语音识别-输入法：包括语音识别-搜索、语音识别-英语、语音识别-粤语、语音识别-四川话等功能。

（2）人脸识别：包括人脸检测、在线活体检测、H5 语音验证码、H5 活体视频分析等功能。

（3）文字识别：包括通用文字识别、网络图片文字识别、身份证识别、银行卡识别、驾驶证识别、行驶证识别、营业执照识别、车牌识别、表格文字识别-提交请求、通用票据识别、OCR 自定义模板文字识别、手写文字识别、护照识别、增值税发票识别、数字识别、火车票识别、出租车票识别、VIN 码识别、定额发票识别、出生证明识别、户口本识别、OCR 财会票据识别等功能。

（4）自然语言处理：包括中文分词、中文词向量表示、词义相似度、短文本相似度、中文 DNN 语言模型、情感倾向分析、文章分类、文章标签、依存句法分析、词性标注、词法分析、文本纠错、对话情绪识别、评论观点抽取、新闻摘要等功能。

（5）内容审核：包括文本审核、色情识别、GIF 色情图像识别、暴恐识别、政治敏感识别、广告检测、图文审核、恶心图像识别、图像质量检测、头像审核、图像审核、公众人物识别、内容审核平台-图像、内容审核平台-文本等功能。

（6）图像识别：包括通用物体和场景识别高级版、图像主体检测、Logo 商标识别、菜品识别、车型识别、动物识别、植物识别、果蔬识别、自定义菜品识别、地标识别、红酒识别、货币识别等功能。

（7）图像搜索：包括相同图检、相似图搜索、商品检索等功能。

（8）人体分析：包括驾驶行为分析、人体关键点识别、人体检测与属性识别、人流量统计、人像分割、手势识别、人流量统计（动态版）等功能。

（9）知识图谱：主要是指实体标注功能。

（10）智能呼叫中心：包括实时语音识别、音频文件转写、智能电销等功能。

（11）AR：包括调起 AR、查询下包、内容分享、云端识图等功能。

（12）EasyDL：包括图像分类、物体检测、声音分类、文本分类等功能。

（13）智能创作平台：包括结构化数据写作、智能写春联、智能写诗等功能。

3. 腾讯篇

（1）OCR：包括身份证OCR、行驶证OCR、驾驶证OCR、通用OCR、营业执照OCR、银行卡OCR、手写体OCR、车牌OCR、名片OCR等功能。

（2）人脸与人体识别：包括人脸检测与分析、多人脸检测、跨年龄人脸识别、五官定位、人脸对比、人脸搜索、手势识别等功能。

（3）人脸融合：包括滤镜、人脸美妆、人脸变妆、大头贴、颜龄检测等功能。

（4）图片识别：包括看图说话、多标签识别、模糊图片识别、美食图片识别、场景/物体识别等功能。

（5）敏感信息审核：包括暴恐识别、图片鉴黄、音频鉴黄、音频敏感词检测等功能。

（6）智能闲聊。

（7）机器翻译：包括文本翻译、语音翻译、图片翻译等功能。

（8）基础文本分析：包括分词/词性、专有名词、同义词等功能。

（9）语义解析：包括意图成分、情感分析等功能。

（10）语音合成。

（11）语音识别：包括长语音识别、关键词检索等功能。

4. 科大讯飞篇

（1）语音识别：包括语音听写、语音转写、实时语音转写 、离线语音听写、语音唤醒、离线命令词识别等功能。

（2）语音合成：包括在线语音合成、离线语音合成等功能。

（3）文字识别：包括手写文字识别、印刷文字识别、印刷文字识别（多语种）、名片识别、身份证识别、银行卡识别、营业执照识别、增值税发票识别、拍照速算识别等功能。

（4）人脸识别：包括人脸验证与检索、人脸比对、人脸水印照比对、静默活体检测、人脸特征分析等功能。

（5）内容审核：包括色情内容过滤、政治人物检查、暴恐敏感信息过滤、广告过滤等功能。

（6）语音扩展：包括语音评测、语义理解、性别年龄识别、声纹识别、歌曲识别等功能。

（7）自然语言处理：包括机器翻译、词法分析、依存句法分析、语义角色标注、语义依存分析（依存树）、语义依存分析（依存图）、情感分析、关键词提取等功能。

（8）图像识别：包括场景识别、物体识别等功能。

参考文献

[1] 李德毅，于剑．人工智能导论[M]．北京：中国科学技术出版社，2018.

[2] 聂明．人工智能技术应用导论[M]．北京：电子工业出版社，2019.

[3] 王万良．人工智能导论[M]．北京：高等教育出版社，2017.

[4] 汤晓鸥，陈玉琨．人工智能基础（高中版）[M]．上海：华东师范大学出版社，2018.

[5] 周志华．机器学习[M]．北京：清华大学出版社，2016.

[6] 中国人工智能产业发展联盟．人工智能浪潮[M]．北京：人民邮电出版社，2018.

[7] 王飞跃，新 I 与新轴心时代：未来的起源和目标[J]．探索与争鸣，2017,(10):23-27.

[8] 孟庆春，齐勇，张淑军，等．智能机器人及其发展[J]．中国海洋大学学报（自然科学版），2004,34(5):831-838.

[9] 王飞跃．“直道超车”的中国人工智能梦[J]．环球时报，2017(15).

[10] 孙志军，薛磊，许阳明，等．深度学习研究综述[J]．计算机应用研究，2012(8):5.DOI:10.3969/j.issn.1001-3695.2012.08.002.

[11] 邓茗春，李刚．几种典型神经网络结构的比较与分析[J]．信息技术与信息化，2008(6): 29-31.

[12] 余敬，张京，武剑，等．重要矿产资源可持续供给评价与战略研究[M]．北京：经济日报出版社，2016.

[13] 王万良．人工智能导论[M]．北京：高等教育出版社，2017.

[14] STUART J R, PETER N　人工智能：一种现代的方法[M]．3 版．殷建平，祝恩，刘越，等，译．北京：清华大学出版社，2017.

[15] 小甲鱼．零基础入门学习 Python[M]．北京：清华大学出版社，2016.

[16] 张良均，杨海宏，何子健，等．Python 与数据挖掘[M]．北京：机械工业出版社，2016.

[17] [印]GOPI S. Python 数据科学指南[M]．方延风，刘丹，译．北京：人民邮电出版社，2016.

[18] IVAN I. Python 数据分析实战[M]．冯博，严嘉阳，译．北京：机械工业出版社，2017.

[19] PETER H．机器学习实战[M]．李锐，李鹏，曲亚东，译．北京：人民邮电出版社，2013.

[20] 赵志勇．Python 机器学习算法[M]．北京：电子工业出版社，2017.

[21] 范淼，李超．Python 机器学习及实践——从零开始通往 Haggle 竞赛之路[M]．北京：清华大学出版社，2016.

[22] 喻宗泉，喻晗．神经网络控制[M]．西安：西安电子科技大学出版社，2009.

[23] 曾喆昭．神经计算原理及其应用技术[M]．北京：科学出版社，2012.

[24] 刘冰，国海霞．MATLAB 神经网络超级学习手册[M]．北京：人民邮电出版社，2014.

[25] 韩力群．人工神经网络教程[M]．北京：北京邮电大学出版社，2006.

[26] 张立毅．神经网络盲均衡理论、算法与应用[M]．北京：清华大学出版社，2013.

[27] 孙增圻，邓志东，张再兴．智能控制理论与技术[M]．2 版．北京：清华大学出版社，2011.

[28] 闻新，张兴旺，朱亚萍，等．智能故障诊断技术：MATLAB 应用[M]．北京：北京航空航天大学出版社，2015.
[29] 吴建华．水利工程综合自动化系统的理论与实践[M]．北京：中国水利水电出版社，2006.
[30] 张宏建，孙志强，现代检测技术[M]．北京：化学工业出版社，2007.
[31] 施彦，韩力群，廉小亲．神经网络设计方法与实例分析[M]．北京：北京邮电大学出版社，2009.
[32] 李嘉璇．TensorFlow 技术解析与实战[M]．北京：人民邮电出版社，2017.
[33] 郑泽宇，顾思宇．TensorFlow 实战 Google 深度学习框架[M]．北京：电子工业出版社，2017.
[24] [美] SAM A．面向机器智能的 TensorFlow 实践[M]．段菲，陈澎，译．北京：机械工业出版社，2017.
[35] 林大贵．大数据巨量分析与机器学习[M]．北京：清华大学出版社，2017.
[36] [美] BRIAN W．精通 Linux 第[M]．2 版．江南，袁志鹏，译．北京：人民邮电出版社，2015.
[37] [美] CLINTON W. Python 数据分析基础[M]．陈光欣，译．北京：人民邮电出版社出版，2017.
[38] 罗攀，蒋仟著．从零开始学 Python 网络爬虫[M]．北京：机械工业出版社，2017.
[39] PEDREGOSA F , VAROQUAUX G , GRAMFORt A ,et al. Scikit-learn: Machine Learning in Python[J]. The Journal of Machine Learning Research,2011(12): 2825-2830.
[40] [印]UJJWAL K. An Intuitive Explanation of Convolutional Neural Networks. The Data Science Blog, August 11, 2016. [EB/OL]. Available.
[41] 张德丰．MATLAB 神经网络应用设计[M]．北京：机械工业出版社，2001.
[42] 王利明．人工智能时代提出的法学新课题[J]．中国法律评论，2018(02):1-4.

反侵权盗版声明